机器学习与最优化

田英杰　唐静静　著

科学出版社
北　京

内 容 简 介

本书以机器学习中的分类问题为基础，以最优化为工具，阐述机器学习中的基本概念和经典学习问题，并围绕这些学习问题，介绍相关研究成果，重点阐明其研究背景和逻辑思路，并由此扩展到国内外最新研究进展．主要内容包括：支持向量机、优化算法、损失函数、正则技术，以及多视角学习、多标签学习、多示例学习、多任务学习和度量学习等．

本书可作为机器学习领域研究生的扩充阅读资料，也可作为相关专业教师和科研人员的参考书．

图书在版编目(CIP)数据

机器学习与最优化/田英杰，唐静静著. —北京：科学出版社，2024.5
ISBN 978-7-03-076754-7

Ⅰ. ①机… Ⅱ. ①田… ②唐… Ⅲ. ①机器学习-最优化算法 Ⅳ. ①TP181

中国国家版本馆 CIP 数据核字(2023)第 202024 号

责任编辑：胡庆家 范培培／责任校对：彭珍珍
责任印制：吴兆东／封面设计：无极书装

科学出版社 出版
北京东黄城根北街 16 号
邮政编码：100717
http://www.sciencep.com
北京富资园科技发展有限公司印刷
科学出版社发行 各地新华书店经销
*
2024 年 5 月第 一 版 开本：720×1000 1/16
2024 年 9 月第二次印刷 印张：13
字数：263 000

定价：78.00 元

(如有印装质量问题，我社负责调换)

前　言

机器学习是一门多领域交叉学科. 特别地, 机器学习和最优化紧密交织在一起. 优化问题是大多数机器学习方法的核心, 许多机器学习问题都会转化成优化问题求解. 作者一直从事机器学习与最优化方面的研究, 本书是作者近年来一些研究工作的系统梳理与总结.

本书从经典的支持向量机出发, 以分类问题为基础, 以最优化为工具, 阐述机器学习中的基本概念和经典学习问题. 本书旨在介绍有关问题的最新研究成果, 其中作者自己最近几年的工作占了相当大的比重. 在讲述这些工作时, 着重阐明其研究背景和逻辑思路, 并由此扩展到国内外最新研究成果. 具体的内容设置如下：首先介绍分类任务中的经典模型——支持向量机, 其次介绍优化算法、损失函数和正则技术, 最后介绍机器学习的各种学习问题, 主要包括：多视角学习、多标签学习、多示例学习、多任务学习和度量学习. 围绕这些学习问题, 介绍我们的研究成果. 在每章最后一节, 给出拓展阅读, 介绍相关研究工作的最新进展, 并列出相应参考文献, 旨在满足读者进一步学习的需求.

本书不仅可作为机器学习领域研究生的扩充阅读资料, 也可作为相关专业教师和科研人员的参考书, 还可供对本领域知识有兴趣的读者自学之用. 我们特别关注有关领域正在进行理论研究和应用研究的读者. 希望能借助本书帮助他们理解问题本质和最新进展, 从而取得快速的进步.

本书初稿完成后, 中国农业大学的邓乃扬教授提出了许多宝贵意见, 并和作者进行了多轮讨论修改, 在此对邓乃扬教授表示诚挚的感谢和深切的缅怀. 感谢北京邮电大学的付赛际老师, 中国科学院大学的孙世丁、苏铎、张钰奇、赵小溪、白昆龙、高伟智、江浩然等同学, 他们分别承担了本书部分章节的初稿撰写和校对工作. 感谢中国科学院大学的石勇教授、牛凌峰研究员、齐志泉副研究员, 中国农业大学的经玲教授, 北京工业大学的张海斌教授, 海南大学的邵元海教授, 西南财经大学的寇纲教授, 北京联合大学的刘大莲教授, 中国人民大学的张春华副教授, 北京物资学院的赵琨副教授, 山东大学的吴国强副研究员, 北卡罗来纳州立大学的助理教授胥栋宽博士, 北京三快科技有限公司 (美团) 的李德维博士, 郑州大学的马跃博士对本书的关心和支持.

本书的出版, 得到中国科学院虚拟经济与数据科学研究中心、中国科学院大学经济与管理学院、中国科学院大数据挖掘与知识管理重点实验室、西南财经大学工商管理学院大数据研究院等单位的支持; 得到国家自然科学基金 (项目编号: 12071458, 71901179, 71731009, 71991472) 及西南财经大学“光华英才工程”的资助, 在此一并感谢!

由于作者水平有限, 书中难免有不妥之处, 恳请读者批评指正. 来函请发至 tyj@ucas.ac.cn 或 tjj@swufe.edu.cn.

作 者

2024 年 3 月

目　　录

前言
第 1 章　支持向量机 ···· 1
1.1　分类问题与标准支持向量机 ···· 1
1.1.1　分类问题 ···· 1
1.1.2　C-支持向量机 ···· 1
1.1.3　最小二乘支持向量机 ···· 4
1.2　超平面非平行的支持向量机 ···· 6
1.2.1　双子支持向量机 ···· 6
1.2.2　非平行超平面支持向量机 ···· 10
1.3　拓展阅读 ···· 14
1.3.1　二分类支持向量机及其拓展 ···· 15
1.3.2　多分类支持向量机及其拓展 ···· 19
参考文献 ···· 20
第 2 章　优化算法 ···· 26
2.1　确定型优化算法 ···· 26
2.1.1　序列最小最优化算法 ···· 26
2.1.2　交替方向乘子算法 ···· 27
2.1.3　坐标下降算法 ···· 30
2.1.4　逐次超松弛迭代算法 ···· 31
2.1.5　凸函数差分算法 ···· 33
2.1.6　原始估计次梯度算法 ···· 35
2.1.7　截断牛顿共轭梯度算法 ···· 37
2.2　随机型优化算法 ···· 39
2.2.1　梯度下降算法 ···· 39
2.2.2　方差缩减算法 ···· 41
2.2.3　加速算法 ···· 43
2.2.4　自适应学习速率算法 ···· 45
2.2.5　高阶算法 ···· 47
2.2.6　邻近算法 ···· 50

2.3 拓展阅读 …… 51
2.3.1 应用领域 …… 51
2.3.2 随机型优化算法的拓展 …… 52
参考文献 …… 52
第 3 章 损失函数 …… 58
3.1 分类问题的损失函数 …… 58
3.1.1 损失函数 …… 58
3.1.2 总结与分析 …… 66
3.2 回归问题的损失函数 …… 67
3.2.1 损失函数 …… 68
3.2.2 总结与分析 …… 70
3.3 无监督问题的损失函数 …… 71
3.3.1 损失函数 …… 71
3.3.2 总结与分析 …… 73
3.4 拓展阅读 …… 73
3.4.1 目标检测中的损失函数 …… 73
3.4.2 人脸识别中的损失函数 …… 76
3.4.3 图像分割中的损失函数 …… 78
参考文献 …… 80
第 4 章 正则技术 …… 85
4.1 向量稀疏正则 …… 85
4.1.1 应用场景 …… 85
4.1.2 正则项 …… 86
4.1.3 总结与分析 …… 90
4.2 矩阵稀疏正则 …… 91
4.2.1 应用场景 …… 91
4.2.2 正则项 …… 92
4.2.3 总结与分析 …… 94
4.3 矩阵低秩正则 …… 95
4.3.1 应用场景 …… 95
4.3.2 正则项 …… 96
4.3.3 总结与分析 …… 98
4.4 拓展阅读 …… 99
4.4.1 数据增强 …… 100
4.4.2 Dropout …… 101

4.4.3 归一化 103
参考文献 105
第 5 章 多视角学习 109
5.1 多视角学习问题与处理原则 109
5.2 两视角支持向量机 SVM-2K 111
5.3 基于特权信息学习理论的两视角支持向量机 113
5.3.1 模型构建 114
5.3.2 理论分析 117
5.4 拓展阅读 119
5.4.1 协同训练 119
5.4.2 多核学习 121
5.4.3 子空间学习 121
5.4.4 深度多视角学习 124
参考文献 125
第 6 章 多标签学习 131
6.1 多标签学习问题与评价指标 131
6.1.1 多标签分类问题 131
6.1.2 多标签学习的评价指标 132
6.2 多标签学习的经典算法 133
6.2.1 二元关联 133
6.2.2 排序支持向量机 134
6.3 考虑标签相关性的代价敏感多标签学习 135
6.3.1 模型构建 136
6.3.2 模型求解 138
6.3.3 理论分析 140
6.4 拓展阅读 141
6.4.1 传统多标签学习 141
6.4.2 深度多标签学习 142
参考文献 143
第 7 章 多示例学习 146
7.1 多示例学习问题 146
7.2 多示例支持向量机 148
7.3 稀疏多示例支持向量机 150
7.3.1 模型构建 151
7.3.2 模型求解 152

7.4 拓展阅读 154
7.4.1 常见算法 154
7.4.2 深度多示例学习算法 156
7.4.3 与其他学习范式结合 158
参考文献 160
第 8 章 多任务学习 166
8.1 多任务学习问题 166
8.2 多任务支持向量机 167
8.3 多任务特征选择 168
8.3.1 模型构建 169
8.3.2 模型求解 169
8.3.3 理论分析 172
8.4 拓展阅读 172
8.4.1 传统多任务学习 173
8.4.2 深度多任务学习 173
8.4.3 与其他学习范式结合 176
参考文献 177
第 9 章 度量学习 181
9.1 度量学习问题 181
9.1.1 距离 181
9.1.2 度量学习问题 182
9.2 全局与局部度量学习 183
9.2.1 全局度量学习 183
9.2.2 局部度量学习 184
9.3 基于特征分解的度量学习 185
9.3.1 全局算法 185
9.3.2 局部算法 186
9.3.3 比较与分析 188
9.4 拓展阅读 188
9.4.1 传统度量学习 188
9.4.2 深度度量学习 190
参考文献 192
索引 196

第 1 章　支持向量机

支持向量机 (support vector machine, SVM) 是由 Vapnik 等 [1] 学者于 20 世纪 90 年代提出来的一类模型, 已广泛应用于诸多领域 [2]. 它的成功得益于最大间隔原则、对偶理论和核函数这三个核心技术的应用. 本章介绍经典的超平面平行与非平行的支持向量机, 并在拓展阅读部分对二分类与多分类支持向量机的代表性工作以及研究进展进行总结.

1.1　分类问题与标准支持向量机

1.1.1　分类问题

分类问题包括二分类问题、多分类问题等. 下面给出二分类问题的确切描述.

二分类问题　给定训练集

$$T = \{(x_1, y_1), \cdots, (x_l, y_l)\} \in (R^n \times \mathcal{Y})^l, \tag{1.1.1}$$

其中 $x_i \in R^n$ 是输入, $y_i \in \mathcal{Y} = \{1, -1\}$ 是输出, $i = 1, \cdots, l$. 根据训练集寻找 R^n 空间上的一个实值函数 $g(x)$, 以便用决策函数

$$f(x) = \mathrm{sgn}(g(x)) \tag{1.1.2}$$

推断任一输入 x 对应的输出 y, 其中 $\mathrm{sgn}(\cdot)$ 为符号函数

$$\mathrm{sgn}(a) = \begin{cases} 1, & a \geqslant 0, \\ -1, & a < 0. \end{cases} \tag{1.1.3}$$

求解上述二分类问题, 实质上就是找到一个将 R^n 空间分成两部分的规则. 当 $g(x)$ 为线性函数 $(w \cdot x) + b$ 时, 决策函数 (1.1.2) 对应着用超平面 $(w \cdot x) + b = 0$ 将 R^n 空间分成两部分; 当允许 $g(x)$ 为非线性函数时, 决策函数 (1.1.2) 对应着用曲面 $g(x) = 0$ 将 R^n 空间分成两部分.

1.1.2　C-支持向量机

考虑包含训练集 (1.1.1) 的二分类问题. 设决策函数为 (1.1.2), 其中 $g(x) = (w \cdot \Phi(x)) + b$, $\Phi(\cdot)$ 是从输入空间 R^n 到 Hilbert 空间 $\mathcal{H}$ 的变换. C-支持向量机 (C-support vector machine, C-SVM) 构造原始优化问题如下.

原始问题

$$\min_{w,b,\xi} \quad \frac{1}{2}\|w\|^2 + C\sum_{i=1}^{l}\xi_i, \tag{1.1.4}$$

$$\text{s.t.} \quad y_i\left(\left(w\cdot\Phi\left(x_i\right)\right)+b\right) \geqslant 1-\xi_i, \tag{1.1.5}$$

$$\xi_i \geqslant 0, \quad i=1,\cdots,l. \tag{1.1.6}$$

最小化目标函数 (1.1.4) 的第一项意味着使 Hilbert 空间 $\mathcal{H}$ 中的两个平行超平面 $(w\cdot\Phi(x))+b=1$ 和 $(w\cdot\Phi(x))+b=-1$ 之间的间隔最大; 最小化目标函数 (1.1.4) 的第二项意味着使经验风险最小. 求出原始问题的解后, 便可得到相应的决策函数.

软间隔损失函数 (soft margin loss function) C-SVM 采用原始问题中的 ξ_i 来度量决策函数对训练集中的训练点 (x_i, y_i) 产生的偏差. 根据约束条件 (1.1.5) 和 (1.1.6) 有

$$\xi_i = \begin{cases} 0, & y_i((w\cdot\Phi(x_i))+b) \geqslant 1, \\ 1-y_i((w\cdot\Phi(x_i))+b), & \text{其他}. \end{cases} \tag{1.1.7}$$

由决策函数 (1.1.2) 可知, 对于输入输出对 (x, y) 产生的偏差是用函数

$$L(y, g(x)) = \max\{0, 1-yg(x)\} \tag{1.1.8}$$

来度量的, 其图像如图 1.1.1 所示. 它常被称为软间隔损失函数或合页损失函数 (hinge loss function), 它具有连续且凸的性质.

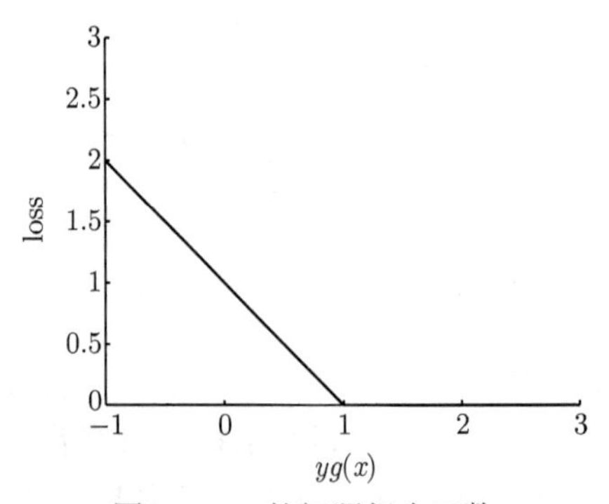

图 1.1.1 软间隔损失函数

对偶问题 针对原始问题 (1.1.4) ~ (1.1.6), 引入拉格朗日乘子 $\alpha=(\alpha_1,\cdots,\alpha_l)^{\mathrm{T}}$, 可推导出对偶问题

$$\min_{\alpha} \quad \frac{1}{2}\sum_{i=1}^{l}\sum_{j=1}^{l}\alpha_i\alpha_j y_i y_j K(x_i,x_j) - \sum_{i=1}^{l}\alpha_i\ , \tag{1.1.9}$$

$$\text{s.t.} \quad \sum_{i=1}^{l} y_i \alpha_i = 0, \tag{1.1.10}$$

$$0 \leqslant \alpha_i \leqslant C, \quad i = 1, \cdots, l, \tag{1.1.11}$$

其中 $K(x,x') = (\Phi(x)\cdot\Phi(x'))$ 为核函数. 常用的核函数包括: 线性核函数 $K(x,x') = (x\cdot x')$、齐次多项式核函数 $K(x,x') = (x\cdot x')^d$、非齐次多项式核函数$K(x,x') = ((x\cdot x')+1)^d$、径向基核函数$K(x,x') = \exp(-||x-x'||^2/\sigma^2)$ 等. 据此可以建立 ***C*-SVM 算法**.

C-SVM 算法

1. 给定训练集 $T = \{(x_1,y_1),\cdots,(x_l,y_l)\} \in (R^n \times \mathcal{Y})^l$, 核函数 K, 参数 $C > 0$, 其中 $x_i \in R^n$, $y_i \in \mathcal{Y} = \{1,-1\}, i = 1,\cdots,l$;
2. 构造并求解优化问题 (1.1.9)~(1.1.11), 得解 $\alpha^* = (\alpha_1^*, \alpha_2^*, \cdots, \alpha_l^*)^{\mathrm{T}}$;
3. 选取位于开区间 $(0, C)$ 中的 α_j^*, 计算 b^*:

$$b^* = y_j - \sum_{i=1}^{l} y_i \alpha_i^* K(x_i, x_j); \tag{1.1.12}$$

4. 输出决策函数

$$f(x) = \mathrm{sgn}(g(x)), \tag{1.1.13}$$

其中

$$g(x) = \sum_{i=1}^{l} y_i \alpha_i^* K(x_i, x) + b^*. \tag{1.1.14}$$

性质 *C*-SVM 具有如下三个特点 [3-5]:

(1) 问题规模的转化. *C*-SVM 算法不直接求解原始问题 (1.1.4)~(1.1.6), 而是求解对偶问题 (1.1.9)~(1.1.11), 这就使得问题的规模发生了变化. 事实上, 原始问题中变量 w 的维数是 Hilbert 空间 $\mathcal{H}$ 的维数 $n^{\mathcal{H}}$. 当 $n^{\mathcal{H}}$ 很大时, 会遇到“维数灾难”的问题; 而对偶问题中变量 α 的维数是样本点的个数 l, 与输入空间通过映射函数 $\Phi(\cdot)$ 变换所得的新空间 $\mathcal{H}$ 的维数无关.

(2) 核函数的使用. 用核函数 $K(\cdot,\cdot)$ 代替了变换 $\Phi(\cdot)$ 的内积, 从而十分巧妙地实现了从线性分划到非线性分划的过渡, 同时简化了高维空间中内积的运算.

(3) 具有稀疏性. 从实值函数的表达式 (1.1.14) 可以看出, 只有非零分量 α_i^* 对应的训练点对决策函数起作用, 即只有支持向量有贡献. 一般来说, 当训练集中的样本点较多时, 支持向量所占比例不大, 这体现了支持向量机的稀疏性, 对于大型问题的计算具有重要意义.

1.1.3　最小二乘支持向量机

考虑包含训练集 (1.1.1) 的二分类问题. 最小二乘支持向量机 (least squares support vector machine, LSSVM) 在 Hilbert 空间 $\mathcal{H}$ 中寻求形如 $(w\cdot\Phi(x))+b=0$ 的分划超平面, 构造原始优化问题如下.

原始问题

$$\min_{w,b,\eta} \quad \frac{1}{2}\|w\|^2+\frac{C}{2}\sum_{i=1}^{l}\eta_i^2, \tag{1.1.15}$$

$$\text{s.t.} \quad y_i((w\cdot\Phi(x_i))+b)=1-\eta_i, \quad i=1,\cdots,l. \tag{1.1.16}$$

为了给上述原始问题一个直观的解释, 考虑 Hilbert 空间 $\mathcal{H}$ 是 R^2 的情形. 令 $x=([x]_1,[x]_2)^{\mathrm{T}}=\Phi(x)$, 这时, 分划超平面 $(w\cdot x)+b=0$ 是 R^2 上的一条直线. 最小化 $\frac{1}{2}\|w\|^2$ 意味着使直线 $(w\cdot x)+b=1$ 和直线 $(w\cdot x)+b=-1$ 形成的间隔最大, 最小化 $\sum_{i=1}^{l}\eta_i^2$ 则意味着这两条直线应尽可能分别位于正类点的输入和负类点的输入的“中间” (即正类点的输入和负类点的输入分别尽可能均衡地分布在它们的两侧), 如图 1.1.2 所示.

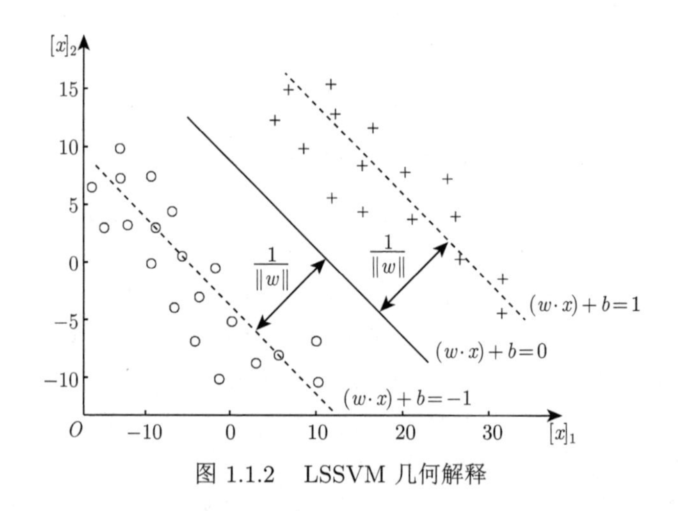

图 1.1.2　LSSVM 几何解释

最小二乘损失函数 (least squares loss function)　LSSVM 采用原始问题中的 η_i 来度量决策函数对训练集中的各训练点 (x_i,y_i) 产生的偏差. 根据约束条件 (1.1.16) 有

$$\eta_i=\begin{cases} y_i-((w\cdot\Phi(x_i))+b), & y_i=1, \\ -y_i+((w\cdot\Phi(x_i))+b), & y_i=-1. \end{cases} \tag{1.1.17}$$

由决策函数(1.1.2)可知, 对于输入输出对 (x, y) 产生的偏差是用函数

$$L(y, g(x)) = (y - g(x))^2 \tag{1.1.18}$$

来度量的, 其图像如图 1.1.3 所示. 它常被称为最小二乘损失函数, 或平方损失函数 (square loss function), 它具有连续可微且凸的性质.

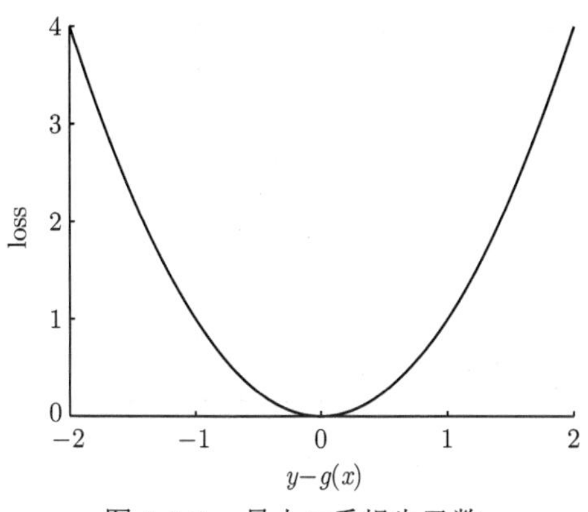

图 1.1.3 最小二乘损失函数

对偶问题 针对原始问题 (1.1.15) ~ (1.1.16), 引入拉格朗日乘子 $\alpha=(\alpha_1, \cdots, \alpha_l)^{\mathrm{T}}$, 可推导出对偶问题

$$\min_{\alpha} \quad \frac{1}{2}\sum_{i=1}^{l}\sum_{j=1}^{l}\alpha_i\alpha_j y_i y_j\left(K(x_i, x_j)+\frac{\delta_{ij}}{C}\right)-\sum_{i=1}^{l}\alpha_i, \tag{1.1.19}$$

$$\text{s.t.} \quad \sum_{i=1}^{l}\alpha_i y_i = 0, \tag{1.1.20}$$

其中 $\delta_{ij} = \begin{cases} 1, & i = j, \\ 0, & i \neq j, \end{cases}$ $K(x, x') = (\Phi(x) \cdot \Phi(x'))$ 为核函数. 据此可以建立 **LSSVM 算法**.

性质 LSSVM 具有如下两个特点:

(1) 求解简单. LSSVM 求解的是一个只有等式约束的凸二次规划问题, 因此求解简单.

(2) 稀疏性差. LSSVM 中, 几乎所有训练点都对决策函数有贡献, 因而不再具有 C-SVM 的稀疏性.

LSSVM 算法

1. 给定训练集 $T=\{(x_1,y_1),\cdots,(x_l,y_l)\}\in(R^n\times\mathcal{Y})^l$, 核函数 K, 参数 $C>0$, 其中 $x_i\in R^n$, $y_i\in\mathcal{Y}=\{1,-1\}, i=1,\cdots,l$;
2. 构造并求解优化问题 (1.1.19)~(1.1.20), 得解 $\alpha^*=(\alpha_1^*,\alpha_2^*,\cdots,\alpha_l^*)^{\mathrm{T}}$;
3. 选取 j $(1\leqslant j\leqslant l)$, 计算 b^*:

$$b^*=y_j\left(1-\frac{\alpha_j^*}{C}\right)-\sum_{i=1}^{l}y_i\alpha_i^*K(x_i,x_j); \tag{1.1.21}$$

4. 输出决策函数

$$f(x)=\mathrm{sgn}(g(x)), \tag{1.1.22}$$

其中

$$g(x)=\sum_{i=1}^{l}y_i\alpha_i^*K(x_i,x)+b^*. \tag{1.1.23}$$

1.2 超平面非平行的支持向量机

在上一节介绍的标准支持向量机中, 正负类样本点都分别对应一个超平面, 而且这样形成的两个超平面是平行的. 在本节介绍的超平面非平行的支持向量机中, 正负类样本点也都分别对应一个超平面, 但是允许所对应的两个超平面不平行. 事实上, 这里针对正类和负类样本点分别构造一个超平面, 使每一个超平面在尽量靠近其中一类样本点的同时, 远离另一类样本点. 广义特征值支持向量机 (generalized eigenvalue proximal support vector machine, GEPSVM)[6] 是首个允许超平面非平行的支持向量机. 本节主要介绍另外两种更有效的形式: 双子支持向量机以及非平行超平面支持向量机.

仍考虑二分类问题, 但是为后续表述方便, 本节把训练集 (1.1.1) 改写为

$$T=\{(x_1,+1),\cdots,(x_p,+1),(x_{p+1},-1),\cdots,(x_{p+q},-1)\}\in(R^n\times\mathcal{Y})^l, \tag{1.2.1}$$

其中 $x_i\in R^n, i=1,\cdots,p+q$. 记 $A=(x_1,\cdots,x_p)^{\mathrm{T}}\in R^{p\times n}$ 为正类样本点矩阵, $B=(x_{p+1},\cdots,x_{p+q})^{\mathrm{T}}\in R^{q\times n}$ 为负类样本点矩阵, 并且 $l=p+q$.

1.2.1 双子支持向量机

双子支持向量机 (twin support vector machine, TWSVM)[7] 是在 GEPSVM 的基础上提出的.

1.2.1.1 线性双子支持向量机

考虑包含训练集 (1.2.1) 的二分类问题, 线性双子支持向量机构造两个原始优化问题如下.

原始问题

$$\min_{w_+,b_+,\xi_-} \quad \frac{1}{2}(Aw_+ + e_+b_+)^{\mathrm{T}}(Aw_+ + e_+b_+) + c_1 e_-^{\mathrm{T}}\xi_-, \tag{1.2.2}$$

$$\text{s.t.} \quad -(Bw_+ + e_-b_+) + \xi_- \geqslant e_-, \quad \xi_- \geqslant 0 \tag{1.2.3}$$

和

$$\min_{w_-,b_-,\xi_+} \quad \frac{1}{2}(Bw_- + e_-b_-)^{\mathrm{T}}(Bw_- + e_-b_-) + c_2 e_+^{\mathrm{T}}\xi_+, \tag{1.2.4}$$

$$\text{s.t.} \quad (Aw_- + e_+b_-) + \xi_+ \geqslant e_+, \quad \xi_+ \geqslant 0, \tag{1.2.5}$$

其中 $c_i, i=1,2$ 是惩罚参数, $e_+ = (1,\cdots,1)^{\mathrm{T}} \in R^p$, $e_- = (1,\cdots,1)^{\mathrm{T}} \in R^q$.

以问题 (1.2.2)～(1.2.3) 为例, 图 1.2.1 给出其在 R^2 上的几何解释. 令 $x = ([x]_1, [x]_2)^{\mathrm{T}}$. 这里的目的是构建直线 $(w_+ \cdot x) + b_+ = 0$. 目标函数 (1.2.2) 中的第一项表示最小化直线 $(w_+ \cdot x) + b_+ = 0$ 到所有正类点的距离平方之和, 使超平面接近正类点; 约束条件 (1.2.3) 则要求直线 $(w_+ \cdot x) + b_+ = 0$ 尽量与各负类点的距离至少为 1, 此部分误差由软间隔损失函数度量, 体现在目标函数 (1.2.2) 中的第二项. 构建直线 $(w_- \cdot x) + b_- = 0$ 的问题 (1.2.4)～(1.2.5) 有类似含义.

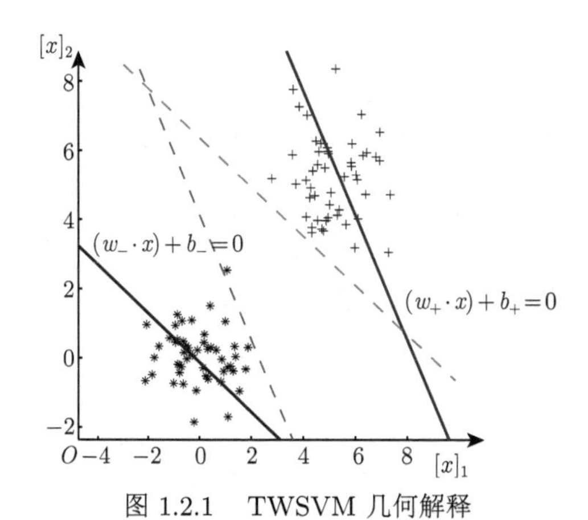

图 1.2.1　TWSVM 几何解释

对偶问题　针对原始问题 (1.2.2)～(1.2.3) 和原始问题 (1.2.4)～(1.2.5), 分别引入拉格朗日乘子 $\alpha = (\alpha_1,\cdots,\alpha_q)^{\mathrm{T}}$ 和 $\gamma = (\gamma_1,\cdots,\gamma_p)^{\mathrm{T}}$, 可推导出对应的对偶问题

$$\max_{\alpha} \quad e_-^{\mathrm{T}}\alpha - \frac{1}{2}\alpha^{\mathrm{T}}G(H^{\mathrm{T}}H)^{-1}G^{\mathrm{T}}\alpha, \tag{1.2.6}$$

$$\text{s.t.} \quad 0 \leqslant \alpha \leqslant c_1 e_- \tag{1.2.7}$$

和

$$\max_{\gamma} \quad e_+^{\mathrm{T}}\gamma - \frac{1}{2}\gamma^{\mathrm{T}}H(G^{\mathrm{T}}G)^{-1}H^{\mathrm{T}}\gamma, \tag{1.2.8}$$

$$\text{s.t.} \quad 0 \leqslant \gamma \leqslant c_2 e_+, \tag{1.2.9}$$

其中 $H = [A, e_+] \in R^{p\times(n+1)}, G = [B, e_-] \in R^{q\times(n+1)}$.

通过求解问题 (1.2.6) ~ (1.2.7) 和问题 (1.2.8) ~ (1.2.9) 得解α^* 和 γ^*. 于是, 原始问题 (1.2.2) ~ (1.2.3) 和原始问题 (1.2.4) ~ (1.2.5) 的解可以分别表示为

$$(w_+^{\mathrm{T}}, b_+)^{\mathrm{T}} = -(H^{\mathrm{T}}H)^{-1}G^{\mathrm{T}}\alpha^* \tag{1.2.10}$$

和

$$(w_-^{\mathrm{T}}, b_-)^{\mathrm{T}} = -(G^{\mathrm{T}}G)^{-1}H^{\mathrm{T}}\gamma^*. \tag{1.2.11}$$

因此, 对于一个新的点 $x \in R^n$, 它的类别可以用下式得到判断:

$$\text{Class} = \arg\min_{k=-,+} |(w_k \cdot x) + b_k|, \tag{1.2.12}$$

其中 $|\cdot|$ 是点 x 到超平面 $(w_k \cdot x) + b_k = 0$ 的垂直距离, $k \in \{-, +\}$. 据此可以建立**线性 TWSVM 算法**.

线性 TWSVM 算法
1. 给定训练集 $T = \{(x_1, +1), \cdots, (x_p, +1), (x_{p+1}, -1), \cdots, (x_{p+q}, -1)\} \in (R^n \times \mathcal{Y})^{p+q}$, 参数 $c_1, c_2 > 0$;
2. 构造并求解优化问题 (1.2.6) ~ (1.2.7) 和问题 (1.2.8) ~ (1.2.9), 得解 α^* 和 γ^*;
3. 根据式 (1.2.10) 计算 w_+^*, b_+^*;
4. 根据式 (1.2.11) 计算 w_-^*, b_-^*;
5. 输出决策函数 (1.2.12).

1.2.1.2 非线性双子支持向量机

与 C-SVM 和 LSSVM 不同, 上述线性双子支持向量机不能通过在问题 (1.2.6) ~ (1.2.7) 和问题 (1.2.8) ~ (1.2.9) 中直接引入核函数将模型扩展到非线性的情形. 为了

解决非线性分划问题, 非线性双子支持向量机考虑以下两个用核函数表示的 Hilbert 空间 $\mathcal{H}$ 中的超平面:

$$K(x^{\mathrm{T}}, C^{\mathrm{T}})u_+ + b_+ = 0 \quad 和 \quad K(x^{\mathrm{T}}, C^{\mathrm{T}})u_- + b_- = 0, \tag{1.2.13}$$

其中 $C^{\mathrm{T}} = [A, B]^{\mathrm{T}} \in R^{n\times l}$, 构造两个原始优化问题如下.

原始问题

$$\min_{u_+, b_+, \xi_-} \quad \frac{1}{2}\|K(A, C^{\mathrm{T}})u_+ + e_+b_+\|^2 + c_1 e_-^{\mathrm{T}}\xi_-, \tag{1.2.14}$$

$$\text{s.t.} \quad -(K(B, C^{\mathrm{T}})u_+ + e_-b_+) + \xi_- \geqslant e_-, \quad \xi_- \geqslant 0 \tag{1.2.15}$$

和

$$\min_{u_-, b_-, \xi_+} \quad \frac{1}{2}\|K(B, C^{\mathrm{T}})u_- + e_-b_-\|^2 + c_2 e_+^{\mathrm{T}}\xi_+, \tag{1.2.16}$$

$$\text{s.t.} \quad (K(A, C^{\mathrm{T}})u_- + e_+b_-) + \xi_+ \geqslant e_+, \quad \xi_+ \geqslant 0, \tag{1.2.17}$$

其中 $c_i, i = 1, 2$ 是惩罚参数, $e_+ = (1, \cdots, 1)^{\mathrm{T}} \in R^p$, $e_- = (1, \cdots, 1)^{\mathrm{T}} \in R^q$.

对偶问题 针对原始问题 (1.2.14) ~ (1.2.15) 和原始问题 (1.2.16) ~ (1.2.17), 分别引入拉格朗日乘子 $\alpha = (\alpha_1, \cdots, \alpha_q)^{\mathrm{T}}$ 和 $\gamma = (\gamma_1, \cdots, \gamma_p)^{\mathrm{T}}$, 可推导出对应的对偶问题

$$\max_{\alpha} \quad e_-^{\mathrm{T}}\alpha - \frac{1}{2}\alpha^{\mathrm{T}}M(S^{\mathrm{T}}S)^{-1}M^{\mathrm{T}}\alpha, \tag{1.2.18}$$

$$\text{s.t.} \quad 0 \leqslant \alpha \leqslant c_1 e_- \tag{1.2.19}$$

和

$$\max_{\gamma} \quad e_+^{\mathrm{T}}\gamma - \frac{1}{2}\gamma^{\mathrm{T}}S(M^{\mathrm{T}}M)^{-1}S^{\mathrm{T}}\gamma, \tag{1.2.20}$$

$$\text{s.t.} \quad 0 \leqslant \gamma \leqslant c_2 e_+, \tag{1.2.21}$$

其中 $S = [K(A, C^{\mathrm{T}}), e_+] \in R^{p\times(l+1)}, M = [K(B, C^{\mathrm{T}}), e_-] \in R^{q\times(l+1)}$.

通过求解问题 (1.2.18) ~ (1.2.19) 和问题 (1.2.20) ~ (1.2.21) 得解 α^* 和 γ^*. 于是, 原始问题 (1.2.14) ~ (1.2.15) 和原始问题 (1.2.16) ~ (1.2.17) 的解可以分别表示为

$$(u_+^{\mathrm{T}}, b_+)^{\mathrm{T}} = -(S^{\mathrm{T}}S)^{-1}M^{\mathrm{T}}\alpha^* \tag{1.2.22}$$

和

$$(u_-^{\mathrm{T}}, b_-)^{\mathrm{T}} = -(M^{\mathrm{T}}M)^{-1}S^{\mathrm{T}}\gamma^*. \tag{1.2.23}$$

因此, 对于一个新的点 $x \in R^n$, 它的类别可以用下式得到判断:

$$\text{Class} = \arg\min_{k=-,+} |K(x^{\mathrm{T}}, C^{\mathrm{T}})u_k + b_k|, \tag{1.2.24}$$

其中 $|\cdot|$ 是点 x 到超平面 $K(x^{\mathrm{T}}, C^{\mathrm{T}})u_k + b_k = 0$ 的垂直距离, $k \in \{-,+\}$. 据此可以建立**非线性 TWSVM 算法**.

非线性 TWSVM 算法

---

1. 给定训练集 $T = \{(x_1, +1), \cdots, (x_p, +1), (x_{p+1}, -1), \cdots, (x_{p+q}, -1)\} \in (R^n \times \mathcal{Y})^{p+q}$, 核函数 K, 参数 $c_1, c_2 > 0$;
2. 构造并求解优化问题 (1.2.18) ~ (1.2.19) 和问题 (1.2.20) ~ (1.2.21), 得解 α^* 和 γ^*;
3. 根据式 (1.2.22) 计算 u_+^*, b_+^*;
4. 根据式 (1.2.23) 计算 u_-^*, b_-^*;
5. 输出决策函数 (1.2.24).

性质 TWSVM 具有如下四个特点:

(1) TWSVM 构建的是两个非平行的超平面, 相对于 C-SVM 和 LSSVM 而言更灵活.

(2) TWSVM 的计算速度一般很快. 然而, 当数据集维数很高时, $S^{\mathrm{T}}S$ 和 $M^{\mathrm{T}}M$ 的逆矩阵变得难以求解, 即 TWSVM 难以处理大规模问题.

(3) TWSVM 不能直接应用核函数. 对于非线性双子支持向量机, 采用线性核并不等价于线性双子支持向量机, 理论上不够完美.

(4) TWSVM 的稀疏性优于 LSSVM, 但次于 C-SVM.

1.2.2 非平行超平面支持向量机

双子支持向量机理论上欠完美, 而且在某些数据集 (比如交叉型数据) 下的分类效果有限. 基于此, 诞生了非平行超平面支持向量机 (nonparallel support vector machine, NPSVM)[8]. 它针对每一类别的训练点构造相应的超平面, 使模型能更好地体现不同类别数据的分布差异, 因此得到了广泛的应用.

考虑包含训练集 (1.2.1) 的二分类问题, NPSVM 引进一个额外的正参数 ε, 构造两个原始优化问题如下.

原始问题

$$\min_{w_+, b_+, \eta_+^{(*)}, \xi_-} \quad \frac{1}{2}\|w_+\|^2 + C_1 \sum_{i=1}^{p}(\eta_i + \eta_i^*) + C_2 \sum_{j=p+1}^{p+q} \xi_j, \tag{1.2.25}$$

$$\text{s.t.} \quad (w_+ \cdot \Phi(x_i)) + b_+ \leqslant \varepsilon + \eta_i, \tag{1.2.26}$$

$$-(w_+ \cdot \Phi(x_i)) - b_+ \leqslant \varepsilon + \eta_i^*, \tag{1.2.27}$$

$$(w_+ \cdot \Phi(x_j)) + b_+ \leqslant -1 + \xi_j, \tag{1.2.28}$$

$$\eta_i, \eta_i^* \geqslant 0, \quad i = 1, \cdots, p, \tag{1.2.29}$$

$$\xi_j \geqslant 0, \quad j = p+1, \cdots, p+q \tag{1.2.30}$$

和

$$\min_{w_-, b_-, \eta_-^{(*)}, \xi_+} \quad \frac{1}{2}\|w_-\|^2 + C_3 \sum_{i=p+1}^{p+q} (\eta_i + \eta_i^*) + C_4 \sum_{j=1}^{p} \xi_j, \tag{1.2.31}$$

$$\text{s.t.} \quad (w_- \cdot \Phi(x_i)) + b_- \leqslant \varepsilon + \eta_i, \tag{1.2.32}$$

$$-(w_- \cdot \Phi(x_i)) - b_- \leqslant \varepsilon + \eta_i^*, \tag{1.2.33}$$

$$(w_- \cdot \Phi(x_j)) + b_- \geqslant 1 - \xi_j, \tag{1.2.34}$$

$$\eta_i, \eta_i^* \geqslant 0, \quad i = p+1, \cdots, p+q, \tag{1.2.35}$$

$$\xi_j \geqslant 0, \quad j = 1, \cdots, p, \tag{1.2.36}$$

其中 $C_i \geqslant 0, i = 1, \cdots, 4$ 为惩罚参数, $\xi_+ = (\xi_1, \cdots, \xi_p)^{\mathrm{T}}, \xi_- = (\xi_{p+1}, \cdots, \xi_{p+q})^{\mathrm{T}}$, $\eta_+^{(*)} = (\eta_+^{\mathrm{T}}, \eta_+^{*\mathrm{T}})^{\mathrm{T}} = (\eta_1, \cdots, \eta_p, \eta_1^*, \cdots, \eta_p^*)^{\mathrm{T}}, \eta_-^{(*)} = (\eta_-^{\mathrm{T}}, \eta_-^{*\mathrm{T}})^{\mathrm{T}} = (\eta_{p+1}, \cdots, \eta_{p+q}, \eta_{p+1}^*, \cdots, \eta_{p+q}^*)^{\mathrm{T}}$ 为松弛变量.

以问题 (1.2.25) ∼ (1.2.30) 为例, 图 1.2.2 给出其在 R^2 上的几何解释. 令 $x = ([x]_1, [x]_2)^{\mathrm{T}} = \Phi(x)$. 第一, 希望最大化直线 $(w_+ \cdot x) + b_+ = \varepsilon$ 和 $(w_+ \cdot x) + b_+ = -\varepsilon$ 之间的间隔为 $\dfrac{2\varepsilon}{\|w_+\|}$, 这体现在最小化目标函数 (1.2.25) 的第一项; 第二, 希望正类点尽可能多地位于直线 $(w_+ \cdot x) + b_+ = \varepsilon$ 和直线 $(w_+ \cdot x) + b_+ = -\varepsilon$ 之间的 ε-带内 (左下方细实线), 这体现在约束条件 (1.2.26) 和 (1.2.27), 此部分的误差 $\eta_i + \eta_i^*$ $(i = 1, \cdots, p)$ 由 **ε-不敏感损失函数** (ε-insensitive loss function) 度量:

$$\eta_i + \eta_i^* = \begin{cases} 0, & |(w_+ \cdot \Phi(x_i)) + b| < \varepsilon, \\ |(w_+ \cdot \Phi(x_i)) + b| - \varepsilon, & \text{其他}. \end{cases} \tag{1.2.37}$$

最小化该损失体现在最小化目标函数 (1.2.25) 的第二项; 第三, 与 TWSVM 类似, 希望负类点离直线 $(w_+ \cdot x) + b_+ = -1$ (右上方细虚线) 越远越好, 体现在约束条件 (1.2.28), 此部分误差 ξ_i $(i = p+1, \cdots, p+q)$ 由软间隔损失函数度量, 最小化该损失体现在最小化目标函数 (1.2.25) 的第三项.

对偶问题 针对原始问题 (1.2.25) ∼ (1.2.30) 和原始问题 (1.2.31) ∼ (1.2.36), 分别引入拉格朗日乘子 $\alpha_+^{(*)} = (\alpha_+^{\mathrm{T}}, \alpha_+^{*\mathrm{T}})^{\mathrm{T}} = (\alpha_1, \cdots, \alpha_p, \alpha_1^*, \cdots, \alpha_p^*)^{\mathrm{T}}, \beta_- =$

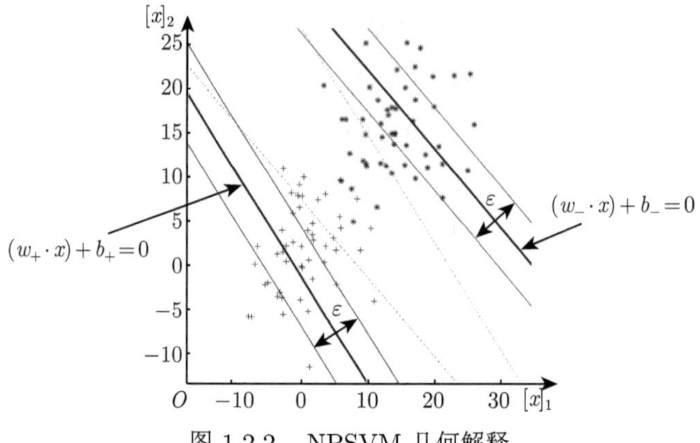

图 1.2.2 NPSVM 几何解释

$(\beta_{p+1},\cdots,\beta_{p+q})^{\mathrm{T}}$ 和 $\alpha_-^{(*)}=(\alpha_-^{\mathrm{T}},\alpha_-^{*\mathrm{T}})^{\mathrm{T}}=(\alpha_{p+1},\cdots,\alpha_{p+q},\alpha_{p+1}^*,\cdots,\alpha_{p+q}^*)^{\mathrm{T}}$, $\beta_+=(\beta_1,\cdots,\beta_p)^{\mathrm{T}}$, 可推导出对应的对偶问题

$$\begin{aligned}
\min_{\alpha_+^{(*)},\beta_-}\quad & \frac{1}{2}(\alpha_+^*-\alpha_+)^{\mathrm{T}}K(A,A^{\mathrm{T}})(\alpha_+^*-\alpha_+)\\
& -(\alpha_+^*-\alpha_+)^{\mathrm{T}}K(A,B^{\mathrm{T}})\beta_-+\frac{1}{2}\beta_-^{\mathrm{T}}K(B,B^{\mathrm{T}})\beta_-\\
& +\varepsilon e_+^{\mathrm{T}}(\alpha_+^*+\alpha_+)-e_-^{\mathrm{T}}\beta_-, && (1.2.38)\\
\text{s.t.}\quad & e_+^{\mathrm{T}}(\alpha_+-\alpha_+^*)+e_-^{\mathrm{T}}\beta_-=0, && (1.2.39)\\
& 0\leqslant\alpha_+,\ \alpha_+^*\leqslant C_1e_+, && (1.2.40)\\
& 0\leqslant\beta_-\leqslant C_2e_- && (1.2.41)
\end{aligned}$$

和

$$\begin{aligned}
\min_{\alpha_-^{(*)},\beta_+}\quad & \frac{1}{2}(\alpha_-^*-\alpha_-)^{\mathrm{T}}K(B,B^{\mathrm{T}})(\alpha_-^*-\alpha_-)\\
& +(\alpha_-^*-\alpha_-)^{\mathrm{T}}K(B,A^{\mathrm{T}})\beta_++\frac{1}{2}\beta_+^{\mathrm{T}}K(A,A^{\mathrm{T}})\beta_+\\
& +\varepsilon e_-^{\mathrm{T}}(\alpha_-^*+\alpha_-)-e_+^{\mathrm{T}}\beta_+, && (1.2.42)\\
\text{s.t.}\quad & e_-^{\mathrm{T}}(\alpha_--\alpha_-^*)-e_+^{\mathrm{T}}\beta_+=0, && (1.2.43)\\
& 0\leqslant\alpha_-,\ \alpha_-^*\leqslant C_3e_-, && (1.2.44)\\
& 0\leqslant\beta_+\leqslant C_4e_+. && (1.2.45)
\end{aligned}$$

求得问题 (1.2.38)～(1.2.41) 的解 $\alpha_+^{(*)}=(\alpha_+^{\mathrm{T}},\alpha_+^{*\mathrm{T}})^{\mathrm{T}}=(\alpha_1,\cdots,\alpha_p,\alpha_1^*,\cdots,\alpha_p^*)^{\mathrm{T}}$, $\beta_-=(\beta_{p+1},\cdots,\beta_{p+q})^{\mathrm{T}}$后, 原始问题 (1.2.25)～(1.2.30) 的解 $(w_+,b_+,\eta_+^{(*)},\xi_-)$ 满足

$$w_+ = \sum_{i=1}^{p}(\alpha_i^* - \alpha_i)\Phi(x_i) - \sum_{j=p+1}^{p+q}\beta_j\Phi(x_j), \tag{1.2.46}$$

选择 α_+ 的一个分量 $\alpha_j \in (0, C_1)$, 计算

$$b_+ = -(w_+ \cdot \Phi(x_j)) + \varepsilon, \tag{1.2.47}$$

或者选择 α_+^* 的一个分量 $\alpha_k^* \in (0, C_1)$, 计算

$$b_+ = -(w_+ \cdot \Phi(x_k)) - \varepsilon, \tag{1.2.48}$$

或者选择 β_- 的一个分量 $\beta_m \in (0, C_2)$, 计算

$$b_+ = -(w_+ \cdot \Phi(x_m)) - 1. \tag{1.2.49}$$

同理, 通过求解问题 (1.2.42) ~ (1.2.45), 对原始问题 (1.2.31) ~ (1.2.36) 有

$$w_- = \sum_{i=p+1}^{p+q}(\alpha_i^* - \alpha_i)\Phi(x_i) + \sum_{j=1}^{p}\beta_j\Phi(x_j), \tag{1.2.50}$$

选择 α_- 的一个分量 $\alpha_j \in (0, C_3)$, 计算

$$b_- = -(w_- \cdot \Phi(x_j)) + \varepsilon, \tag{1.2.51}$$

或者选择 α_-^* 的一个分量 $\alpha_k^* \in (0, C_3)$, 计算

$$b_- = -(w_- \cdot \Phi(x_k)) - \varepsilon, \tag{1.2.52}$$

或者选择 β_+ 的一个分量 $\beta_m \in (0, C_4)$, 计算

$$b_- = -(w_- \cdot \Phi(x_m)) + 1. \tag{1.2.53}$$

因此, 对于一个新的点 $x \in R^n$, 可由下式判断它的类别:

$$\text{Class} = \arg\min_{k=-,+} |(w_k \cdot \Phi(x)) + b_k|, \tag{1.2.54}$$

其中 $|\cdot|$ 是点 x 到超平面 $(w_k \cdot \Phi(x)) + b_k = 0$ 的垂直距离, $k \in \{-, +\}$. 据此可以建立 **NPSVM 算法**.

NPSVM 算法

1. 给定训练集 $T=\{(x_1,+1),\cdots,(x_p,+1),(x_{p+1},-1),\cdots,(x_{p+q},-1)\}\in(R^n\times\mathcal{Y})^{p+q}$, 核函数 $K(x,x')$, 参数 $\varepsilon>0$, $C_1,C_2,C_3,C_4>0$;
2. 构造并求优化问题 (1.2.38) ~ (1.2.41) 和问题 (1.2.42) ~ (1.2.45), 得解 $\alpha^{(*)}=(\alpha_1,\cdots,\alpha_{p+q},\alpha_1^*,\cdots,\alpha_{p+q}^*)^{\mathrm{T}}$ 和 $\beta=(\beta_1,\cdots,\beta_{p+q})^{\mathrm{T}}$;
3. 分别构造实值函数

$$g_+(x)=\sum_{i=1}^{p}(\alpha_i^*-\alpha_i)K(x_i,x)-\sum_{j=p+1}^{p+q}\beta_jK(x_j,x)+b_+ \tag{1.2.55}$$

和

$$g_-(x)=\sum_{i=p+1}^{p+q}(\alpha_i^*-\alpha_i)K(x_i,x)+\sum_{j=1}^{p}\beta_jK(x_j,x)+b_-, \tag{1.2.56}$$

其中 b_+,b_- 分别由式 (1.2.46) ~ (1.2.49) 及式 (1.2.50) ~ (1.2.53) 计算得出;
4. 输出决策函数

$$\arg\min_{k=-,+}\frac{|g_k(x)|}{\|\Delta_k\|}, \tag{1.2.57}$$

其中 $\Delta_+=(\alpha_+^*-\alpha_+)^{\mathrm{T}}K(A,A^{\mathrm{T}})(\alpha_+^*-\alpha_+)$, $\Delta_-=(\alpha_-^*-\alpha_-)^{\mathrm{T}}K(B,B^{\mathrm{T}})(\alpha_-^*-\alpha_-)$.

性质 NPSVM 具有如下三个特点:

(1) 与 TWSVM 类似, NPSVM 构建的是两个可以不平行的超平面, 灵活性好.

(2) 与 TWSVM 完全不同的是, 在 NPSVM 的对偶问题中恰好出现了内积的形式, 不需要重新构建新的非线性模型, 通过引入核函数即可将线性 NPSVM 拓展为非线性 NPSVM, 理论上完美.

(3) 与 TWSVM 相比, NPSVM 引入了 ε-不敏感损失, 在原始问题的目标函数中分别增加正则化项 $\dfrac{1}{2}\|w_+\|^2$ 和 $\dfrac{1}{2}\|w_-\|^2$, 实现了结构风险最小化原则. NPSVM 不仅稀疏性好, 而且可以采用序列最小最优化 (sequential minimal optimization, SMO) 算法求解, 无须求解逆矩阵. 模型的详细推导和实验结果请参见文献 [8], 此处略.

1.3 拓展阅读

本节分别讨论 SVM 在二分类和多分类问题上的若干拓展.

1.3.1 二分类支持向量机及其拓展

为方便起见, 记式 (1.1.1) 定义的数据集为标准数据集, 且满足 $\frac{|y_+|}{|y_-|} \approx 1$. 其中 $|y_+|$ 和 $|y_-|$ 分别表示训练集中正负样本的个数, 即标准数据集要求类别均衡或接近均衡.

1.3.1.1 基于标准数据集的支持向量机

1. 对于损失函数或正则项的改进

前述二分类问题的原始问题都属于更一般的结构风险最小化 (structural risk minimization, SRM) 模型

$$\min_{w} \quad \frac{1}{l}\sum_{i=1}^{l} L(y_i, g(x_i)) + \lambda\Omega(w), \tag{1.3.1}$$

其中 $L(y_i, g(x_i))$ 是衡量经验风险的损失函数, $\Omega(w)$ 是度量模型复杂度的正则项, λ 是权衡经验风险与模型复杂度的参数. 显然, 引入不同的损失函数或嵌入不同的正则项是改进 SVM 的有效途径. 例如, LSSVM 通过采用最小二乘损失函数, 使模型比 C-SVM 的求解更简单. 但无论是 LSSVM 还是 C-SVM, 原始问题都有关于截距 b 的解不唯一的缺陷. Mangasarian 等 [9] 通过在 C-SVM 的目标函数中引入正则项 $\frac{1}{2}b^2$ 提出了限定支持向量机 (bounded support vector machine, BSVM), 保证了 b 的唯一性. 同理, 他们在 LSSVM 的目标函数中引入正则项 $\frac{1}{2}b^2$ 提出了中心支持向量机 (proximal support vector machine, PSVM)[10]. 类似的研究还包括双子限定支持向量机及其改进等 [11,12]. 除此以外, Mangasarian 将 C-SVM 中的 ℓ_2 范数正则项用 ℓ_1 范数正则项进行替代, 于 2006 年提出了 ℓ_1-SVM, 有效减少了模型的训练时间 [13]. 随后, Wang 等 [14] 混合 ℓ_1 范数正则项与 ℓ_2 范数正则项, 提出了一种新的混合 huberized 支持向量机 (hybrid huberized SVM, HHSVM).

2. ν-SVM 及其改进

C-SVM 中惩罚参数 C 的取值大小体现了对两个目标 (最大化间隔和最小化训练错误) 的权衡. 定性地讲, 选取大的 C 值, 意味着更强调最小化训练错误. 但定量地讲, C 值本身并没有确切的意义 [3-5]. 为此, Chang 等 [15] 提出了一个与 C-SVM 等价的 ν-支持向量机 (ν-support vector machine, ν-SVM). 在这里, 参数 C 被有数量含义的参数 ν 替代. 事实上, ν 恰好是间隔错误训练点个数占总训练点数份额的上界, 也是支持向量个数占总训练点数份额的下界. 因此, 通过选择 ν 的大小可以定量地控制模型的稀疏性. 类似地, Peng [16] 提出了 ν-TSVM, 该模型中参数 ν 也比 TWSVM 中的参数 C 具有更好的理论解释, 文献 [17-20] 在此基础上对模型做了进一步的改进.

3. 对于超平面的改进

关于超平面非平行的支持向量机, 最近的研究可参见文献 [12, 19, 21-23]. 尽管 TWSVM 能够处理一些特殊的数据集, 且比标准支持向量机在计算速度上快, 但在实际过程中需要计算逆矩阵, 使模型在数据量很大的情况下难以求解. 此外, 对于非线性问题, 这些算法需要将线性模型转化为另外的模型, 而非直接引入核函数, 失去了标准支持向量机的优势. 为了克服这类算法的缺陷, 文献 [24] 和 [8] 相继提出了改进的双子支持向量机 (improved twin support vector machine, ITSVM) 和非平行超平面支持向量机 (NPSVM), 其能够通过核技巧将线性模型拓展到非线性模型, 同时继承 C-SVM 和 TWSVM 的优势. 同年, 文献 [18] 提出了 ν-非平行超平面支持向量机 (ν-NPSVM), 该算法需要调节的参数较少, 且参数在较小的区间范围内取值, 使得模型可以在较短的时间取得更精确的效果. 然而, 尽管上述算法取得了不错的分类性能, 但当数据集很大时, 其在计算速度上难以得到提升. 基于此, 文献 [25, 26] 提出采用分而治之的策略解决上述模型在求解大规模问题时遇到的困难. 最近, 文献 [27] 结合大间隔分布学习机 (large margin distribution machine, LDM)[28] 对 NPSVM 进行了拓展, 旨在进一步提升 NPSVM 的泛化性能.

1.3.1.2 基于非标准数据集的支持向量机

1. 基于含有先验信息的数据

所谓先验信息指的是已知的额外信息. 我们仍以二分类问题为例予以说明. 这时已知的数据集不再仅仅是式 (1.1.1), 而是还包含一些其他的信息. 此处主要讨论训练数据中含有 Universum、知识集、模糊隶属度信息以及特权信息的四种情况.

(1) 对二分类问题来说, Universum 不属于其中任何一个类别, 它通过表征同一领域中有意义的概念来注入先验知识, 其引入可以让两类数据尽可能地分开, 进而提升模型的准确率. Weston 等 [29,30] 首次将关于数据分布的先验信息纳入分类器的构造中, 提出了 Universum 支持向量机 (Universum support vector machine, USVM). 为了减少 Universum 带来的额外计算成本, 结合 TWSVM 和 USVM 的模型相继被提出 [31,32]. 除此以外, 文献 [33] 基于简约核和 USVM 提出了一种不仅能减少训练时间, 还能用于处理类别不平衡问题的支持向量机, 不同的是, 该模型将 Universum 视为少数类别 (通常是正类). Zhao 等 [23] 结合非平行支持向量机与 Universum 提出了一种可以提升模型计算效用的安全的样本筛选规则.

(2) 作为先验信息的知识集是以多面体形式出现于输入空间中的. 对于二分类问题而言, 每个多面体集属于两个类别之一. Fung 等 [34] 最早提出了以 ℓ_1 范数表示的基于知识的支持向量机 (knowledge-based support vector machine,

KSVM), 通过备选定理 (theorem of alternative) 将多面体知识集重新构造为一组不等式, 进而将先验数据嵌入线性规划中进行求解. 进一步, Fung 等 [35] 将线性 KSVM 拓展到非线性 KSVM, 将线性凸多面体集拓展到非线性先验知识集中 [36]. 随后, Khemchandani 等 [37] 相继提出了在泛化性能和训练速度方面均优于 KSVM 的基于知识的中心支持向量机 (knowledge based proximal support vector machine, KBPSVM) 以及基于知识的最小二乘双子支持向量机 (knowledge based least squares twin support vector machines, KBLSTWSVM)[38]. 其中 KBPSVM 首次对知识集采取 ℓ_2 范数近似, 并提出一种分区的方法计算逆矩阵, 有效地提升了模型的求解效率.

(3) 在标准支持向量机中, 每个输入样本应确切地从属于其中一个类别. 但在某些情况下, 输入点并不能确切地分配给其中一个类别. 比如在信用评分领域, 通常无法将客户标记为绝对的 "坏客户" 或绝对的 "好客户", 每个客户以一定的概率属于其中一个类别. 基于此, Lin 等 [39] 通过对每一个样本赋予相应的模糊隶属度, 提出了模糊支持向量机 (fuzzy support vector machine, FSVM), 其能够有效处理数据中包含噪声和异常值的问题, 并在信用评分领域具有重要的应用价值 [40]. 简而言之, FSVM 成功的关键在于设计一个好的模糊隶属度函数 (fyzzy membership function), 即对重要的样本分配高的权重, 而对噪声或者异常数据则分配极低的权重. 从另一种角度来看, FSVM 实际上是为每一个样本的训练错误分配了不同的惩罚权重, 因此可被视为一种特殊的代价敏感学习. 通过设计新的模糊隶属度函数, FSVM 已被广泛应用于类别不平衡的问题中 [41-43].

(4) 作为先验信息的特权信息是指仅在训练阶段提供而在测试阶段不可获得的额外信息, 它能够像老师一样指导模型更好地学习, 从而提高分类的准确性. 例如, 在蛋白质预测过程中, 通常会利用它的氨基酸序列的特征信息进行判断, 而在训练阶段往往还包含一些关于蛋白质的结构信息, 这些信息作为特权信息对蛋白质的预测起了很大的作用. Vapnik 在原有理论 [44] 的基础上, 提出了基于特权信息的学习范式 (learning using privileged information, LUPI), 并针对现有机器学习中教师没有发挥重要作用的缺陷开发了基于 LUPI 的支持向量分类机 SVM+[45]. 与标准 SVM 将数据映射到一个决策空间不同的是, SVM+ 是将数据映射到决策空间和修正空间. 在决策空间中用决策函数对输入数据进行分类, 在修正空间中定义修正函数, 限制松弛变量的取值, 从而进一步提高分类的准确性. 近年来, 利用样本集中隐藏的额外信息来改进传统的分类学习已成为机器学习领域的一个热点. 文献 [46] 将训练数据中包含的特权信息引入到结构化 SVM 框架中, 使得模型的训练更为准确可靠. 文献 [47] 提出了自适应 SVM+ 以实现源域知识更好地向目标域迁移的目的. 文献 [48-52] 探索了特权信息在多视角学习 (multi-view learning, MVL) 中的研究与应用, 更多内容见本书第 5 章.

2. 基于类别不平衡的数据

一般的支持向量机在处理类别均衡的数据时拥有卓越的表现. 然而, 在现实生活中, 类别的分布有时是不均衡的, 例如犯罪样本的数量远小于不犯罪样本的数量. 在这种数据集上训练出的模型往往会向数量多的类别偏倚, 从而削弱分类器的泛化能力. 为有效处理不平衡数据, 提出了基于数据层面的以及基于模型和算法层面的两种策略. 基于数据层面的方法包括随机下采样 (random undersampling, RUS)、随机上采样 (random oversampling, ROS) 等方法; 基于模型和算法层面的方法主要包括集成模型和代价敏感学习, 其中后者通过为不同类别的错误分配不同的成本使模型对类别不均衡的数据不敏感, 是目前学术界的一个研究热点. Veropoulos 等 [53] 提出的不同错误成本 (different error costs, DEC) 的方法首次将代价敏感引入 SVM 中. 与 C-SVM 不同的是, DEC 赋予正类样本和负类样本不同的惩罚, 分别是 C^+ 和 C^- ($C^+ > C^- > 0$), 使模型更关注少数类样本. 经典的方法还包括 Imam 等 [54] 提出的在决策函数上添加一个正补偿值的 z-SVM. 进一步, Batuwita 等 [41] 在 DEC 和 FSVM 的基础上提出了类不均衡学习的模糊支持向量机 (fuzzy support vector machines for class imbalance learning, FSVM-CIL), 该方法对少数类样本的每一个实例都给予更多的关注, 使模型不仅对噪声和异常数据不敏感, 还能够处理类别不平衡的问题. 最近, Yu 等 [43] 对 FSVM-CIL 进行了扩展, 利用相对密度的信息设计了一个新的模糊隶属函数, 使得新模型与特征空间中的数据分布无关, 进而更加稳健. 上述方法通过经验赋值或网格搜索的方式确定 C^-/C^+ 的值, 前者无法保证模型取得有效的分类结果, 而后者则需要花费大量的时间. 基于此, Cao 等 [55] 提出了一种自动调整错误成本 (auto-tuning error costs, ATEC) 的方法, 其以正负类别的最大熵及等间隔原则为指导, 判断给定的错误成本是否有效, 并对无效成本提供一个正确的调整方向.

3. 基于正类-无标签的数据

从数据集的标签是否完整来看, 一般支持向量机假定已知所有样本的类别标签. 而一些情况下, 某些样本的标签获取十分困难, 以致无法得到. 如果认定这些样本是无标记样本, 这时我们就只能获得正类样本和无标记样本, 其中无标记样本里既包括了正类样本, 又包括了负类样本. 例如, 被诊断出疾病的患者被视为正类样本, 但没有进行诊断的患者并不能认为没病而归入负类样本 [56]. 针对此类数据集的学习被称为 PU 学习 (positive-unlabled learning, PU learning), 或部分监督分类 [57], 其目的依然是构建一个能够对正类样本和负类样本进行区分的二分类器, 大体有三种方式 [58]. 方式一采用两步战略, 即先从未标记样本集合中识别出可靠的负类样本, 然后结合正类样本进行传统分类器的训练 [59]. 该方法的性能受所识别的负类样本支配, 一旦负类样本检测不准确, 将会严重削弱模型的分类性能. 方式二直接将所有未标记的样本视为负类, 即将原本为正类样本的数据点视为标记错误的样本, 进而将 PU 学习问题转化成标签噪声的学习问题 [60]. 利用该方法构建的分类器在噪声数据占比很高的情况下可能难以得到令人满意的结果. 方式三通过设计损失函数将 PU 学习转换为代价敏感的学习问题 [61-64], 相比于前两种方式, 该方式更受欢迎.

1.3.2 多分类支持向量机及其拓展

支持向量分类机起初是用于解决二分类问题, 后来被拓展为求解多分类问题. 下面给出多分类问题的确切描述.

多分类问题 给定训练集

$$T = \{(x_1, y_1), \cdots, (x_l, y_l)\} \in (R^n \times \mathcal{Y})^l, \tag{1.3.2}$$

其中 $x_i \in R^n$ 是输入, $y_i \in \mathcal{Y} = \{1, 2, \cdots, k\}$ 是输出, $i = 1, \cdots, l$. 根据训练集寻找 R^n 空间上的一个决策函数 $f(x) : R^n \to \mathcal{Y}$, 用以推断任一输入 x 对应的输出 y.

1.3.2.1 构建多个独立子问题的处理策略

处理多分类问题的经典策略主要包括 "一对余" 和 "一对一" 两种处理方法. 对于 k 类分类问题, "一对余"[65] 的方法构建 k 个二分类模型, 在构建第 m 个模型时, 第 m 类的样本点被看成正类点, 其他所有点被看成负类点, 对新来的样本, 该方法通过 k 个决策函数的最大值进行分类; "一对一"[66] 的方法构建 $k(k-1)/2$ 个二分类模型, 其中每个二分类模型从原始数据中抽取两个类别的数据作为训练数据, 并将一个类当作正类, 而另一个类视为负类. 对新来的样本, 该方法主要通过投票的方式判断其类别; Angulo 等 [67] 采用 "一对一对余" 的方式提出了 k-SVCR(support vector classification-regression machine for k-class classification purposes), 该方法构建 $k(k-1)/2$ 个二分类器, 不同于 "一对一" 策略的是, 此处每个分类器将全部数据作为训练点. Xu 等 [68] 后来提出了 Twin-KSVC (twin multi-class classification support vector machine), 与 k-SVCR 和 "一对余" TWSVM 相比, 该方法在大多数情况下能够取得更高的准确率. 随后, Nasiri[69] 提出了 LST-KSVC (least squares Twin-KSVC). 在 Twin-KSVC 和 LST-KSVC 中, 每个数据点在构造超平面时的权重相同. 为了在多类分类问题中充分利用类内和类间信息, 文献 [70] 提出了基于 k 近邻的加权多分类支持向量机.

1.3.2.2 构建一个优化问题的处理策略

上述方法将多分类问题拆分成多个独立的二分类子问题, 忽视了不同类别间的相互关系. 为克服这一缺陷, 出现了仅通过一个优化问题进行求解的多分类模型, 该方法在构建模型时会同时使用所有的样本点. Crammer-Singer 多分类支持向量机是其中的一个经典方法 [71,72]. 如果训练集有 k 类样本点, 该方法直接用超平面将空间 R^n 划分为 k 个区域, 每个区域对应一个类别. 在最近的工作中, 文献 [73] 和文献 [74] 分别引入 $\ell_{2,1}$ 正则与 $\ell_{2,2/(1+p)}$ 正则拓展了 Crammer-Singer 方法. 其中文献 [74] 提出的模型不仅能够实现多类别分类的问题, 还能通过尺度参数重新调整特征的权重分布. 在此基础上, 他们还进一步结合多个视角的特征提出了一种新颖的多视角、多分类以及特征选择模型 [75]. 上述策略在执行过程中关注的是 top-1 损失, 即只要最大的预测值对应的类别不是真实标签, 模型就会对其进行一定的惩罚. 然而在类别数量特别多时, 通常存在类别交叉或类别歧义等问题, 上述策略会削弱分类器的性能. 基于此, Lapin 等 [76] 提出了基于 top-k hinge 损失的多分类支持向量机, 即只要真实标签落在前 k 个最大的预测值对应的类别中, 模型就不会对其进行惩罚, 有助于类别消歧. 在此基础上, Chang 等 [77] 提出了一个通用且稳健的 top-k 多分类支持向量机, “放弃” 关注训练过程中导致过大损失的样本 (离群点), 从而使模型对异常点不敏感. 文献 [78] 探索了应对多模态特征的 top-k 多分类支持向量机. Nie 等 [79] 则提出了一种可直接求解的基于上限 ℓ_p 范数的多分类 SVM, 其不仅能避免标签模糊的问题, 还能帮助模型在训练过程中消除残差大的异常数据.

参考文献

[1] Cortes C, Vapnik V. Support-vector networks[J]. Machine Learning, 1995, 20(3): 273-297.

[2] Goh K S, Chang E Y, Li B. Using one-class and two-class SVMs for multiclass image annotation[J]. IEEE Transactions on Knowledge and Data Engineering, 2005, 17(10): 1333-1346.

[3] 邓乃扬, 田英杰. 数据挖掘中的新方法: 支持向量机[M]. 北京: 科学出版社, 2004.

[4] 邓乃扬, 田英杰. 支持向量机: 理论、算法与拓展[M]. 北京: 科学出版社, 2009.

[5] Deng N, Tian Y, Zhang C. Support Vector Machines: Optimization Based Theory, Algorithms, and Extensions[M]. New York: CRC Press, 2012.

[6] Mangasarian O L, Wild E W. Multisurface proximal support vector machine classification via generalized eigenvalues[J]. IEEE Transactions on Pattern Analysis and Machine Intelligence, 2006, 28(1): 69-74.

[7] Jayadeva, Khemchandani R, Chandra S. Twin support vector machines for pattern classification[J]. IEEE Transactions on Pattern Analysis and Machine Intelligence, 2007, 29(5): 905-910.

[8] Tian Y J, Qi Z Q, Ju X C, et al. Nonparallel support vector machines for pattern classification[J]. IEEE Transactions on Cybernetics, 2014, 44(7): 1067-1079.

[9] Mangasarian O L, Musicant D R. Successive overrelaxation for support vector machines[J]. IEEE Transactions on Neural Networks, 1999, 10(5): 1032-1037.

[10] Fung G, Mangasarian O L. Proximal support vector machine classifiers[C]// Proceedings of the Seventh ACM SIGKDD International Conference on Knowledge Discovery and Data Mining. 2001: 77-86.

[11] Shao Y H, Zhang C H, Wang X B, et al. Improvements on twin support vector machines[J]. IEEE Transactions on Neural Networks, 2011, 22(6): 962-968.

[12] Yan H, Ye Q L, Zhang T A, et al. Least squares twin bounded support vector machines based on l_1-norm distance metric for classification[J]. Pattern Recognition, 2018, 74: 434-447.

[13] Mangasarian O L. Exact 1-norm support vector machines via unconstrained convex differentiable minimization[J]. Journal of Machine Learning Research, 2006, 7(7): 1517-1530.

[14] Wang L, Zhu J, Zou H. Hybrid huberized support vector machines for microarray classification and gene selection[J]. Bioinformatics, 2008, 24(3): 412-419.

[15] Chang C C, Lin C J. Training v-support vector classifiers: Theory and algorithms[J]. Neural Computation, 2001, 13(9): 2119-2147.

[16] Peng X J. A ν-twin support vector machine (ν-TSVM) classifier and its geometric algorithms[J]. Information Sciences, 2010, 180(20): 3863-3875.

[17] Hao P Y. New support vector algorithms with parametric insensitive/margin model [J]. Neural Networks, 2010, 23(1): 60-73.

[18] Tian Y J, Zhang Q, Liu D L. ν-nonparallel support vector machine for pattern classification[J]. Neural Computing and Applications, 2014, 25(5): 1007-1020.

[19] Wang H R, Zhou Z J. An improved rough margin-based ν-twin bounded support vector machine[J]. Knowledge-Based Systems, 2017, 128: 125-138.

[20] Wang H R, Zhou Z J, Xu Y T. An improved ν-twin bounded support vector machine [J]. Applied Intelligence, 2018, 48(4): 1041-1053.

[21] Chen S G, Wu X J. A new fuzzy twin support vector machine for pattern classification [J]. International Journal of Machine Learning and Cybernetics, 2018, 9(9): 1553-1564.

[22] Rezvani S, Wang X Z, Pourpanah F. Intuitionistic fuzzy twin support vector machines [J]. IEEE Transactions on Fuzzy Systems, 2019, 27(11): 2140-2151.

[23] Zhao J, Xu Y T, Fujita H. An improved non-parallel universum support vector machine and its safe sample screening rule[J]. Knowledge-Based Systems, 2019, 170: 79-88.

[24] Tian Y J, Ju X C, Qi Z Q, et al. Improved twin support vector machine[J]. Science China Mathematics, 2014, 57(2): 417-432.

[25] Tian Y J, Ju X C, Shi Y. A divide-and-combine method for large scale nonparallel support vector machines[J]. Neural Networks, 2016, 75: 12-21.

[26] Ju X C, Tian Y J. A divide-and-conquer method for large scale ν-nonparallel support vector machines[J]. Neural Computing and Applications, 2018, 29(9): 497-509.

[27] Liu L M, Chu M X, Gong R F, et al. Nonparallel support vector machine with large margin distribution for pattern classification[J]. Pattern Recognition, 2020, 106: 107374.

[28] Zhang T, Zhou Z H. Large margin distribution machine[C]//Proceedings of the ACM SIGKDD International Conference on Knowledge Discovery and Data Mining. 2014: 313-322.

[29] Weston J, Collobert R, Sinz F, et al. Inference with the Universum[C]//Proceedings of the 23rd International Conference on Machine Learning. 2006: 1009-1016.

[30] Vapnik V. Estimation of Dependences Based on Empirical Data[M]. New York: Springer Science & Business Media, 2006.

[31] Qi Z Q, Tian Y J, Shi Y. Twin support vector machine with Universum data[J]. Neural Networks, 2012, 36: 112-119.

[32] Xu Y T, Chen M, Li G H. Least squares twin support vector machine with Universum data for classification[J]. International Journal of Systems Science, 2016, 47(15): 3637-3645.

[33] Richhariya B, Tanveer M. A reduced universum twin support vector machine for class imbalance learning[J]. Pattern Recognition, 2020, 102: 107150.

[34] Fung G M, Mangasarian O L, Shavlik J W. Knowledge-based support vector machine classifiers[C]//Proceedings of the 15th International Conference on Neural Information Processing Systems. 2002: 537-544.

[35] Fung G M, Mangasarian O L, Shavlik J W. Knowledge-based nonlinear kernel classifiers[C]//Schölkopf B, Warmuth M K. Learning Theory and Kernel Machines. Berling, Heidelberg: Springer, 2003: 102-113.

[36] Mangasarian O L, Wild E W. Nonlinear knowledge-based classification[J]. IEEE Transactions on Neural Networks, 2008, 19(10): 1826-1832.

[37] Khemchandani R, Jayadeva, Chandra S. Knowledge based proximal support vector machines[J]. European Journal of Operational Research, 2009, 195(3): 914-923.

[38] Kumar M A, Khemchandani R, Gopal M, et al. Knowledge based least squares twin support vector machines[J]. Information Sciences, 2010, 180(23): 4606-4618.

[39] Lin C F, Wang S D. Fuzzy support vector machines[J]. IEEE Transactions on Neural Networks, 2002, 13(2): 464-471.

[40] Wang Y Q, Wang S Y, Lai K K. A new fuzzy support vector machine to evaluate credit risk[J]. IEEE Transactions on Fuzzy Systems, 2005, 13(6): 820-831.

[41] Batuwita R, Palade V. FSVM-CIL: Fuzzy support vector machines for class imbalance learning[J]. IEEE Transactions on Fuzzy Systems, 2010, 18(3): 558-571.

[42] Fan Q, Wang Z, Li D, et al. Entropy-based fuzzy support vector machine for imbalanced datasets[J]. Knowledge-Based Systems, 2017, 115: 87-99.

[43] Yu H L, Sun C Y, Yang X B, et al. Fuzzy support vector machine with relative density information for classifying imbalanced data[J]. IEEE Transactions on Fuzzy Systems, 2019, 27(12): 2353-2367.

[44] Vapnik V, Vashist A, Pavlovitch N. Learning Using Hidden Information: Master-Class Learning[M]//Mining Massive Data Sets for Security. IOS Press, 2008: 3-14.

[45] Vapnik V, Vashist A. A new learning paradigm: Learning using privileged information [J]. Neural Networks, 2009, 22(5/6): 544-557.

[46] Feyereisl J, Kwak S, Son J, et al. Object localization based on structural SVM using privileged information[C]//Proceedings of the 27th International Conference on Neural Information Processing Systems. 2014: 208-216.

[47] Sarafianos N, Vrigkas M, Kakadiaris I A. Adaptive SVM+: Learning with privileged information for domain adaptation[C]//Proceedings of the IEEE International Conference on Computer Vision. 2017: 2637-2644.

[48] Tang J J, Tian Y J, Zhang P, et al. Multiview privileged support vector machines [J]. IEEE Transactions on Neural Networks and Learning Systems, 2018, 29(8): 3463-3477.

[49] Tang J J, Tian Y J, Liu X H, et al. Improved multi-view privileged support vector machine[J]. Neural Networks, 2018, 106: 96-109.

[50] Tang J J, Tian Y J, Liu D L, et al. Coupling privileged kernel method for multi-view learning[J]. Information Sciences, 2019, 481: 110-127.

[51] He Y W, Tian Y J, Liu D L. Multi-view transfer learning with privileged learning framework[J]. Neurocomputing, 2019, 335: 131-142.

[52] Tang J J, He Y W, Tian Y J, et al. Coupling loss and self-used privileged information guided multi-view transfer learning[J]. Information Sciences, 2021, 551: 245-269.

[53] Veropoulos K, Campbell C, Cristianini N, et al. Controlling the sensitivity of support vector machines[C]//Proceedings of the International Joint Conference on Artificial Intelligence. 1999: 55-60.

[54] Imam T, Ting K M, Kamruzzaman J. z-SVM: An SVM for improved classification of imbalanced data[C]//Proceedings of the Australian Joint Conference on Artificial Intelligence. 2006: 264-273.

[55] Cao B, Liu Y Q, Hou C Y, et al. Expediting the accuracy-improving process of SVMs for class imbalance learning[J]. IEEE Transactions on Knowledge and Data Engineering, 2021, 33(11): 3550-3567.

[56] Bekker J, Davis J. Learning from positive and unlabeled data: A survey[J]. Machine Learning, 2020, 109(4): 719-760.

[57] Liu B, Lee W S, Yu P S, et al. Partially supervised classification of text documents [C]//Proceedings of the Nineteenth International Conference on Machine Learning: volume 2. 2002: 387-394.

[58] Liu B, Liu Q, Xiao Y S. A new method for positive and unlabeled learning with privileged information[J]. Applied Intelligence, 2022, 52(3): 2465-2479.

[59] Liu B, Dai Y, Li X, et al. Building text classifiers using positive and unlabeled examples[C]//Proceedings of the Third IEEE International Conference on Data Mining. 2003: 179-186.

[60] Rabaoui A, Davy M, Rossignol S, et al. Improved one-class SVM classifier for sounds classification[C]//2007 IEEE Conference on Advanced Video and Signal Based Surveillance. 2007: 117-122.

[61] Elkan C, Noto K. Learning classifiers from only positive and unlabeled data[C]// Proceedings of the 14th ACM SIGKDD International Conference on Knowledge Discovery and Data Mining. 2008: 213-220.

[62] du Plessis M C, Niu G, Sugiyama M. Analysis of learning from positive and unlabeled data.[C]//Proceedings of the 27th Advances in Neural Information Processing Systems. 2014: 703-711.

[63] Du Plessis M C, Niu G, Sugiyama M. Convex formulation for learning from positive and unlabeled data[C]//Proceedings of the 32nd International Conference on Machine Learning. 2015: 1386-1394.

[64] Gong C, Liu T L, Yang J, et al. Large-margin label-calibrated support vector machines for positive and unlabeled learning[J]. IEEE Transactions on Neural Networks and Learning Systems, 2019, 30(11): 3471-3483.

[65] Bottou L, Cortes C, Denker J S, et al. Comparison of classifier methods: A case study in handwritten digit recognition[C]//Proceedings of the 12th International Conference on Pattern Recognition. 2002: 77-82.

[66] Knerr S, Personnaz L, Dreyfus G. Single-layer Learning Revisited: A Stepwise Procedure for Building and Training A Neural Network[M]//Neurocomputing: Algorithms, Architectures and Applications. Berlin, Heidelberg: Springer, 1990: 41-50.

[67] Angulo C, Parra X, Català A. K-SVCR. A support vector machine for multi-class classification[J]. Neurocomputing, 2003, 55(1/2): 57-77.

[68] Xu Y T, Guo R, Wang L S. A twin multi-class classification support vector machine [J]. Cognitive Computation, 2013, 5(4): 580-588.

[69] Nasiri J A, Charkari N M, Jalili S. Least squares twin multi-class classification support vector machine[J]. Pattern Recognition, 2015, 48(3): 984-992.

[70] Xu Y T. K-nearest neighbor-based weighted multi-class twin support vector machine [J]. Neurocomputing, 2016, 205: 430-438.

[71] Crammer K, Singer Y. On the algorithmic implementation of multiclass kernel-based vector machines[J]. Journal of Machine Learning Research, 2001, 2(12): 265-292.

[72] Crammer K, Singer Y. On the learnability and design of output codes for multiclass problems[J]. Machine Learning, 2002, 47(2): 201-233.

[73] Cai X, Nie F, Huang H, et al. Multi-class $l_{2,1}$-norm support vector machine[C]// Proceedings of the 11th IEEE International Conference on Data Mining. 2011: 91-100.

[74] Xu J L, Nie F P, Han J W. Feature selection via scaling factor integrated multi-class support vector machines[C]//Proceedings of the 26th International Joint Conference on Artificial Intelligence. 2017: 3168-3174.

[75] Xu J L, Han J W, Nie F P, et al. Multi-view scaling support vector machines for classification and feature selection[J]. IEEE Transactions on Knowledge and Data Engineering, 2020, 32(7): 1419-1430.

[76] Lapin M, Hein M, Schiele B. Loss functions for top-k error: Analysis and insights[C]// Proceedings of the IEEE Conference on Computer Vision and Pattern Recognition. 2016: 1468-1477.

[77] Chang X J, Yu Y L, Yang Y. Robust top-k multiclass SVM for visual category recognition[C]//Proceedings of the 23rd ACM SIGKDD International Conference on Knowledge Discovery and Data Mining. 2017: 75-83.

[78] Yan C X, Luo M N, Liu H, et al. Top-k multi-class SVM using multiple features[J]. Information Sciences, 2018, 432: 479-494.

[79] Nie F P, Wang X Q, Huang H. Multiclass capped ℓ_p-norm SVM for robust classifications[C]//Proceedings of the Thirty-First AAAI Conference on Artificial Intelligence. 2017: 2415-2421.

第 2 章　优 化 算 法

许多机器学习问题都会转化成优化问题求解. 因此优化算法成为机器学习最重要的组成部分之一. 优化算法的研究由来已久, 特别是由于近年来机器学习的迅猛发展, 优化算法取得了长足的进步. 本章重点介绍在机器学习领域行之有效的优化算法, 包括确定型优化算法和随机型优化算法; 在拓展阅读部分, 对若干应用领域和随机型优化算法中的代表性工作及研究进展进行总结.

2.1　确定型优化算法

2.1.1　序列最小最优化算法

序列最小最优化 (sequential minimal optimization, SMO) 算法将原优化问题分解成一系列子问题求解.

2.1.1.1　*算法步骤*

以 C-SVM 为例, 其优化问题可写为如下的紧凑形式

$$\min_{\alpha} \quad f(\alpha)=\frac{1}{2}\alpha^{\mathrm{T}}H\alpha-e^{\mathrm{T}}\alpha, \tag{2.1.1}$$

$$\text{s.t.} \quad y^{\mathrm{T}}\alpha=0, \tag{2.1.2}$$

$$0\leqslant\alpha\leqslant Ce, \tag{2.1.3}$$

其中 $\alpha=(\alpha_1,\cdots,\alpha_l)^{\mathrm{T}}$ 为优化变量, $H=(h_{ij})_{l\times l}=(y_iy_jK(x_i,x_j))_{l\times l}$, $e=(1,\cdots,1)^{\mathrm{T}}$, $y\in R^l$ 均为已知变量. 在求解问题 (2.1.1) ~ (2.1.3) 时, SMO 算法每次更新 α 的两个分量 α_i 和 α_j, 而其他的分量则保持不变 [1]. 准备更新的 α 的分量对应的训练点组成的集合, 就是当前的工作集. 工作集每次依据某个准则进行更新, 如选择下标满足下面的公式 (2.1.4) 和 (2.1.5) 的 α 的分量,

$$\begin{aligned} i&=\underset{i}{\operatorname{argmax}}\left(\{-y_iF_i \mid y_i=1,\alpha_i<C\}\cup\{y_iF_i \mid y_i=-1,\alpha_i>0\}\right)\\ &=\underset{i}{\operatorname{argmax}}\left(-F_i \mid \{y_i=1,\alpha_i<C\}\cup\{y_i=-1,\alpha_i>0\}\right), \end{aligned} \tag{2.1.4}$$

$$j=\underset{j}{\operatorname{argmin}}\left(\{y_jF_j \mid y_j=-1,\alpha_j<C\}\cup\{-y_jF_j \mid y_j=1,\alpha_j>0\}\right)$$

$$= \underset{j}{\operatorname{argmin}} \left(-F_j \mid \{y_j = -1, \alpha_j < C\} \cup \{y_j = 1, \alpha_j > 0\}\right), \tag{2.1.5}$$

其中 $F_i = \sum_{j=1}^{l} \alpha_j y_j K(x_i, x_j) - y_i$, $F_j = \sum_{i=1}^{l} \alpha_i y_i K(x_j, x_i) - y_j$. 每次加入几个新训练点到当前工作集中, 就必须从当前工作集中删去同样数量的训练点, 即工作集总是只包含两个元素. 该算法针对每一步的工作集, 反复求解问题 (2.1.1) ~ (2.1.3) 来调整 α 的分量. 具体步骤如**序列最小最优化算法**所示.

序列最小最优化 (SMO) 算法

输入: 精度 ε.

初始化: 设置 $\alpha^0 = \left(\alpha_1^0, \cdots, \alpha_l^0\right)^{\mathrm{T}} = \mathbf{0}$, 令 $k = 0$.

执行:

1. 根据当前可行的近似解 α^k 选取集合 $\{1, 2, \cdots, l\}$ 中由两个元素组成的子集 $\{i, j\}$ 作为工作集 B;
2. 求解与工作集 B 对应的最优化问题 (2.1.1)~(2.1.3), 得解 $\alpha_B^* = \left(\alpha_i^{k+1}, \alpha_j^{k+1}\right)^{\mathrm{T}}$, 据此更新 α^k 中的第 i 和第 j 个分量, 得到新的可行近似解 α^{k+1};
3. 若 α^{k+1} 在精度 ε 范围内满足某个停机准则, 则得近似解 $\alpha^* = \alpha^{k+1}$, 停止计算; 否则, 令 $k = k + 1$, 转第 1 步.

输出: $\alpha^* = \alpha^{k+1}$.

2.1.1.2 算法性质

对 SMO 算法有下列定理.

定理 2.1 首先令 $F_i = \sum_{j=1}^{l} \alpha_j y_j K(x_i, x_j) - y_i$, 如果 SMO 的工作集 B 是根据式 (2.1.4) 和 (2.1.5) 选择的, 那么对于任意的正整数 k, 必然存在 $\sigma > 0$, 使得优化问题的目标函数满足

$$f\left(\alpha^{k+1}\right) \leqslant f\left(\alpha^k\right) - \frac{\sigma}{2} \left\|\alpha^{k+1} - \alpha^k\right\|. \tag{2.1.6}$$

2.1.2 交替方向乘子算法

交替方向乘子算法 (alternating direction method of multipliers, ADMM) 是机器学习中广泛应用的优化方法, 该方法整合了对偶上升 (dual ascent, DA) 的可分解性和乘子算法 (method of multipliers, MM) 的收敛性, 容易理解和实现, 而且具有良好的稳定性 [2].

2.1.2.1 算法步骤

ADMM 主要解决如下一般形式的凸优化问题

$$\min_{x,z} \quad f(x)+g(z), \tag{2.1.7}$$

$$\text{s.t.} \quad Ax+Bz=C, \tag{2.1.8}$$

其中 $x \in R^{N_x}$ 和 $z \in R^{N_z}$ 是两个需要优化的变量, $f(x)$ 和 $g(z)$ 是两个闭凸函数, $C \in R^{N}$, $A \in R^{N\times N_x}$ 和 $B \in R^{N\times N_z}$ 是等式约束中的参数. 如公式 (2.1.7)~(2.1.8) 所示, 目标函数关于两个变量 x 和 z 是可分解的, 两个变量被线性约束结合在一起.

对于此类问题, 可以通过引入新变量, 采用增广拉格朗日方法求解, 其增广拉格朗日函数为

$$\begin{aligned} L_\rho(x,z,\lambda) = & f(x)+g(z)+\lambda^{\mathrm{T}}(Ax+Bz-C) \\ & +\frac{\rho}{2}\|Ax+Bz-C\|_2^2, \end{aligned} \tag{2.1.9}$$

其中 $\lambda > 0$ 是对偶变量, $\rho > 0$ 是二次惩罚项的系数 [3,4]. 通过缩放增广拉格朗日函数中的 λ, 将函数中关于等式约束的线性项和二次项合并起来, 增广拉格朗日函数写为

$$L_\rho(x,z,u)=f(x)+g(z)+\frac{\rho}{2}\|Ax+Bz-C+u\|^2, \tag{2.1.10}$$

其中 $u=\dfrac{\lambda}{\rho}$. 缩放后的增广拉格朗日目标函数便于对目标变量进行优化求解.

在每次迭代时, ADMM 对目标函数中关于 x 和 z 的局部目标函数进行交替优化, 然后对对偶变量进行更新. 具体步骤如**交替方向乘子算法**所示.

交替方向乘子算法 (ADMM)

输入: 最大迭代次数 K.

初始化: 选取初始点 x^0, z^0, u^0, 令 $k=0$.

执行:

1. $x^{k+1}=\arg\min\limits_x f(x)+\dfrac{\rho}{2}\left\|Ax+Bz^k-C+u^k\right\|^2$;
2. $z^{k+1}=\arg\min\limits_z g(z)+\dfrac{\rho}{2}\left\|Ax^{k+1}+Bz-C+u^k\right\|^2$;
3. $u^{k+1}=u^k+(Ax^{k+1}+Bz^{k+1}-C)$;
4. 令 $k=k+1$, 转第 1 步, 直至达到最大迭代次数停止计算.

输出: x^K, z^K, u^K.

应用 ADMM 可以求解如下形式的 SVM 原始优化问题.

$$\min_{w,b,\xi} \quad P(w)+Ce^{\mathrm{T}}\xi, \tag{2.1.11}$$

$$\text{s.t.} \quad Y(Xw+be)\geqslant e-\xi, \tag{2.1.12}$$

$$\xi \geqslant 0, \tag{2.1.13}$$

其中 $e=(1,1,\cdots,1)^{\mathrm{T}}$, $Y=\mathrm{diag}(y)$, $X=(x_1,x_2,\cdots,x_l)^{\mathrm{T}}$. 上述问题转化为等式约束问题

$$\min_{w,b,\xi,s,z} \quad P(z)+Ce^{\mathrm{T}}\xi, \tag{2.1.14}$$

$$\text{s.t.} \quad w=z, \tag{2.1.15}$$

$$Y(Xw+be)+\xi=s+e, \tag{2.1.16}$$

$$\xi\geqslant 0, s\geqslant 0, \tag{2.1.17}$$

记 $H=YX$, $y=Ye$, 可以进一步转化为如下无约束问题.

$$\min_{w,b,z,\xi,s,u,v} \quad L(w,b,z,\xi,s,u,v), \tag{2.1.18}$$

其中 L 为增广拉格朗日函数

$$\begin{aligned} L(w,b,z,\xi,s,u,v)=&P(z)+Ce^{\mathrm{T}}\xi+\frac{\rho_1}{2}\|w-z+u\|_2^2\\ &+\frac{\rho_2}{2}\|Hw+by+\xi-s-e+v\|_2^2, \end{aligned} \tag{2.1.19}$$

其中 u 和 v 是对偶变量, 注意此处省去了不必要的常数 [5]. 针对问题 (2.1.18), 可将两个变量的 ADMM 进一步扩展为多个变量的 ADMM 进行求解 [5].

2.1.2.2 算法性质

本小节, 我们将给出算法的一些性质.

定理 2.2 对于问题 (2.1.7)～(2.1.8), 假设目标函数的 f 和 g 都是实数函数而且是闭凸函数, 那么交替固定除 x 和 z 外的其他变量进行优化增广拉格朗日函数 (2.1.10), 分别存在变量 x 和 z 能够最小化该增广拉格朗日函数.

定理 2.3 对于问题 (2.1.7)～(2.1.8), 假设目标函数满足非增广拉格朗日函数存在鞍点, 那么对于任意 x, z 和 u, 存在 (x^*,z^*,u^*) 满足

$$L_0(x^*,z^*,u)\leqslant L_0(x^*,z^*,u^*)\leqslant L_0(x,z,u^*). \tag{2.1.20}$$

这意味着 (x^*, z^*) 是问题 (2.1.7)～(2.1.8) 的解, 且满足 $Ax^* + Bz^* = C$, 而且也意味着 u^* 是最优对偶解 [6].

基于定理 2.2 和定理 2.3, 可得以下定理.

定理 2.4 ADMM 的迭代满足

(1) 残差收敛, 当 $k \to \infty$ 时, 残差 $p = Ax + Bz - C$ 趋于零, 即该迭代算法是可行的;

(2) 迭代点列收敛, 当 $k \to \infty$ 时, $f\left(x^k\right) + g\left(z^k\right) \to 0$, ADMM 的迭代点列收敛;

(3) 对偶变量收敛, 当 $k \to \infty$ 时, $u^k \to u^*$, 其中 u^* 是对偶变量的最优解.

更多性质可以参考文献 [7,8].

2.1.3 坐标下降算法

坐标下降 (coordinate descent, CD) 算法是一种非梯度优化算法 [9]. 为找到一个函数的局部极小值, 在每次迭代中, 可以在当前点处沿一个坐标方向进行一维搜索, 在整个过程中循环使用不同的坐标方向. 坐标下降算法最早应用于求解无约束最优化问题, 其主要优点在于可以同时满足步长搜索和变量的实时更新. Nesterov 将其成功应用于求解大规模最优化问题, 使得坐标下降算法受到大家关注 [10].

2.1.3.1 算法步骤

坐标下降算法可以应用到如下形式的 C-SVM 原始优化问题

$$\min_{w} \quad f(w) = \frac{1}{2}w^{\mathrm{T}}w + C\sum_{i=1}^{l} \max\left(1 - y_i w^{\mathrm{T}} x_i, 0\right)^2, \tag{2.1.21}$$

其中 (x_i, y_i) 是第 i 个训练点, 第 k 步的单变量子问题为

$$\min_{z} \quad \frac{1}{2}(w^{k,j} + ze_j)^{\mathrm{T}}(w^{k,j} + ze_j) + C \sum_{i \in I(w^{k,j}+ze_j)} \left(b_i\left(w^{k,j} + ze_j\right)\right)^2, \tag{2.1.22}$$

其中 $w^{k,j} = (w_1^{k+1}, \cdots, w_{j-1}^{k+1}, w_j^k, w_{j+1}^k, \cdots, w_n^k)^{\mathrm{T}}$, $b_i(w) = 1 - y_i w^{\mathrm{T}} x_i$, $I(w) = \{i \mid b_i(w) > 0\}$, e_j 为第 j 维元素为 1, 其余元素为 0 的向量 [11]. 子问题 (2.1.22) 通过牛顿法和线搜索技术来解决.

具体计算步骤如**坐标下降算法**所示.

坐标下降 (CD) 算法

输入: 最大迭代次数 K.

初始化: $w^0 \in R^n$, 令 $k=0$.

执行:

1. 令 $j=1$;
2. 固定 $w_1^{k+1},\cdots,w_{j-1}^{k+1},w_{j+1}^k,\cdots,w_n^k$, 求解下列最优化子问题

$$\min_z \quad f\left(w_1^{k+1},\cdots,w_{j-1}^{k+1},w_j^k+z,w_{j+1}^k,\cdots,w_n^k\right);$$

3. 更新第 j 维坐标, $w_j^{k+1}=w_j^k+z$;
4. 如果 $j<n$, 令 $j=j+1$, 转第 2 步; 否则, 继续执行;
5. 令 $k=k+1$, 如果 $k=K$, 停止计算; 否则, 转第 1 步.

输出: $w^K=\{w_1^K,w_2^K,\cdots,w_n^K\}$.

2.1.3.2 算法性质

坐标下降算法一个周期的 n 个一维搜索迭代过程对应于一个梯度迭代, 利用当前坐标系统进行搜索, 无须求目标函数的导数, 只按照某一坐标方向搜索最小值. 通过在算法每一次迭代中采用一维搜索, 可以得到不等式

$$f\left(w^0\right) \geqslant f\left(w^1\right) \geqslant f\left(w^2\right) \geqslant \cdots. \tag{2.1.23}$$

这一序列与最速下降具有类似的收敛性质. 文献 [12] 中证明了 w^k 的极限值是问题的最小值, 并且坐标下降的顺序可以是从 1 到 n 的任意排列, 关键在于一次更新一个坐标. 坐标下降算法在稀疏矩阵上的计算速度非常快, 同时也是 LASSO 回归最快的解法 [13].

2.1.4 逐次超松弛迭代算法

逐次超松弛 (successive overrelaxation, SOR) 迭代算法是求解线性方程组的迭代加速方法. 该方法由 Frankel[14] 和 Young[15] 同时建立, 它是在高斯-赛德尔 (Gauss-Seidel, GS) 迭代算法的基础上, 为提高收敛速度而采用加权平均得到的新算法 [16]. 通过选择恰当的松弛因子 ω, 不仅能够加快收敛速度, 而且可能使原来发散的迭代序列变为收敛序列.

2.1.4.1 算法步骤

假设线性方程组 $Ax=b$ 的系数矩阵 $A=(a_{ij})_{l\times l}$, 其中 $a_{ii}\neq 0\ (i=1,\cdots,l)$, $b=(b_1,\cdots,b_l)^{\mathrm{T}}$. 求解该方程组的一个方法为高斯-赛德尔迭代算法, 其第 k 次迭代公式为

$$x_i^k = \frac{1}{a_{ii}}\left(b_i - \sum_{j=1}^{i-1} a_{ij}x_j^k - \sum_{j=i+1}^{l} a_{ij}x_j^{k-1}\right), \quad i = 1, 2, \cdots, l. \tag{2.1.24}$$

SOR 算法是在高斯-赛德尔迭代算法的基础上, 对其第 k 次迭代结果进行线性组合以提高收敛速度. 在 SOR 迭代中, 第 k 步迭代公式为

$$\tilde{x}_i^k = \frac{1}{a_{ii}}\left(b_i - \sum_{j=1}^{i-1} a_{ij}x_j^k - \sum_{j=i+1}^{l} a_{ij}x_j^{k-1}\right), \tag{2.1.25}$$

$$x_i^k = x_i^{k-1} + \omega\left(\tilde{x}_i^k - x_i^{k-1}\right), \quad i = 1, 2, \cdots, l, \tag{2.1.26}$$

这里引入了一个中间变量 $\tilde{x}_i^k$ 和一个加速收敛的参数 ω, 称为松弛因子. x_i^k 可以看作 x_i^{k-1} 和 $\tilde{x}_i^k$ 的加权平均. 当 $\omega = 1$ 时, 迭代公式 (2.1.25)~(2.1.26) 就是高斯-赛德尔迭代算法. 将迭代公式 (2.1.25)~(2.1.26) 中的中间变量 $\tilde{x}_i^k$ 消去, 得到

$$x_i^k = \frac{\omega}{a_{ii}}\left(b_i - \sum_{j=1}^{i-1} a_{ij}x_j^k - \sum_{j=i+1}^{l} a_{ij}x_j^{k-1}\right) + (1-\omega)x_i^{k-1}, \quad i = 1, 2, \cdots, l. \tag{2.1.27}$$

具体计算步骤如**逐次超松弛迭代算法**所示.

逐次超松弛 (SOR) 迭代算法

输入: 松弛因子 ω, 最大迭代次数 K.

初始化: $x^0 \in R^n$, 令 $k = 0$.

执行:

1. $x_i^{k+1} = \dfrac{\omega}{a_{ii}}\left(b_i - \sum_{j=1}^{i-1} a_{ij}x_j^{k+1} - \sum_{j=i+1}^{l} a_{ij}x_j^k\right) + (1-\omega)x_i^k$, $i = 1, 2, \cdots, l$;
2. 令 $k = k + 1$, 转第 1 步, 直至达到最大迭代次数停止计算.

输出: x^K.

一个实例是 SOR-SVM, 其对偶问题形式为含上、下界约束的二次规划问题 [17]

$$\min_{\alpha} \quad \frac{1}{2}\alpha^{\mathrm{T}} Y\left(XX^{\mathrm{T}} + ee^{\mathrm{T}}\right) Y\alpha - e^{\mathrm{T}}\alpha, \tag{2.1.28}$$

$$\text{s.t.} \quad 0 \leqslant \alpha \leqslant Ce, \tag{2.1.29}$$

令 $A = Y\left(XX^{\mathrm{T}} + ee^{\mathrm{T}}\right)Y$, $b = e$, 问题转化为

$$\min_{\alpha} \quad \frac{1}{2}\alpha^{\mathrm{T}} A\alpha - b^{\mathrm{T}}\alpha, \tag{2.1.30}$$

$$\text{s.t.} \quad 0 \leqslant \alpha \leqslant Ce. \tag{2.1.31}$$

先略去约束 (2.1.31), 考虑上述问题的子问题 (2.1.30), 因为该子问题的求解等价于求解线性方程组 $A^{\mathrm{T}}\alpha = b$, 所以可以用 SOR 算法求解. 求得其解后, 再使用投影算子使之满足约束条件 (2.1.31), 于是得到相应的迭代公式

$$\alpha^{k+1} = \left(\alpha^k - \omega E^{-1}\left(HH^{\mathrm{T}}\alpha^k - e + L\left(\alpha^{k+1} - \alpha^k\right)\right)\right)_*, \tag{2.1.32}$$

其中 $H = Y(X, -e)_{m\times(n+1)}$, L 和 E 分别是 HH^{T} 中对应元素组成的严格下三角阵和对角阵, $(\cdot)_*$ 是在区域 $[0, C]$ 上的 ℓ_2 范数的正交投影.

由于 SOR 一次只处理一个点, 故每次执行只需要存储某一行元素, 算法要求的空间小, 适合求解大规模分类问题.

2.1.4.2 算法性质

本小节, 我们将给出算法的一些性质.

定理 2.5 设线性方程组 $Ax = b$ 的系数矩阵 A 的主对角线元素 $a_{ii} \neq 0, i = 1, \cdots, n$, 则 SOR 算法收敛的充分必要条件为

$$p(T_\omega) < 1, \tag{2.1.33}$$

其中 T_ω 是 SOR 算法的迭代矩阵, $p(T_\omega)$ 为 T_ω 的谱半径.

定理 2.6 设线性方程组 $Ax = b$ 的系数矩阵 A 的主对角线元素 $a_{ii} \neq 0, i = 1, \cdots, n$, 则 SOR 算法的迭代矩阵 T_ω 的谱半径大于等于 $|1-\omega|$, 即

$$p(T_\omega) \geqslant |1-\omega|, \tag{2.1.34}$$

且 SOR 算法收敛的必要条件为

$$0 < \omega < 2. \tag{2.1.35}$$

定理 2.6 说明, 若要 SOR 算法收敛, 必须选取松弛因子 $\omega \in (0, 2)$.

定理 2.7 若线性方程组 $Ax = b$ 的系数矩阵 A 是对称正定的, 则当 $0 < \omega < 2$ 时, SOR 算法收敛.

当 $\omega = 1$ 时, SOR 算法就是 GS 迭代法. 因此, 若线性方程组 $Ax = b$ 的系数矩阵 A 是对称正定的, 则 GS 迭代法亦收敛.

2.1.5 凸函数差分算法

机器学习中存在大量具有凸函数差分 (difference-of-convex, DC) 结构的优化问题 [18]. 求解凸函数差分形式的问题称作凸函数差分算法. DC 算法简单易懂, 在处理大规模优化问题时有很大的优势.

2.1.5.1 算法步骤

不定核支持向量机 (indefinite kernel SVM, IKSVM) 中的核矩阵为不定矩阵, 其优化问题可表示为 [19]

$$\min_{\beta} \quad f(\beta)=\frac{1}{2}\left(\gamma\beta^{\mathrm{T}}K\beta+\sum_{i=1}^{l}\max\left(0,1-y_i\left(K_i\beta+b\right)\right)^2\right), \tag{2.1.36}$$

这里把不定核矩阵分解为 $K=U^{\mathrm{T}}\Lambda U$, U 和 Λ 分别表示正交列特征向量矩阵和对角特征值矩阵, Λ 由正负特征值组成, 再记 K_i 为 K 的第 i 行, 则参数 β 有别于拉格朗日乘子, 不要求它是非负的.

目标函数可以分解为 $f(\beta)=g(\beta)-h(\beta)$, 其中

$$g(\beta)=\frac{1}{2}\left[\gamma\beta^{\mathrm{T}}U^{\mathrm{T}}\left(\rho_1 I+\Lambda\right)U\beta+\sum_{i=1}^{l}\max\left(0,1-y_i\left(K_i\beta+b\right)\right)^2\right], \tag{2.1.37}$$

$$h(\beta)=\frac{1}{2}\gamma\beta^{\mathrm{T}}U^{\mathrm{T}}\left(\rho_1 I\right)U\beta. \tag{2.1.38}$$

若令 $\rho_1\geqslant-\min\left(\{\lambda_i\}_{i=1}^n\right)$, 其中 $\{\lambda_i\}_{i=1}^n$ 表示特征值矩阵 Λ 中的 n 个特征值, 可知 $g(\beta)$ 与 $h(\beta)$ 均为凸函数.

求解上述形式问题的算法通常被称作凸函数差分算法 (DC algorithms, DCA), 该算法求解的优化问题通常表示为如下形式

$$\min_{x} \quad g(x)-h(x), \tag{2.1.39}$$

$$\text{s.t.} \quad x\in R^n, \tag{2.1.40}$$

其中 $g(x)$ 和 $h(x)$ 为凸函数 [20]. 该问题的对偶问题为

$$\min_{y} \quad h^*(y)-g^*(y), \tag{2.1.41}$$

$$\text{s.t.} \quad y\in R^n, \tag{2.1.42}$$

其中 g^* 和 h^* 分别是 g 和 h 的共轭函数. 事实上, 求解 (2.1.36) 的思路大致如下: 将问题分解为极小化公式 (2.1.37) 与公式 (2.1.38) 的差, 再进行求解. 具体步骤如**凸函数差分算法**所示.

2.1.5.2 算法性质

本小节, 我们将给出算法的一些性质.

定理 2.8 如果 x^* 是原始问题的最优解, 那么 $y^*\in\partial h\left(x^*\right)$ 是对偶问题的最优解, 反之, 如果 y^* 是对偶问题的最优解, 那么 $x^*\in\partial g\left(y^*\right)$ 是原始问题的最优解.

凸函数差分算法 (DCA)

输入: 最大迭代次数 K.

初始化: x^0, y^0, 令 $k=0$.

执行:

1. x^{k+1} 和 y^{k+1} 分别是下述凸问题的最优解

$$x^{k+1} = \arg\min_x \left\{ g(x) - \left[h(x^k) + \left((x - x^k) \cdot y^k \right) \right] : x \in R^n \right\},$$

$$y^{k+1} = \arg\min_y \left\{ h^*(y) - \left[g^*(y^k) + \left((y - y^k) \cdot x^{k+1} \right) \right] : y \in R^n \right\};$$

2. 如果x^k 和 y^k 满足任意最优性条件且 $x^k \in \partial g^*\left(y^k\right), y^k \in \partial h\left(x^k\right)$, 令 $x^* = x^k$, $y^* = y^k$, 跳出循环; 否则, 继续执行;
3. 令 $k = k+1$, 如果 $k = K$, 令 $x^* = x^K$, $y^* = y^K$; 否则, 转第 1 步.

输出: x^*, y^*.

定理 2.9 如果 x^* 是原始问题的最优解, 那么

$$\partial g\left(x^*\right) \cap \partial h\left(x^*\right) \neq \varnothing$$

和

$$\partial h\left(x^*\right) \subset \partial g\left(x^*\right).$$

2.1.6 原始估计次梯度算法

原始估计次梯度算法是 SVM 使用梯度下降算法的一种实现. 它是一种简单高效的在线算法, 每一次迭代都只使用一个训练样本.

2.1.6.1 算法步骤

给定训练集 $T = \{(x_i, y_i)\}_{i=1}^l$, 其中 $x_i \in R^n$ 且 $y_i \in \{1, -1\}$, SVM 求解的原始优化问题可以表示为

$$\min_w \quad \frac{1}{2}\|w\|^2 + \frac{C}{l}\sum_{i=1}^{l} L(y_i, g(x_i)), \tag{2.1.43}$$

其中

$$L(y_i, g(x_i)) = \max\{0, 1 - y_i g(x_i)\}, \quad g(x_i) = (w \cdot x_i). \tag{2.1.44}$$

原始估计次梯度 (primal estimated sub-gradient solver for SVM, Pegasos) 算法在求解问题 (2.1.43) 时的过程如下 [21].

先将 w 初始化设置为 0 向量. 在第 k 次迭代时, 在随机均匀分布的指标集 $i_k \in \{1, \cdots, l\}$ 上随机选择一个训练样本 (x_{i_k}, y_{i_k}), 将公式 (2.1.43) 的目标函数替换为基于训练样本 (x_{i_k}, y_{i_k}) 的近似, 得到

$$f\left(w^k\right)=\frac{1}{2}\|w^k\|^2+CL(y_{i_k},g(x_{i_k})). \tag{2.1.45}$$

考虑上述函数的次梯度

$$\partial_k=w^k-C\mathbf{1}\left[y_{i_k}(w^k\cdot x_{i_k})<1\right]y_{i_k}x_{i_k}, \tag{2.1.46}$$

其中 $\mathbf{1}[y(w\cdot x)<1]$ 为指示函数, 当括号中的条件满足时, 该函数的值为 1, 否则为 0. 接着通过步长 η 更新 $w^{k+1}\leftarrow w^k-\eta\partial_k$. 注意这里的更新过程可以写为

$$w^{k+1}\leftarrow(1-\eta)\,w^k+\eta C\mathbf{1}\left[y_{i_k}(w^k\cdot x_{i_k})<1\right]y_{i_k}x_{i_k}. \tag{2.1.47}$$

经过预先设置好的 K 次迭代后, 输出最后一次的迭代结果 w^K. 具体步骤如**原始估计次梯度算法**所示.

原始估计次梯度 (Pegasos) 算法

输入: 参数 λ, 最大迭代次数 K, 步长 η_k.

初始化: 设置 $w^0=0$, 令 $k=0$.

执行:

1. 随机均匀地选择 $i_k\in\{1,\cdots,l\}$;
2. 如果 $y_{i_k}(w^k\cdot x_{i_k})<1$, 更新 $w^{k+1}\leftarrow(1-\eta)\,w^k+\eta Cy_{i_k}x_{i_k}$;
3. 否则, 更新 $w^{k+1}\leftarrow(1-\eta)\,w^k$;
4. 令 $k=k+1$, 转第 1 步, 直至达到最大迭代次数停止计算.

输出: w^K.

2.1.6.2　算法性质

本小节, 我们将给出算法的一些性质.

定理 2.10　假设对于所有的 $(x,y)\in T$, $\|x\|$ 的上界是 R, w^* 是问题(2.1.43)的最优解, 每当执行投影步骤时有 $c=(\sqrt{\lambda}+R)^2$, 执行非投影步骤时有 $c=4R^2$, 那么当 $K\geqslant 3$ 时, 有

$$\frac{1}{K}\sum_{k=1}^{K}f\left(w_k;A_k\right)\leqslant\frac{1}{K}\sum_{k=1}^{K}f\left(w^*;A_k\right)+\frac{c(1+\ln(K))}{2\lambda K}, \tag{2.1.48}$$

其中 A_k 是从 T 中均匀采样的子集.

定理 2.11　假设定理 2.10 中陈述的条件成立, 并且对于所有 k 都有 $A_k=T$. 令 $\overline{w}=\dfrac{1}{K}\sum_{k=1}^{K}w_k$, 那么

$$f(\overline{w})\leqslant f\left(w^*\right)+\frac{c(1+\ln(K))}{2\lambda K}. \tag{2.1.49}$$

定理 2.12 假设定理 2.10 中陈述的条件成立, 并且对于所有 k, A_k 都是从 T 中均匀采样的子集. 同时假设 $R \geqslant 1, \lambda \geqslant 1/4$. 那么, 至少有 $1-\delta$ 的概率可以得到

$$\frac{1}{K}\sum_{k=1}^{K} f\left(w_k\right)-f\left(w^*\right) \leqslant \frac{21 c \ln (K/\delta)}{\lambda K}. \tag{2.1.50}$$

定理 2.13 假设定理 2.12 中陈述的条件成立. 如果 K 是随机选择的, 至少有 1/2 的概率可以得到

$$f\left(w_k\right) \leqslant f\left(w^*\right)+\frac{42 c \ln (K/\delta)}{\lambda K}. \tag{2.1.51}$$

2.1.7 截断牛顿共轭梯度算法

考虑无约束优化问题

$$\min_{w} \quad f(w). \tag{2.1.52}$$

截断牛顿共轭梯度 (truncated Newton conjugate gradient, TNCG) 算法是求解大规模此类问题的一种有效方法, 具有快速收敛等良好性质 [22].

2.1.7.1 算法步骤

牛顿算法在第 k 次迭代时, 通过最小化目标函数在迭代点 w_k 的二阶近似来找到更新方向 s, 即

$$\min_{s} \quad \nabla f\left(w^k\right)^{\mathrm{T}} s+\frac{1}{2} s^{\mathrm{T}} \nabla^2 f\left(w^k\right) s. \tag{2.1.53}$$

当 $\nabla^2 f\left(w^k\right)$ 正定时, 这相当于求解牛顿方程

$$\nabla^2 f\left(w^k\right) s=-\nabla f\left(w^k\right). \tag{2.1.54}$$

与牛顿算法不同, 截断牛顿共轭梯度算法不是精确求解上述牛顿方程, 而是用共轭梯度算法近似求解, 从而获得更新方向 s. 因此, 首先介绍共轭梯度 (conjugate gradient, CG) 算法. 把式 (2.1.53) 形式化为

$$\min_{s} \quad \frac{1}{2} s^{\mathrm{T}} A s+b^{\mathrm{T}} s, \tag{2.1.55}$$

其中 A 为正定矩阵, b 为向量, 该算法使用更广泛的“共轭”代替“正交”. 算法开始以当前点的负梯度方向为搜索方向 d^0. 第 $k+1$ 步的搜索方向 d^{k+1}, 设定在当前点的负梯度方向与前面所有搜索方向 d 张成子空间, 且与前面所有搜索方向共轭. 具体步骤如**共轭梯度算法**所示.

共轭梯度 (CG) 算法

输入: A, b, 最大迭代次数 K.

初始化: $s^0 \in R^n$, $r^0 = As^0 + b$, $d^0 = -r^0$, 令 $k = 0$.

执行:

1. $\eta = \dfrac{(r^k)^{\mathrm{T}} r^k}{(d^k)^{\mathrm{T}} A d^k}$;
2. $s^{k+1} = s^k + \eta d^k$;
3. $r^{k+1} = r^k + \eta A d^k$;
4. $\beta = \dfrac{(r^{k+1})^{\mathrm{T}} r^{k+1}}{(r^k)^{\mathrm{T}} r^k}$;
5. $d^{k+1} = -r^{k+1} + \beta d^k$;
6. $k = k + 1$, 转第 1 步, 直至达到最大迭代次数停止计算.

输出: s^K.

有了共轭梯度算法, 就可以构造**截断牛顿共轭梯度算法**了.

截断牛顿共轭梯度 (TNCG) 算法

输入: 最大迭代次数 K.

初始化: $w^0 \in R^n$, 令 $k = 0$.

执行:

1. 通过用 CG 近似求解牛顿方程来计算方向 s^k;
2. 选择合适的步长 η;
3. $w^{k+1} = w^k + \eta s^k$;
4. 重复步骤 1, 直至达到最大迭代次数.

输出: w^K.

一个实例是求解 l_2 损失-SVM 的原始优化问题

$$\min_{w} \quad \frac{1}{2}\|w\|^2 + \frac{C}{l}\sum_{i=1}^{l} L(y_i, g(x_i)), \tag{2.1.56}$$

其中

$$L(y_i, g(x_i)) = (\max\{0, 1 - y_i (w \cdot x_i)\})^2. \tag{2.1.57}$$

其梯度和 Hessian 矩阵分别为

$$g = w + \frac{C}{l}\sum_{i=1}^{l} \nabla L(y_i, g(x_i)) y_i x_i, \tag{2.1.58}$$

$$H = I + \frac{C}{l} X^{\mathrm{T}} D X, \tag{2.1.59}$$

其中 I 是单位矩阵, $X=(x_1,x_2,\cdots,x_l)$, D 是 $\nabla^2 L(y_i,g(x_i))$ 的对角矩阵.

2.1.7.2 算法性质

本小节, 我们将给出算法的一些性质.

定理 2.14 对于问题 (2.1.52), 若 f 是局部 Lipschitz 连续的, 且满足文献 [22] 的假设 1, 而且当水平集

$$\left\{w\in R^n: f(w)\leqslant f\left(w^1\right)\right\} \tag{2.1.60}$$

是紧的, 那么有

$$\min_{0\leqslant j\leqslant k}\|g_j\|=O\left(\frac{1}{\sqrt{k+1}}\right) \tag{2.1.61}$$

和

$$\lim_{k\to\infty}\|g_k\|=0, \tag{2.1.62}$$

其中 $g_j(j=1,\cdots,k)$ 为梯度. 进一步, 如果 f 是强凸的, 则函数值线性收敛, 即它以速率 $O(\log(1/\varepsilon))$ 得到一个 ε 精确解满足

$$f\left(w^k\right)-f\left(w^*\right)\leqslant\varepsilon. \tag{2.1.63}$$

2.2 随机型优化算法

确定型优化算法的训练, 需要把数据全部加载到内存中. 一般来说, 一次迭代的计算复杂度随着训练数据规模的增长而急剧增加, 难以处理大规模数据, 因此随机型优化算法应运而生.

不失一般性, 机器学习中优化问题的形式可表示为

$$\min_{w\in R^n}\quad \frac{1}{l}\sum_{i=1}^{l}f(w;x_i), \tag{2.2.1}$$

本节讨论求解该问题的若干随机型优化算法, 并分析各自优缺点.

2.2.1 梯度下降算法

梯度下降 (gradient descent, GD) **算法**计算函数的梯度以更新权重 w, 它使用所有样本来更新参数, 因此也称为全梯度下降算法. 该方法反复执行步骤

$$w^+=w-\frac{\eta}{l}\sum_{i=1}^{l}\nabla f(w;x_i), \tag{2.2.2}$$

直到收敛为止, 其中 w 是上一次迭代的结果, 学习率 η 决定每次迭代的程度, 它影响收敛到最优值的速度. 遍历整个训练数据集的一个周期称为一个 epoch. 在

所有 epoch 结束时, 该算法停止更新. 由于 GD 算法可能非常慢, 对于占用内存过大的数据集非常棘手.

使用梯度下降算法进行优化的常见模型有逻辑回归、岭回归和基于平滑 hinge 损失的 SVM[23-25]. 上述模型的损失函数都是凸的, 所以在小规模问题上可以直接使用梯度下降算法.

随机梯度下降 (stochastic gradient descent, SGD) **算法**为解决大规模问题中梯度下降算法计算速度缓慢的弊端, SGD 每次迭代用一个随机样本来估算迭代中 $f(w;\ x_i)$ 的梯度, 而非遍历所有样本计算全梯度.

具体步骤如**随机梯度下降算法**所示.

随机梯度下降 (SGD) 算法

输入: 学习率 $\eta > 0$, 最大迭代次数 K.

初始化: $w^0 \in R^n$, 令 $k = 0$.

执行:

1. 随机抽取样本 $x_i, i \in 1, 2, \cdots, l$;
2. $w^{k+1} = w^k - \eta \nabla f(w^k; x_i)$;
3. 令 $k = k + 1$, 转第 1 步, 直至达到最大迭代次数停止计算.

输出: w^K.

当训练点个数 l 很大时, SGD 每次迭代的更新速率比 GD 算法的更新速率快得多. 因此, 它通常易于实现, 并且还可以用于在线学习 [26]. 事实上, 随机梯度是真实梯度的无偏估计. 图 2.2.1 将均值为 0 的随机噪声添加到梯度中去模拟 SGD, 从中比较无噪声和有噪声情形下 SGD 的效果. 显然, 由于随机选择引入了额外的噪声, SGD 的迭代轨迹比梯度下降更曲折并且准确度降低. 这些噪声通常来自训练数据集中的每个样本. SGD 的问题还在于梯度方向振荡, 进而导致模型误差跳跃 (在训练时期具有较大的方差).

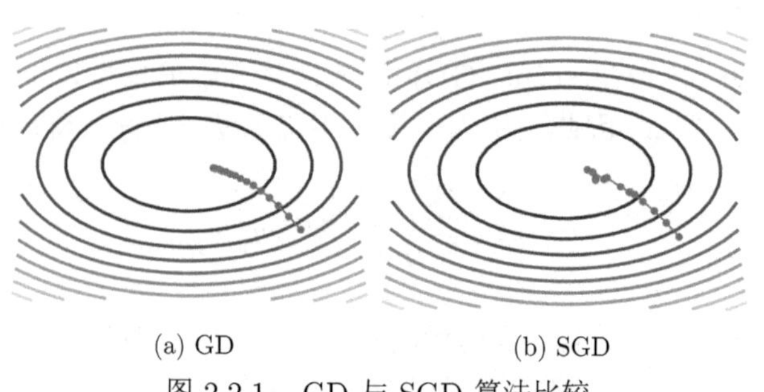

(a) GD (b) SGD

图 2.2.1 GD 与 SGD 算法比较

小批量梯度下降 (mini-batch gradient descent, MBGD) **算法**被视为随机梯度下降算法和梯度下降算法之间的折中方案, 试图权衡前者的效率和后者的稳定性. 小批量梯度下降算法是最常见的随机梯度算法, 需要预先设定批处理的样本个数作为学习算法的超参数. 在第 k 次迭代中, 使用随机均匀采样从训练数据集中获得由示例索引构成的小批量 I_k. $|I_k|$ 为批量大小. 详细步骤如**小批量梯度下降算法**所示. 不难看出, 当批量大小等于训练数据的样本数时, 算法为梯度下降法; 当批量大小为 1 时, 算法为随机梯度下降算法.

小批量梯度下降 (MBGD) 算法

输入: 学习率 $\eta > 0$, 最大迭代次数 K.

初始化: $w^0 \in R^n$, 令 $k = 0$.

执行:

1. $z^k \leftarrow \nabla f_{I_k}\left(w^k\right) = \dfrac{1}{|I_k|}\sum_{i \in I_k} \nabla f\left(w^k; x_i\right)$;
2. $w^{k+1} = w^k - \eta z^k$;
3. 令 $k = k + 1$, 转第 1 步, 直至达到最大迭代次数停止计算.

输出: w^K.

批量的大小将会影响算法的性能, 需要权衡收敛速度和计算效率, 较小的值使学习过程迅速收敛, 但代价是训练过程中产生噪声; 较大的值提供了一个学习过程, 该过程在对损失函数的梯度的准确估计中缓慢收敛. 在小批量随机梯度算法中, 通常使用带替换的采样或不带替换的采样. 前一种方法允许在同一小批处理中使用重复示例, 而后者则不允许重复. 后续小节将介绍一些对梯度下降算法进行改进以提高速度和减少波动的方法.

2.2.2 方差缩减算法

由于随机梯度下降算法计算出的梯度方差往往比较大, 故收敛速率慢. 一些研究试图减小梯度的方差以减小波动, 从而使收敛更加稳定.

随机平均梯度 (stochastic average gradient, SAG) **算法**被提出用于减小梯度的方差, 提高收敛速度, 具体步骤如**随机平均梯度算法**所示 [27].

SAG 算法在强凸条件下可以达到次线性收敛. 然而, 该算法仅适用于一些损失函数为凸函数的传统机器学习模型, 在许多非凸神经网络中并不适用.

随机方差缩减梯度 (stochastic variance reduce gradient, SVRG) **算法**为了提高复杂模型的优化性能, 文献 [28] 提出了 SVRG 方法. SVRG 每隔 m 次计算一次全梯度, 且在非凸条件下依然可以得到全局最优解 [29]. 该方法将凸性条件放宽

至梯度占优 (gradient dominant), 但是对于梯度连续性依然有很高的要求, 即要满足梯度 Lipschitz 连续. 具体步骤如**随机方差缩减梯度算法**所示.

随机平均梯度 (SAG) 算法

输入: 学习率 $\eta > 0$, 最大迭代次数 K.

初始化: $w^0 \in R^n$, $p^0 = 0$, $z^0 = 0, i \in \{1, 2, \cdots, l\}$, 令 $k = 0$.

执行:

1. 随机选取样本 x_i, $i \in 1, 2, \cdots, l$;
2. $p^{k+1} = p^k - z^k + \nabla f(w^k; x_i)$;
3. $z^{k+1} = \nabla f(w^k; x_i)$;
4. $w^{k+1} = w^k - \eta p^{k+1}$;
5. 令 $k = k + 1$, 转第 1 步, 直至达到最大迭代次数停止计算.

输出: w^K.

随机方差缩减梯度 (SVRG) 算法

输入: 学习率 $\eta > 0$, 内循环次数 T, 外循环次数 K.

初始化: $\tilde{w}^0 \in R^n$, 令 $k = 0$.

执行:

1. $\tilde{w} = \tilde{w}^k$;
2. $\tilde{\mu} = \frac{1}{l} \sum_{i=1}^{l} \nabla f(\tilde{w}; x_i)$;
3. $w^0 = \tilde{w}$;
4. For $t = 1$ to T:
5. 　随机选取样本 x_i, $i \in \{1, 2, \cdots, l\}$;
6. 　$w^t = w^{t-1} - \eta \left(\nabla f\left(w^{t-1}; x_i\right) - \nabla f(\tilde{w}; x_i) + \tilde{\mu}\right)$;
7. 令 $k = k + 1$, 令 $\tilde{w}^k = w^t$, 其中 t 从 $\{1, \cdots, T\}$ 中随机选择, 转第 1 步, 直至达到外循环次数 K 停止计算.

输出: $\tilde{w}^K$.

随机递归梯度算法 (stochastic recursive gradient algorithm, SARAH) 结合了现有算法的一些良好特性, 适用于最小二乘损失、logistic 损失等凸损失, 具体步骤如**随机递归梯度算法**所示 [30].

随机递归梯度算法 (SARAH)

输入: 学习率 $\eta > 0$, 内循环次数 T, 外循环次数 K.

初始化: $\tilde{w}^0 \in R^n$, 令 $k=0$.

执行:

1. $w^0 = \tilde{w}^k$;
2. $v^0 = \frac{1}{l}\sum_{i=1}^{l} \nabla f\left(w^0; x_i\right)$;
3. $w^1 = w^0 - \eta v^0$.
4. For $t=1$ to T;
5. 　随机选取样本 x_i, $i \in \{1,2,\cdots,l\}$;
6. 　$v^t = \nabla f_i\left(w^t; x_i\right) - \nabla f_i\left(w^{t-1}; x_i\right) + v^{t-1}$;
7. 　$w^{t+1} = w^t - \eta v^t$.
8. 令 $k=k+1$, 令 $\tilde{w}^k = w^t$, 其中 t 从 $\{1,\cdots,T+1\}$ 中随机选择, 转第 1 步, 直至达到外循环次数 K 停止计算.

输出: $\tilde{w}^K$.

上面提及的所有随机梯度算法的局限性在于, 即使当前研究成果不断放松收敛的条件, 但是这些条件还是太强, 以致现有的大多数机器学习算法难以满足. 因此研究者构建机器学习模型时, 需要考虑相应算法的数学性质, 从而把算法与模型进一步有机结合.

2.2.3 加速算法

一些加速方法通过优化相关方向的训练同时弱化无关方向的振荡, 来加速 SGD 训练 [31,32].

重球 (heavy ball, HB) 算法　所谓峡谷地区是指存在某些方向较另一些方向陡峭得多, 它常见于局部最优点附近, SGD 会在这些地区振荡导致收敛速度缓慢. 克服这一弱点的一种简单方法是对 SGD 施加动量项. 动量的概念源自力学, 用于模拟物体的惯性. 具有动量的 SGD 在一定程度上保留了先前更新方向对下一次迭代的影响, 类似于将球推下山坡: 重球沿着下坡的主要方向累积动量, 越来越快地到达山坡的底部, 因此称为重球算法.

具体步骤如**重球算法**所示, 其更新机制是维护与上次更新迭代方向有关的分量. 如图 2.2.2 所示, 它叠加了指向图中心处水平方向的效果, 并抑制了垂直方向的振荡. 在更新迭代中, 在梯度指向相同的方向上, 积累动量项; 否则动量项减小. 在高曲率处动量法可以加快收敛速度 [33].

重球 (HB) 算法

输入: $\theta, \alpha > 0$, 最大迭代次数 K.

初始化: $w^0 \in R^n$, $v^0 = 0$, 令 $k=0$.

执行:

1. 随机选取样本 x_i, $i \in \{1, 2, \cdots, l\}$;
2. $v^{k+1} = \theta v^k + \alpha \nabla f(w^k; x_i)$;
3. $w^{k+1} = w^k - v^{k+1}$;
4. 令 $k = k + 1$, 转第 1 步, 直至达到最大迭代次数停止计算.

输出: w^K.

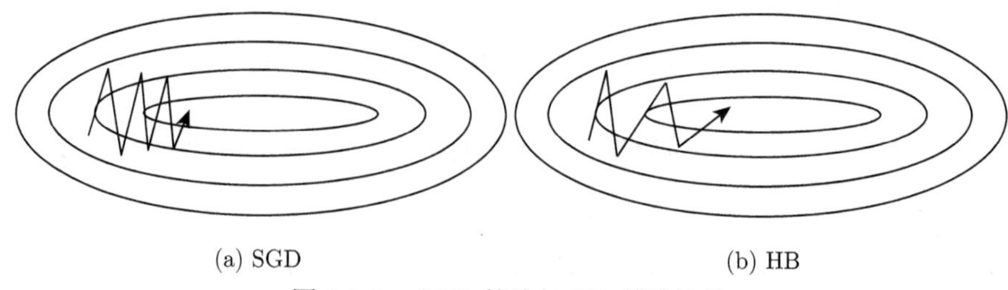

(a) SGD　　(b) HB

图 2.2.2　SGD 算法与 HB 算法比较

Nesterov 加速梯度 (Nesterov accelerated gradient, NAG) **算法**是对 HB 的进一步改进 [34]. NAG 不会盲目跟随山坡下降, 而是找到了一个更"聪明"的球. 该球"预判"即将到达凹地, 所以会在山坡再次爬升之前使自身减速. 详细步骤如 **Nesterov 加速梯度算法**所示.

Nesterov 加速梯度 (NAG) 算法

输入: $\theta, \alpha > 0$, 最大迭代次数 K.

初始化: $w^0 \in R^n$, $v^0 = 0$, 令 $k = 0$.

执行:

1. 随机选取样本 x_i, $i \in \{1, 2, \cdots, l\}$;
2. $v^{k+1} = \theta v^k + \alpha \nabla f\left(w^k - \theta v^k; x_i\right)$;
3. $w^{k+1} = w^k - v^{k+1}$;
4. 令 $k = k + 1$, 转第 1 步, 直至达到最大迭代次数停止计算.

输出: w^K.

图 2.2.3 显示了 HB(1-2-3) 和 NAG(1-4-5) 的路线. HB 首先计算当前点的梯度 (从点 1 指出的实线短矢量), 然后以计算出的动量 v^k (指向点 2 的虚线长矢量) 跳至点 2 (指向点 2 的实线矢量为新动量 v^{k+1}). 下一步更新从点 2 开始, HB 计算点 2 的梯度 (从点 2 指出的实线短矢量), 以算得的新动量 v^{k+1} (指向点 3 的虚线矢量) 跳至点 3, 新动量 v^{k+2} 为从点 2 指向点 3 的实线矢量. 而 NAG 算法首先以动量 v^k (从点 1 指出的虚线长矢量) 进行一步大幅度跳跃, 计算跳跃后所

在点的梯度, 然后进行路径更新 (指向点 4 的实线短矢量). 下一步从点 4 开始, NAG 算法以新的动量 v^{k+1}(从点 4 指出的虚线矢量) 跳跃一大步, 计算跳跃后所在点的梯度, 然后进行路径更新 (指向点 5 的实线矢量).

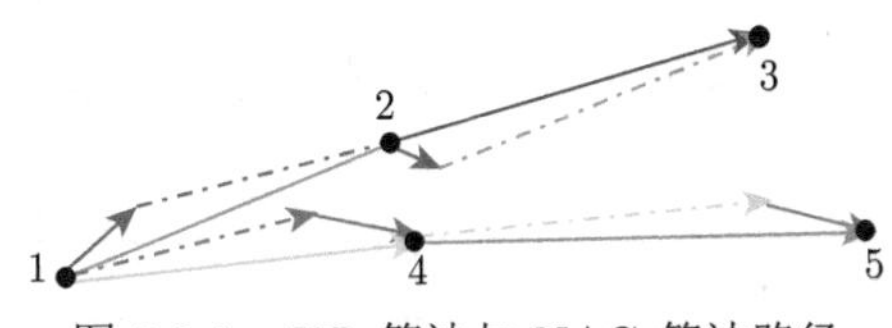

图 2.2.3 HB 算法与 NAG 算法路径

2.2.4 自适应学习速率算法

恒定的学习率不利于算法的收敛性, 本节将讨论如何调整适当的学习率.

自适应梯度 (adaptive gradient, AdaGrad) **算法** 一个常见的调整学习率的方法是 AdaGrad. 该方法依据先前迭代中的历史梯度动态地调整学习率. 详细步骤如**自适应梯度算法**所示.

自适应梯度 (AdaGrad) 算法

输入: $\eta > 0$, 最大迭代次数 K.

初始化: $w^0 \in R^n$, $r^0 = 0$, 令 $k = 0$.

执行:

1. 随机选取样本 $x_i, i \in 1, 2, \cdots, l$;
2. 计算梯度 $g^k = \nabla f\left(w^k; x_i\right)$;
3. $r^{k+1} = r^k + (g^k \cdot g^k)$;
4. $w^{k+1} = w^k - \left(\dfrac{\eta}{\sqrt{r^{k+1} + \varepsilon}} \cdot g^k\right)$;
5. 令 $k = k + 1$, 转第 1 步, 直至达到最大迭代次数停止计算.

输出: w^K.

上述算法中 η 通常设置为 0.01, ε 用来保证分母非 0. r^k 是过去 k 次迭代中梯度的平方和. AdaGrad 根据所有历史梯度的平方和自适应地调整学习率. 对于出现频率较低的参数采用较大的学习率更新; 相反, 对于出现频率较高的参数采用较小的学习率更新, 因此适合于处理稀疏梯度问题. 该算法在训练的初期, 累积梯度较小, 学习率较大, 学习速度较快. 每个参数的学习率都会自适应调整, 然而随着训练时间的增加, 累积梯度将变得越来越大, 学习率趋于零, 参数几乎停止更新.

自适应学习率算法 (adaptive learning rate method, Adadelta) 文献 [35] 提出的自适应学习率算法是 AdaGrad 的一个扩展. 最初方案依然是对学习率进行自适应约束, 但是进行了计算上的简化. AdaGrad 累积之前所有梯度平方和, 而 Adadelta 更关注某段时间内的各项, 但是并不直接存储这些项, 仅仅是用来近似计算对应的平均值. 这样做的缺点是需要手动指定初始学习率, 而且由于分母中对历史梯度一直累加, 学习率将逐渐下降至 0, 并且如果初始梯度很大的话, 会导致整个训练过程的学习率一直很小, 从而导致学习时间变长. 详细步骤如**自适应学习率算法**所示.

自适应学习率算法 (Adadelta)

输入: $\eta > 0$, $0 < \gamma < 1$, 最大迭代次数 K.

初始化: $w^0 \in R^n$, $E\left[g^2\right]^0 = 0$, $E\left[\Delta w^2\right]^0 = 0$, 令 $k = 0$.

执行:

1. 随机选取样本 x_i, $i \in \{1, 2, \cdots, l\}$;
2. 计算梯度 $g^k = \nabla f(w^k; x_i)$;
3. $E\left[g^2\right]^{k+1} = \gamma E\left[g^2\right]^k + (1-\gamma)(g^k)^2$;
4. $\Delta w^k = -\dfrac{\sqrt{E\left[\Delta w^2\right]^k + \varepsilon}}{\sqrt{E\left[g^2\right]^{k+1} + \varepsilon}} g^k$;
5. $E\left[\Delta w^2\right]^{k+1} = \gamma E\left[\Delta w^2\right]^k + (1-\gamma)(\Delta w^k)^2$;
6. $w^{k+1} = w^k + \Delta w^k$.
7. 令 $k = k+1$, 转第 1 步, 直至达到最大迭代次数停止计算.

输出: w^K.

均方根传播 (root-mean-square prop, RMSProp) **算法**是 Adadelta 的一个特例, 旨在克服学习率趋于 0 的缺点[36]. 该方法与 Adadelta 都是专注于某段时间范围内的梯度, 而不是计算所有历史梯度. 详细步骤在**均方根传播算法**给出.

均方根传播 (RMSProp) 算法

输入: $\eta > 0$, $0 < \gamma < 1$, 最大迭代次数 K.

初始化: $w^0 \in R^n$, $E\left[g^2\right]^0 = 0$, 令 $k = 0$.

执行:

1. 计算梯度 $g^k = \nabla f\left(w^k; x_i\right)$;
2. $E\left[g^2\right]^k = \gamma E\left[g^2\right]^{k-1} + (1-\gamma)(g^k)^2$;
3. $\Delta w^k = -\dfrac{\eta}{\sqrt{E\left[g^2\right]^k + \varepsilon}} g^k$;
4. $w^{k+1} = w^k + \Delta w^k$;
5. $k = k+1$, 转第 1 步, 直至达到最大迭代次数停止计算.

输出: w^K.

上述两种方法都改善了 AdaGrad 后期的无效学习问题. 虽然它们适合于优化非凸问题, 但是最终更新过程可能会在局部最小值附近波动.

自适应矩估计 (adaptive moment estimation, Adam) **算法**是另一种改进的 SGD方法. 它结合了自适应学习率和动量算法[37], 其本质是带有动量项的 RMSProp. 它利用梯度的一阶矩估计和二阶矩估计动态调整每个参数的学习率, 具体细节如**自适应矩估计算法**所示. Adam 的优点主要在于经过偏置校正后, 每一次迭代学习率都有个确定范围. 因此其过程稳定且对内存没有要求, 适用于大规模和高维空间的非凸优化问题.

自适应矩估计 (Adam) 算法

输入: $\beta_1, \beta_2 > 0$, 最大迭代次数 K.

初始化: $w^0 \in R^n$, $m^0 = 0$, $v^0 = 0$, 令 $k = 0$.

执行:

1. 随机选取样本 $x_i, i \in \{1, 2, \cdots, l\}$;
2. 计算梯度 $g^k = \nabla f(w^k; x_i)$;
3. 梯度的一阶矩 (均值) $m^{k+1} = \beta_1 m^k + (1 - \beta_1) g^k$;
4. 梯度二阶矩 $v^{k+1} = \beta_2 v^k + (1 - \beta_2)(g^k)^2$;
5. $\hat{m}^{k+1} = \dfrac{m^{k+1}}{1 - \beta_1}$;
6. $\hat{v}^{k+1} = \dfrac{v^{k+1}}{1 - \beta_2}$;
7. $w^{k+1} = w^k - \dfrac{\eta}{\sqrt{\hat{v}^{k+1}} + \varepsilon} \hat{m}^{k+1}$;
8. 令 $k = k + 1$, 转第 1 步, 直至达到最大迭代次数停止计算.

输出: w^K.

Adam 与 RMSProp 方法在梯度 Lipschitz 连续以及梯度有界等假设条件下, 至少会收敛到一个稳定点. 可以看出, 即使有很强的条件, 改进的 SGD 算法 (如加速、自适应梯度) 的收敛结论依旧很弱.

2.2.5 高阶算法

二阶方法有利于解决目标函数为高度非线性且病态的优化问题, 但 Hessian 矩阵逆矩阵的计算会带来实际困难[38]. 目前, 已经开发了许多基于牛顿法的变体, 其中大多数方法尝试通过一些近似技术逼近 Hessian 矩阵[39]. 引入随机拟牛顿法及其变体可以将高阶方法扩展到大规模问题中[40].

Hessian-Free 牛顿算法是一种流行的采用二阶信息的算法. 它将问题转化为子问题 (2.1.53) 的形式, 具体步骤如 **Hessian-Free 牛顿算法**所示.

Hessian-Free (HF) 牛顿算法

输入: 最大迭代次数 K.

初始化: $w^0 \in R^n$, 令 $k = 0$.

执行:

1. 随机选取样本 x_i, $i \in 1, 2, \cdots, l$;
2. 计算梯度 $g_k = \nabla f\left(w^k; x_i\right)$;
3. 根据一些启发式/自适应方法选择 λ;
4. 近似计算:

$$H^k d^k = \lim_{\varepsilon \to 0} \frac{\nabla f(w^k + \varepsilon d^k; x_i) - g_k}{\varepsilon}; \tag{2.2.3}$$

5. $B^k(d^k) = H^k d^k + \lambda d^k$;
6. $s^k = CG\left(B^k(d^k), -g^k\right)$;
7. $w^{k+1} = w^k + s^k$;
8. 令 $k = k + 1$, 转第 1 步, 直至达到最大迭代次数停止计算.

输出: w^K.

上述 Hessian-Free 牛顿算法不适用于大规模问题, 对此 Byrd 等 [41] 提出了一种下采样技术, 该技术仅使用较小的样本集 S 来计算公式 (2.2.3) 中的 $H^k d^k$, 即在 Hessian-Free 牛顿算法的第 k 次迭代中, 随机梯度的估计采用下式

$$g_k = \frac{1}{|S_k|} \sum_{i \in S_k} \nabla f\left(w^k\right), \tag{2.2.4}$$

其中 S_k 是一个子样本集.

随机拟牛顿 (stochastic quasi-Newton, SQN) **算法**是另一种流行的算法, 所需的**双循环递归** (two-loop recursive, TLR) **算法**用于计算矩阵矢量乘积$H^{t-m}g^{t-m}$, 其中

$$H^{t-m} = \frac{{s^{t-1}}^{\mathrm{T}} u^{t-1}}{{u^{t-1}}^{\mathrm{T}} u^{t-1}} I. \tag{2.2.5}$$

双循环递归 (TLR) 算法

输入: $V = \left\{s^i, u^i\right\}, i = t - m, \cdots, t - 1$ 为 m 个位移对.

初始化: H^{t-m}.

执行:

1. 计算小批量样本的梯度 $g^t = \nabla F_{S_t}\left(w^t\right)$;

2. $k=t-1$;
3. $r^k=\dfrac{1}{s_k^{\mathrm{T}}u_k}$;
4. $\eta^k=r^k {s^k}^{\mathrm{T}} g^{k+1}$;
5. $g^k=g^{k+1}-\eta^k u^k$;
6. 令 $k=k-1$, 重复第 3, 4 步, 直到 $k=t-m$ 继续执行第 5 步, 后进行第 7 步;
7. $z^{t-m}=H^{t-m}g^{t-m}$;
8. $k=t-m$;
9. $r^k=\dfrac{1}{s_k^{\mathrm{T}}u_k}$;
10. $\beta^k=r^k {u^k}^{\mathrm{T}} z^k$;
11. $z^{k+1}=z^k+s^k\left(\eta^k-\beta^k\right)$;
12. 令 $k=k+1$, 重复第 9, 10 步, 直到 $k=t-1$ 继续执行第 11 步后进行第 13 步;
13. $H^t g^t=z^t$.

输出: $H^t g^t$.

BFGS 算法是一种牛顿算法 [42], 对其做如下修改

$$s^t:=w^{t+1}-w^t,\quad u^t:=\nabla F_{S_t}\left(w^{t+1}\right)-\nabla F_{S_t}\left(w^t\right). \tag{2.2.6}$$

$V=\left\{s^t,u^t\right\}$ 是 m 个位移对的集合, 这些位移对控制所选样本的数量, 而 g^t 是当前随机梯度 $\nabla F_{S_t}\left(w^t\right)$. 具体步骤如**随机拟牛顿算法**所示.

随机拟牛顿 (SQN) 算法

输入: 位移对集合 $V=\varnothing$, 最大采样个数 m, $\eta>0$, 最大迭代次数 T.
初始化: $w^0\in R^n$, 令 $t=0$.
执行:
1. 利用双循环递归得 $H^t g^t$;
2. $w^{t+1}=w^t-\eta H^t g^t$;
3. 如果 $\mid V\mid<m$:
4. 　计算 s^t 和 u^t;
5. 　在 V 中添加新的更新对 $\{s^t,u^t\}$;
6. 如果 $\mid V\mid>m$:
7. 　从 V 中移除最早加入的更新对.
8. 令 $t=t+1$, 转第 1 步, 直至达到最大迭代次数停止计算.

输出: w^{T}.

即便使用随机采样方法, 二阶方法的复杂度仍旧很大, 故目前还是主要应用于传统的机器学习领域.

2.2.6 邻近算法

考虑带有正则项的优化问题

$$\min_{w\in R^n} \quad P(w)+\frac{1}{l}\sum_{i=1}^{l} f(w;x_i), \tag{2.2.7}$$

其中 $P(w)$ 为正则项. 当 $P(w)$ 为光滑函数时, 依然可以采用前面几个小节中的算法进行求解. 但当 $P(w)$ 为非光滑函数时, 则可以采用下面介绍的基于邻近算子的随机投影梯度算法.

先给出 P 的邻近算子的定义

$$\mathrm{prox}_{\mu P}(x)=\underset{y\in R^n}{\mathrm{argmin}}\left(P(y)+\frac{1}{2\mu}\|y-x\|^2\right), \tag{2.2.8}$$

其中 $\mu>0$.

随机投影梯度 (random stochastic projection gradient, RSPG) **算法** Ghadimi 等 [43] 提出了一种随机投影梯度算法, 根据允许的随机样本的总预算在每次迭代中获取适当的小批量样本. 算法先用小批量 SGD 进行更新, 再计算该点的邻近算子, 具体步骤如**随机投影梯度算法**所示. 其中 $P(u)$ 对应式 (2.2.8) 中的 $P(y)$.

随机投影梯度 (RSPG) 算法

输入: 小批量 SGD 的规模 m, $\eta>0$, 最大迭代次数 K.

初始化: $w^0\in R^n$, 令 $k=0$.

执行:

1. 随机选取样本 x_i, $i\in\{1,2,\cdots,l\}$;
2. $g^k=\dfrac{1}{m}\displaystyle\sum_{i=1}^{m}\nabla f(w^k;x_i)$;
3. $$\begin{aligned} w^{k+1}&=\underset{u\in X}{\mathrm{argmin}}\left\{{g^k}^{\mathrm{T}}u+\frac{1}{2\eta}\|u-w^k\|+P(u)\right\}\\ &=\underset{u\in X}{\mathrm{argmin}}\left\{P(u)+\frac{1}{2\eta}\|u-(w^k-\eta g^k)\|\right\}; \end{aligned}$$
4. 令 $k=k+1$, 转第 1 步, 直至达到最大迭代次数停止计算.

输出: w^K.

至此, 我们总结了一些随机算法. 如果目标函数无法求得梯度, 或者邻近算子没有闭式解, 则需要使用次梯度来进行梯度更新 [44].

2.3 拓展阅读

众所周知, 随机优化算法在深度学习中发挥着重要的作用. 本节先介绍一些有关的深度学习应用, 然后在相应模型基础上, 列出所用到的随机优化算法.

2.3.1 应用领域

2.3.1.1 自然语言处理

针对不同的自然语言处理 (natural language processing, NLP) 任务提出了不同的网络结构. 对于情感分析任务, 递归神经张量网络 (recursive neural tensor network, RNTN) 利用词向量和分析树来表示短语, 用基于张量的合成函数捕捉元素之间的交互[45]. 对于文本生成任务, 文献 [46] 利用基于卷积神经网络 (convolutional neural networks, CNNs) 的分层方法设计了一个带有预处理语言模型的融合模型. 对于机器翻译任务, 文献 [47] 介绍了一种结合多头注意力的深度转换架构. 对于识别释义任务, 使用递归自动编码器 (recursive autoencoders, RAEs) 测量两个句子中单词和短语的相似性[48]. 基于注意力的 CNN (attention-based CNN, ABCNN) 提出了一种深度学习架构, 目标是确定两个句子之间的相互依赖关系[49].

2.3.1.2 计算机视觉

视觉数据处理包括图像处理、目标检测和视频处理等. 图像处理网络架构包括文献 [50] 提出的 LeNet-5, 它基于传统 CNN, 由两个卷积层、一个子采样层和全连接层组成. AlexNet 可以在非常大的数据集上显著改善图像分类结果[51]. 此外还有 VGGNet[52], Resnet[53], ResNeXt[54] 等. 目标检测任务的网络架构包括基于区域的 CNN[55], YOLO(you only look once)[56], 以及基于区域的全连接 CNN[57] 等. 视频处理任务涉及空间和时间信息, 文献 [58] 提出一种新的循环卷积网络 (recurrent convolution network, RCN) 模型, 它在网络的中间层使用了循环神经网络 (recurrent neural network, RNN).

2.3.1.3 语音处理

语音处理包括语音情感识别和语音增强等任务. 对于语音情感识别 (speech emotion recognition, SER) 任务, 极限学习机 (extreme learning machine, ELM) 使用深度神经网络 (deep neural network, DNN) 达到话语级分类[59]. 此外, ABCNN 也被用于语音情感识别[60]. 文献 [61] 提出了一种基于 DNN 的方法来解决单信道多用户语音识别问题. 针对语音增强任务, 文献 [62] 提出了一种基于回归 DNN 的人工语音带宽扩展框架来实现窄带语音信号输入的语音增强任务.

2.3.1.4　其他

文献 [63] 提出了一个基于 CNN 的深度学习框架, 结合在线学习功能, 对推特进行句子级别的研究以检测可能发生的灾害, 并识别检测到的灾害类型. 此外, 深度学习在组织病理学领域也有广泛应用, 如采用基于 CNN 的自动编码器对乳腺癌基底细胞的切片进行分析与研究[64].

2.3.2　随机型优化算法的拓展

表 2-1 展示了上述介绍的深度学习应用领域、网络模型以及使用的随机优化算法.

表 2-1　应用场景

应用	模型	算法
自然语言处理	回归神经张量网络 [45]	AdaGrad
	基于神经网络的分层方法 [46]	NAG
	深度转换架构 DTMT[47]	Adam
	展开递归自动编码器 [48]	MBGD
	基于注意力的 CNN [49]	AdaGrad
计算机视觉	LeNet-5[50]	SGD
	AlexNet/ VGGNet/ ResNet/ ResNeXT [51-54]	随机 HB
	基于区域的 CNN[55]	MBGD
	实时目标检测 YOLO[56]	随机 HB
	基于区域的全连接 CNN[57]	随机 HB
	循环卷积网络模型 [58]	Adam
语音处理	极限学习机 [59]	MBGD
	注意力 CNN[60]	Adam
	基于 DNN 的方法 [61]	自适应学习率 MBGD
	人工语音带宽扩展 [62]	随机 HB
其他	基于 CNN 的方法 [63]	Adadelta
	基于自动编码的 CNN[64]	自适应学习率随机 HB

参考文献

[1] Platt J. Sequential minimal optimization: A fast algorithm for training support vector machines[J]//Advances in Kernel Methods-Support Vector Learning. MIT Press, Microsoft. Technical Report MSR-TR-98-14, Cambridge, MA, 1998.

[2] Boyd S, Parikh N, Chu E, et al. Distributed optimization and statistical learning via the alternating direction method of multipliers[J]. Foundations and Trends® in Machine Learning, 2011, 3(1): 1-122.

[3] Luo H Z, Sun X L, Li D. On the convergence of augmented lagrangian methods for constrained global optimization[J]. SIAM Journal on Optimization, 2008, 18(4): 1209-1230.

[4] Yuan D M, Xu S Y, Zhao H Y. Distributed primal-dual subgradient method for multiagent optimization via consensus algorithms[J]. IEEE Transactions on Systems, Man, and Cybernetics, Part B (Cybernetics), 2011, 41(6): 1715-1724.

[5] Guan L, Qiao L, Li D, et al. An efficient ADMM-based algorithm to nonconvex penalized support vector machines[C]//Proceedings of the IEEE International Conference on Data Mining. IEEE, 2018: 1209-1216.

[6] Goldstein T, O'Donoghue B, Setzer S, et al. Fast alternating direction optimization methods[J]. SIAM Journal on Imaging Sciences, 2014, 7(3): 1588-1623.

[7] Wang Y, Yin W T, Zeng J S. Global convergence of ADMM in nonconvex nonsmooth optimization[J]. Journal of Scientific Computing, 2019, 78(1): 29-63.

[8] Wang J, Yu F, Chen X, et al. ADMM for efficient deep learning with global convergence[C]//Proceedings of the 25th ACM SIGKDD International Conference on Knowledge Discovery & Data Mining. 2019: 111-119.

[9] Zeng J S, Lau T T K, Lin S B, et al. Global convergence of block coordinate descent in deep learning[C]//Proceedings of the International Conference on Machine Learning. PMLR, 2019: 7313-7323.

[10] Yu N. Efficiency of coordinate descent methods on huge-scale optimization problems [J]. SIAM Journal on Optimization, 2012, 22(2): 341-362.

[11] Chang K W, Hsieh C J, Lin C J. Coordinate descent method for large-scale L2-loss linear support vector machines.[J]. Journal of Machine Learning Research, 2008, 9 (7): 1369-1398.

[12] Tseng P. Convergence of a block coordinate descent method for nondifferentiable minimization[J]. Journal of Optimization Theory and Applications, 2001, 109(3): 475-494.

[13] Liu H, Palatucci M, Zhang J. Blockwise coordinate descent procedures for the multi-task LASSO, with applications to neural semantic basis discovery[C]//Proceedings of the 26th Annual International Conference on Machine Learning. 2009: 649-656.

[14] Frankel S P. Convergence rates of iterative treatments of partial differential equations [J]. Mathematical Tables and Other Aids to Computation, 1950, 4(30): 65-75.

[15] Young D. Iterative methods for solving partial difference equations of elliptic type[J]. Transactions of the American Mathematical Society, 1954, 76(1): 92-111.

[16] Albreem M A, Vasudevan K. Efficient hybrid linear massive MIMO detector using Gauss-Seidel and successive over-relaxation[J]. International Journal of Wireless Information Networks, 2020, 27(4): 551-557.

[17] Mangasarian O L, Musicant D R. Successive overrelaxation for support vector machines[J]. IEEE Transactions on Neural Networks, 1999, 10(5): 1032-1037.

[18] Agrawal A, Amos B, Barratt S, et al. Differentiable convex optimization layers[J]. arXiv preprint arXiv:1910.12430, 2019.

[19] Xu H M, Xue H, Chen X H, et al. Solving indefinite kernel support vector machine with difference of convex functions programming[C]//Proceedings of the Thirty-First AAAI Conference on Artificial Intelligence: volume 31. 2017.

[20] An L T H, Tao P D. The DC (difference of convex functions) programming and DCA revisited with DC models of real world nonconvex optimization problems[J]. Annals of Operations Research, 2005, 133(1-4): 23-46.

[21] Shalev-Shwartz S, Singer Y, Srebro N, et al. Pegasos: Primal estimated sub-gradient solver for SVM[J]. Mathematical Programming, 2011, 127(1): 3-30.

[22] Galli L L, Lin C J. A study on truncated Newton methods for linear classification[J]. IEEE Transactions on Neural Networks and Learning Systems, 2022, 33(7): 2828-2841.

[23] Boyd S P, Vandenberghe L. Convex Optimization[M]. Cambridge: Cambridge University Press, 2004.

[24] Mayooran T. A gradient-based optimization algorithm for ridge regression by using R [J]. International Journal of Research and Scientific Innovation, 2018, 5(4): 38-44.

[25] Lee C P, Lin C J. A study on ℓ_2-loss (squared hinge-loss) multiclass SVM[J]. Neural Computation, 2013, 25(5): 1302-1323.

[26] Bottou L. Large-scale Machine Learning with Stochastic Gradient Descent[M]// Proceedings of COMPSTAT' 2010. Berling, Heidelberg: Springer, 2010: 177-186.

[27] Roux N, Schmidt M, Bach F. A stochastic gradient method with an exponential convergence rate for finite training sets[C]//Proceedings of the 25th International Conference on Neural Information Processing Systems: volume 2. 2012: 2663-2671.

[28] Johnson R, Zhang T. Accelerating stochastic gradient descent using predictive variance reduction[J]. Advances in Neural Information Processing Systems, 2013, 26: 315-323.

[29] Reddi S J, Hefny A, Sra S, et al. Stochastic variance reduction for nonconvex optimization[C]//Proceedings of the 33rd International Conference on Machine Learning. PMLR, 2016: 314-323.

[30] Nguyen L M, Liu J, Scheinberg K, et al. SARAH: A novel method for machine learning problems using stochastic recursive gradient[C]//Proceedings of the 34th International Conference on Machine Learning. PMLR, 2017: 2613-2621.

[31] Polyak B T. Some methods of speeding up the convergence of iteration methods[J]. USSR Computational Mathematics and Mathematical Physics, 1964, 4(5): 1-17.

[32] Sutskever I, Martens J, Dahl G, et al. On the importance of initialization and momentum in deep learning[C]//Proceedings of the 30th International Conference on Machine Learning. PMLR, 2013: 1139-1147.

[33] Ian G, Yoshua B, Aaron C. Deep Learning: volume 1[M]. Cambridge: MIT Press, 2016.

[34] Yu N. A method of solving a convex programming problem with convergence rate $o(1/k^2)$[C]//Proceedings of Sov. Math. Dokl: volume 27, 1983.

[35] Matthew D Z. Adadelta: An adaptive learning rate method[J]. arXiv preprint arXiv:1212.5701, 2012.

[36] Geoffrey H, Nitish S, Kevin S. Neural networks for machine learning lecture 6a overview of mini-batch gradient descent[J]. Cited on, 2012, 14(8).

[37] Diederik P K, Jimmy B. Adam: A method for stochastic optimization[J]. arXiv preprint arXiv:1412.6980, 2014.

[38] James M, Ilya S. Learning recurrent neural networks with hessian-free optimization [C]//Proceedings of the 28th International Conference on Machine Learning. 2011: 1033-1040.

[39] John E J, Dennis, Jorge J M. Quasi-newton methods, motivation and theory[J]. SIAM Review, 1977, 19(1): 46-89.

[40] Raghu B, Richard H B, Jorge N. Exact and inexact subsampled Newton methods for optimization[J]. IMA Journal of Numerical Analysis, 2019, 39(2): 545-578.

[41] Byrd R H, Chin G M, Neveitt W, et al. On the use of stochastic hessian information in optimization methods for machine learning[J]. SIAM Journal on Optimization, 2011, 21(3): 977-995.

[42] David F S. Conditioning of quasi-newton methods for function minimization[J]. Mathematics of Computation, 1970, 24(111): 647-656.

[43] Ghadimi S, Lan G, Zhang H. Mini-batch stochastic approximation methods for non-convex stochastic composite optimization[J]. Mathematical Programming, 2016, 155 (1-2): 267-305.

[44] José Yunier Bello C. On proximal subgradient splitting method for minimizing the sum of two nonsmooth convex functions[J]. Set-Valued and Variational Analysis, 2017, 25(2): 245-263.

[45] Richard S, Alex P, Jean W, et al. Recursive deep models for semantic compositionality over a sentiment treebank[C]//Proceedings of the Conference on Empirical Methods in Natural Language Processing. 2013: 1631-1642.

[46] Angela F, Mike L, Yann D. Hierarchical neural story generation[C]//Proceedings of the Annual Meeting of the Association for Computational Linguistics: volume 1. 2018: 889-898.

[47] Meng F, Zhang J. DTMT: A novel deep transition architecture for neural machine translation[C]//Proceedings of the AAAI Conference on Artificial Intelligence: volume 33. 2019: 224-231.

[48] Richard S, Eric H H, Jeffrey P, et al. Dynamic pooling and unfolding recursive autoencoders for paraphrase detection[C]//Proceedings of the Advance in Neural Information Processing Systems: volume 24. 2011: 801-809.

[49] Yin W, Hinrich S, Xiang B, et al. ABCNN: Attention-based convolutional neural network for modeling sentence pairs[J]. Transactions of the Association for Computational Linguistics, 2016, 4: 259-272.

[50] Yann L, Léon B, Yoshua B, et al. Gradient-based learning applied to document recognition[C]//Proceedings of the IEEE: volume 86. IEEE, 1998: 2278-2324.

[51] Alex K, Ilya S, Geoffrey E H. Imagenet classification with deep convolutional neural networks[J]. Advances in Neural Information Processing Systems, 2012, 25: 1097-1105.

[52] Karen S, Andrew Z. Very deep convolutional networks for large-scale image recognition[J]. arXiv preprint arXiv:1409.1556, 2014.

[53] He K M, Zhang X Y, Ren S Q, et al. Deep residual learning for image recognition[C]// Proceedings of the IEEE Conference on Computer Vision and Pattern Recognition. 2016: 770-778.

[54] Xie S, Ross G, Piotr D, et al. Aggregated residual transformations for deep neural networks[C]//Proceedings of the IEEE Conference on Computer Vision and Pattern Recognition. 2017: 1492-1500.

[55] Ross G, Jeff D, Trevor D, et al. Rich feature hierarchies for accurate object detection and semantic segmentation[C]//Proceedings of the IEEE Conference on Computer Vision and Pattern Recognition. 2014: 580-587.

[56] Joseph R, Santosh D, Ross G, et al. You only look once: Unified, real-time object detection[C]//Proceedings of the IEEE Conference on Computer Vision and Pattern Recognition. 2016: 779-788.

[57] Dai J, Li Y, He K, et al. R-FCN: Object detection via region-based fully convolutional networks[C]//Proceedings of Advance in Neural Information Processing Systems. 2016: 379-387.

[58] Nicolas B, Yao L, Chris P, et al. Delving deeper into convolutional networks for learning video representations[C]//Proceedings of the International Conference on Learning Representations. 2015.

[59] Han K, Yu D, Ivan T. Speech emotion recognition using deep neural network and extreme learning machine[C]//Proceedings of the Annual Conference of the International Speech Communication Association. 2014.

[60] Michael N, Ngoc Thang V. Attentive convolutional neural network based speech emotion recognition: A study on the impact of input features, signal length, and acted speech[J]. arXiv preprint arXiv:1706.00612, 2017.

[61] Weng C, Yu D, Michael L S, et al. Deep neural networks for single-channel multi-talker speech recognition[J]. IEEE/ACM Transactions on Audio, Speech, and Language Processing, 2015, 23(10): 1670-1679.

[62] Johannes A, Tim F. A DNN regression approach to speech enhancement by artificial bandwidth extension[C]//Proceedings of the IEEE Workshop on Applications of Signal Processing to Audio and Acoustics. 2017: 219-223.

[63] Dat Tien N, Shafiq J, Muhammad I, et al. Applications of online deep learning for crisis response using social media information[J]. arXiv preprint arXiv:1610.01030, 2016.

[64] Geert L, Clara I S, Nadya T, et al. Deep learning as a tool for increased accuracy and efficiency of histopathological diagnosis[J]. Scientific Reports, 2016, 6(1): 1-11.

第 3 章 损失函数

损失函数, 又称代价函数, 常用于表示或度量决策函数产生的误差. 损失函数是影响模型性能的关键因素之一. 对各种已有损失函数的深入理解是选择和构造损失函数的前提和基础. 本章针对机器学习中的分类问题、回归问题和无监督问题, 分别介绍它们常用的损失函数, 并进行总结与分析. 最后介绍损失函数在深度学习中的一些研究进展.

3.1 分类问题的损失函数

3.1.1 损失函数

首先介绍损失函数的概念. 考虑以式 (1.1.1) 为训练集的二分类问题. 设决策函数为 $f(x) = \mathrm{sgn}(g(x))$, 现在介绍这种情况下的损失函数. 请注意, 我们这里的损失函数不是直接对决策函数 $f(x)$ 而言, 而是对其中的实值函数 $g(x)$ 而言的, 即度量实值函数 $g(x)$ 产生的误差. 为此引入函数

$$L(y, g(x)), \tag{3.1.1}$$

该函数就称为损失函数.

分类问题中常见的损失函数包括 0-1 损失、感知机损失、对数损失、交叉熵损失、指数损失、合页损失、Ramp 损失、Ramp ε-不敏感损失、平滑 Ramp 损失、Pinball 损失、截断 Pinball 损失、相关熵简化损失、可调合页损失以及 LINEX 损失等, 它们的函数图像如图 3.1.1 所示. 以下分别予以详细介绍.

0-1 损失函数 (0-1 loss function) 在二分类问题中, 0-1 损失函数指对输入 x 及其对应的标签 y, 若由实值函数 $g(x)$ 决定的类别 $\mathrm{sgn}(g(x))$ 与其真实标签 y 不同, 则定义损失为 1, 否则定义损失为 0, 即

$$L(y, g(x)) = \begin{cases} 1, & yg(x) < 0, \\ 0, & yg(x) \geqslant 0. \end{cases} \tag{3.1.2}$$

由于该损失函数只考虑了预测值与真实值之间是否相同, 而没有考虑它们之间差异的程度, 即当样本分类错误时, 不论误差大小, 对应的损失值相同, 因此会影响模型求解的准确性和效率. 除此之外, 从 0-1 损失函数的图像 3.1.1(a) 可以看

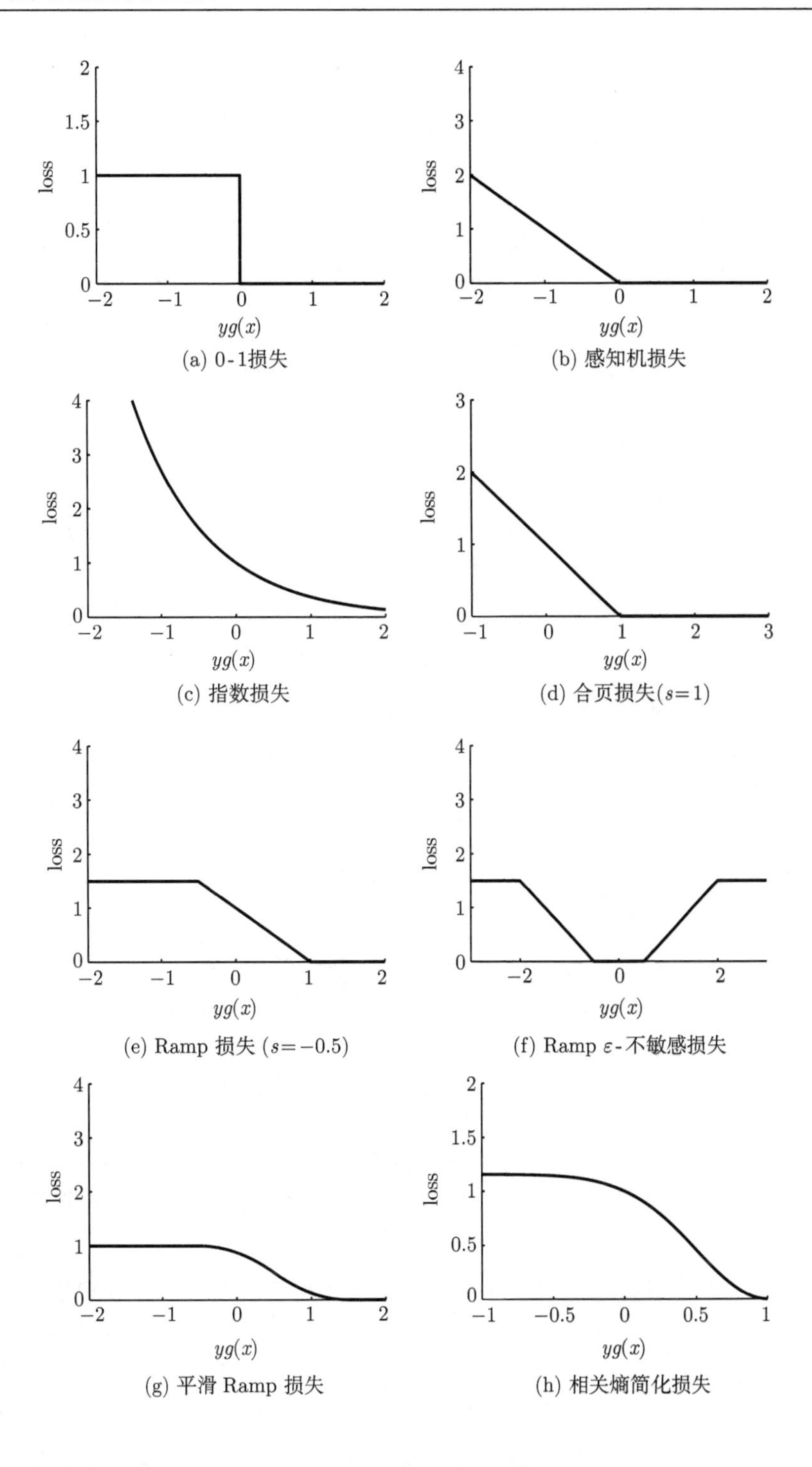

(a) 0-1损失

(b) 感知机损失

(c) 指数损失

(d) 合页损失(s=1)

(e) Ramp 损失 (s=−0.5)

(f) Ramp ε-不敏感损失

(g) 平滑 Ramp 损失

(h) 相关熵简化损失

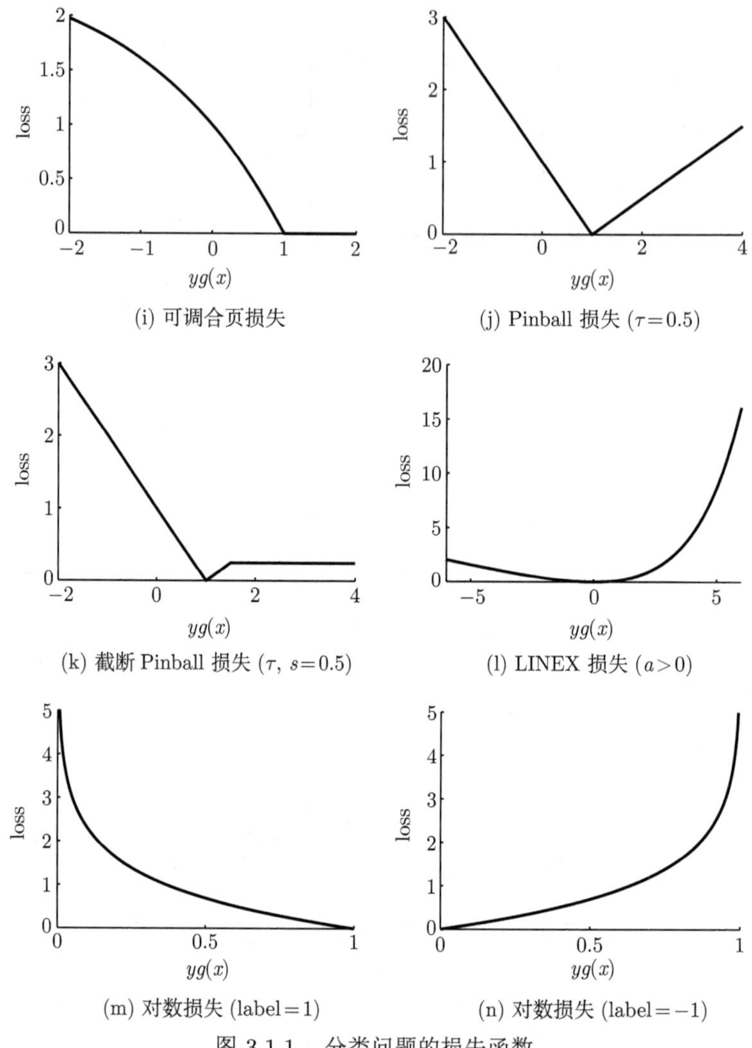

图 3.1.1　分类问题的损失函数

出, 此损失函数是一个非凸函数, 在模型求解的过程中存在很多困难. 事实上, 在实际应用中 0-1 损失通常只作为一个标准, 而真正作为损失函数的是其代理函数, 感知机损失、指数损失、合页损失等.

感知机损失函数 (perceptron loss function)　感知机损失函数是一个分段函数, 当由实值函数 $g(x)$ 决定的预测值与真实标签同号时, 损失值为 0; 否则, 损失值为 $g(x)$ 的绝对值.

$$L(y, g(x)) = \max\{0, -yg(x)\}. \tag{3.1.3}$$

从几何含义上看, 前者是指分类正确的样本没有损失, 后者度量的是预测错误的

样本到决策边界 $g(x)=0$ 的距离, 距离越大, 说明样本被预测错误的程度越大, 因此对应的损失值越大. 感知机损失的提出思想形象且易于理解, 并且此损失函数关于变量的连续性较好, 易于优化. 但其目标只是将样本类别判定正确, 包括样本位于决策边界上就满足要求, 这样得到的模型泛化性能不是很好, 对含有噪声数据的数据集不鲁棒.

感知机损失是 1957 年 Rosenblatt 提出的感知机 (perceptron) 算法使用的损失函数[1]. 感知机是二分类的线性分类模型, 当训练集线性可分时, 感知机算法在有限步内收敛, 即经过有限步迭代可以得到将所有样本完全正确划分的分类超平面, 但解不唯一, 依赖于初值的选择及迭代过程中误分类点的选取顺序; 当训练集并非线性可分时, 感知机算法优化过程会发生振荡, 无法求解, 因此感知机多应用于线性可分的数据集[2].

指数损失函数 (exponential loss function) 针对 0-1 损失函数难以优化的缺点, 指数损失具有以下两个优点: 第一, 指数损失函数连续可导, 利于优化. 第二, 对预测错误的样本, 指数损失的惩罚程度不同, 与预测错误的程度有关; 对预测正确的样本, 指数损失也会根据其预测概率有一定的惩罚. 该损失函数可以写为

$$L(y,g(x))=e^{-yg(x)}. \tag{3.1.4}$$

从函数图 3.1.1(c) 可以看出, 随着样本被预测错误的程度变大, 对应的损失值增长加快, 有利于模型收敛; 随着样本被预测正确的可能性变大, 对应的损失越来越小, 增强模型的泛化性能.

采用指数损失函数的代表性算法是 Adaboost 算法[3]. Adaboost 算法是 1997 年由 Yoav Freund 和 Robert Schapire 提出的用于解决二分类任务的模型, 其中每轮迭代过程中优化的损失函数是指数损失, 具体过程可查阅文献 [4].

合页损失函数 (hinge loss function) 在二分类问题中, 合页损失函数在决策边界附近定义了间隔, 不仅所有被预测错误的样本都有损失, 而且两条间隔边界中间的样本都有损失 (不论分类正确与否). 该损失函数可以写为

$$L_s(y,g(x))=\max\{0,s-yg(x)\}, \tag{3.1.5}$$

其中 s 为描述间隔的常数.

从函数图 3.1.1(d) 来看, 合页损失函数与感知机损失函数相比, 图像右移了 s, 这样不仅要求样本被分类正确, 还要求在置信度够高 (被充分分类正确) 时损失才为 0. 除此之外, 与指数损失函数对所有正确分类的样本都有损失不同, 合页损失函数不会对 $|yg(x)|\geqslant s$ 的正确分类样本进行惩罚, 认为这类样本已经被学得足够好, 从而使模型更专注于整体的分类误差. 需要说明的是, 一般在实际应用及合页损失函数的改进中, s 都被设为 1.

支持向量机是最先采用合页损失函数解决二分类问题的模型[5]. 该模型可形式化为一个凸二次规划问题, 也可等价为最小化含正则项的合页损失问题, 具体内容可查阅 [6].

Ramp 损失函数 (Ramp loss function) 此损失函数是合页损失函数的改进[7]:

$$L_s(y, g(x)) = \max\{0, 1 - yg(x)\} - \max\{0, s - yg(x)\}, \tag{3.1.6}$$

其中 $s < 1$ 为常数.

从图 3.1.1(d) (合页损失) 和图 3.1.1(e) (Ramp 损失) 中可以看出, 当训练集中存在离群点时, 其对应的合页损失值很大, 在确定决策面时起主导作用, 使得模型为减少此类损失而降低正常样本的分类准确率, 最终降低了模型的泛化能力; 而 Ramp 损失函数通过限制损失的最大值, 降低离群点对模型的影响作用, 使得模型对离群点更加鲁棒. 将 Ramp 损失函数应用于 SVM 模型中, 还可以减少支持向量的个数, 从而提高训练效率[8], 但优化的目标函数变成了非凸函数, 可采用凹凸过程 (concave-convex procedure, CCCP) 方法求解[9].

Ramp ε-不敏感损失函数 (Ramp ε-insensitive loss function) 在 ε-不敏感损失函数 (参见 3.2 节) 的基础上, 引入 Ramp 损失函数, 提出了 Ramp ε-不敏感损失函数

$$L_{\varepsilon,t}(y, g(x)) = \begin{cases} t - \varepsilon, & |yg(x)| > t, \\ |yg(x)| - \varepsilon, & \varepsilon \leqslant |yg(x)| \leqslant t, \\ 0, & |yg(x)| < \varepsilon, \end{cases} \tag{3.1.7}$$

其中 $t > \varepsilon$ 为预先定义的常数. 根据公式 (3.1.7) 以及 Ramp 损失函数的性质可知, Ramp ε-不敏感损失函数可以由一个 ε-不敏感凸损失函数和一个 t-不敏感凹损失函数组成,

$$L_{\varepsilon,t} = L_\varepsilon(y, g(x)) - L_t(y, g(x)). \tag{3.1.8}$$

该损失函数被用于非平行支持向量机 (nonparallel support vector machine, NPSVM) 中, 可有效抑制噪声及异常值对训练造成的影响[10]. 因其具有非凸性, 需要采用 CCCP 方法进行求解, 训练得到的模型同样拥有更少的支持向量个数, 稀疏性的增加使得模型具有更好的伸缩性. 此外, 该损失函数还可用于处理回归问题, 例如非平行支持向量回归机 (nonparallel support vector regression, NPSVR).

平滑 Ramp 损失函数 (smooth Ramp loss function) 同 Ramp 损失函数一样, 此损失函数也可通过两个经过 Huber 损失函数近似得到的合页损失函数来构造

$$L(y, g(x)) = L_1^\delta(y, g(x)) - L_0^\delta(y, g(x)), \tag{3.1.9}$$

其中

$$L_1^{\delta}(y,g(x))=\begin{cases}0, & yg(x)>1+\delta,\\ \dfrac{(1+\delta-yg(x))^2}{4\delta}, & |1-yg(x)|\leqslant\delta,\\ 1-yg(x), & yg(x)<1-\delta,\end{cases} \tag{3.1.10}$$

$$L_0^{\delta}(y,g(x))=\begin{cases}0, & yg(x)>\delta,\\ \dfrac{-(\delta-yg(x))^2}{4\delta}, & |yg(x)|\leqslant\delta,\\ yg(x), & yg(x)<-\delta,\end{cases} \tag{3.1.11}$$

其中 $\delta>0$ 是 Huber 损失函数中的常数.

根据公式 (3.1.9) 可以看出, 此损失函数使用回归问题中提出的 Huber 损失函数 (参见 3.2 节), 分别对两个合页损失函数进行逼近, 使得光滑 Ramp 损失函数具有二次可微性, 可直接利用 CCCP 方法进行求解. 该损失被用于鲁棒 SVM 中, 对异常值不敏感, 比经典的 SVM 方法具有更好的泛化性能 [11].

相关熵简化损失函数 (correntropy reduced loss function) 此损失函数的灵感来源于相关熵 (correntropy) 的概念, 相关熵最早被用于度量样本间的相似性 [12]. 相关熵本质上可以理解为在不同情形下的传统 L-范数损失 [13]

$$L(y,g(x))=\beta(1-e^{-\eta(1-yg(x))^2}), \tag{3.1.12}$$

其中 $\eta>0$ 为调节常数, $\beta=\dfrac{1}{1-e^{-\eta}}$ 为归一化常数, 该损失函数简称 C 损失.

如图 3.1.1(h) 所示, 对于在决策边界内部且误差较小的样本, C 损失表现为传统的平方损失 (l_2 损失), 而对于离群点以及难以分类的样本, 该损失则表现为 l_0 损失. 通过改变参数 η 的取值, C 损失函数可以平滑地近似 0-1 损失函数, 并且更具鲁棒性, 能够有效地提高分类器的泛化性能.

可调合页损失函数 (rescaled hinge loss function) 此损失函数是合页损失函数以及相关熵简化损失函数的改进损失 [14]

$$L(y,g(x))=\beta(1-e^{-\eta L_s(y,g(x))}). \tag{3.1.13}$$

同样地, $\eta>0$ 为调节常数, $\beta=\dfrac{1}{1-e^{-\eta}}$ 为归一化常数.

从函数图 3.1.1(i) 中可以发现, 可调合页损失和 Ramp 损失很相似, 都是通过改进 $yg(x)<1$ 的函数形式增强对离群点的鲁棒性. 由于离群点会影响 SVM 的稀疏性, 因此基于可调合页损失的 SVM 模型也提高了稀疏性.

Pinball 损失函数 (Pinball loss function) 此损失函数最初被用于回归问题，在回归问题中被称为分位数损失. 直到 2013 年, 文献 [15] 提出 pin-SVM 分类器时, 才开始在分类问题中使用 Pinball 损失函数

$$L_\tau(y, g(x)) = \max\{1 - yg(x), -\tau(1 - yg(x))\}, \tag{3.1.14}$$

其中 $\tau \in [0,1]$ 为常数.

Pinball 损失函数在解决分类问题时具有很好的性质. 与合页损失函数相比, Pinball 损失函数对所有正确分类的点都进行了惩罚, 这样的改进保持了相同的分类误差界, 并且没有增加计算复杂度, 还使得模型对决策面附近的噪声点不再过于敏感, 具有更强的重采样稳定性.

截断 Pinball 损失函数 (truncated Pinball loss function) 为了弥补 Pinball 损失的缺点, 文献 [16] 对 Pinball 损失进行改进, 提出了截断 Pinball 损失函数

$$L_{\tau,s}(y, g(x)) = \begin{cases} \tau s, & 1 - yg(x) \leqslant -s, \\ -\tau(1 - yg(x)), & -s < 1 - yg(x) < 0, \\ 1 - yg(x), & 1 - yg(x) \geqslant 0, \end{cases} \tag{3.1.15}$$

其中 $s > 0$, $\tau \in [0,1]$ 均为常数.

截断 Pinball 损失函数不但保留了 Pinball 损失的优点, 降低了对决策面附近噪声点的敏感度, 而且基于此损失函数的 SVM 模型 $\overline{\text{pin}}$-SVM 保留了标准 SVM 的稀疏性. $\overline{\text{pin}}$-SVM 的目标函数也是非凸函数, 可用 CCCP 方法求解.

LINEX 损失函数 (LINEX loss function) 文献 [17] 首次将线性指数损失 (linear-exponential loss) 应用于支持向量机中, 该损失可简称为 LINEX 损失,

$$L(y, g(x)) = \exp(a(1 - yg(x))) - a(1 - yg(x)) - 1, \tag{3.1.16}$$

其中参数 $a > 0$. LINEX 损失函数中的曲线如图 3.1.1(l) 所示. 在 LINEX 函数中, 函数的右侧比左侧陡峭, 右侧随着变量 $1 - yg(x)$ 的模值增加呈指数增长, 左侧随着变量 $1 - yg(x)$ 的模值增加呈线性增长. 这意味着变量 $1 - yg(x)$ 为正时受到较大的惩罚, 为负时受到较小的惩罚. 参数 $|a|$ 控制着曲线非对称性的程度. 当 $|a|$ 的值越大, 损失函数曲线越陡峭, 非对称的程度越大, 反之亦然. 当 $|a|$ 的值非常小时, LINEX 损失近似于平方损失.

LINEX 损失是一个典型的非对称损失, 并且拥有很多优良的性质, 如连续性和凸性等. Zellner 对其性质进行了详细的讨论 [18].

对数损失函数 (logarithmic loss function) 此损失函数是关于样本预测概率值的函数, 其中预测概率值是通过条件概率分布: $p = P(y = 1|x) = \dfrac{1}{1 + e^{-g(x)}}$ 以

及 $1-p=P(y=-1|x)=\dfrac{1}{1+e^{g(x)}}$ 将预测值 $g(x)$ 映射为 $[0, 1]$ 上的值.

$$L(y,\tilde{p})=-\log\tilde{p}, \tag{3.1.17}$$

其中

$$\tilde{p}=\begin{cases} p, & y=1, \\ 1-p, & y\neq 1. \end{cases} \tag{3.1.18}$$

具体来说, 样本被预测为自己所属类别的概率越大, 则对应的损失值越小; 否则, 损失值越大. 在实际计算中, 通常只使用被预测为正类的概率 p, 被预测为负类的概率用 $1-p$ 表示. 从对数损失函数的图像可以看出, 样本属于正类的情况下 (图 3.1.1(m)), 当被预测为正类的概率 (横坐标) 为 1 时, 损失值为 0, 说明此时充分相信样本被划分正确, 随着概率值越来越小, 损失值从 0 开始增长且增长的越来越快, 当概率值接近 0 时, 损失值接近正无穷; 样本属于负类的情况下 (图 3.1.1(n)), 横坐标仍然表示样本被预测为正类的概率, 此时损失函数的变化情况相反. 总之, 对数损失函数值在当正确预测概率接近于 1 时缓慢下降, 且随着正确预测概率的变小迅速增加, 这一变化趋势会使得模型倾向于让预测输出更接近真实样本标签, 利于算法收敛.

对数损失函数对应的算法是逻辑回归 [19] (logistic regression, LR), 逻辑回归是一个对数线性模型, 通过利用极大似然估计法估计模型参数, 就能推导出对应的目标函数及对数损失 [20].

二分类交叉熵损失函数 (sigmoid cross entropy loss function) 二分类交叉熵损失和对数损失的函数表达式相同.

$$L(y,\tilde{p})=-\log\tilde{p}, \tag{3.1.19}$$

其中 $\tilde{p}$ 的定义与对数损失函数中的定义一致, $p=\sigma(g(x))=\dfrac{1}{1+e^{-g(x)}}$, $\sigma(\cdot)$ 为 Sigmoid 函数.

之所以将相同的损失按照两种名称分别介绍, 是因为它们的定义来源不同. 二分类交叉熵损失是把通过 Sigmoid 函数将预测值转化成的概率值作为交叉熵的实际输出, 把样本的真实标签作为交叉熵的期望输出, 代入交叉熵公式得到的. 交叉熵刻画的是实际输出与期望输出的距离, 交叉熵数值越小, 两个概率分布越接近. 因此, 二分类交叉熵损失与对数损失的含义相同.

二分类交叉熵损失常用于神经网络 (neural networks, NN) 中, 此损失函数可以避免应用后向传播算法时输出层神经元学习率缓慢的问题 [21]. 一般地, 在深度学习中, 这种损失函数被称为交叉熵损失, 在逻辑回归中, 被称为对数损失, 当然, 逻辑回归模型也可从熵的角度推导得到, 具体内容可查阅 [22].

多分类交叉熵损失函数 (softmax cross entropy loss function) 多分类交叉熵损失函数将 Sigmoid 函数替换为 Softmax 函数用以解决多分类问题, 当然, 也可以从概率分布的角度解释从二分类交叉熵损失到多分类交叉熵损失的扩展 [19].

$$L(y, P(y|x)) = -\log P(y|x), \tag{3.1.20}$$

其中 $P(y|x) = \dfrac{e^{f_y(x)}}{\sum\limits_k e^{f_k(x)}}$, $f_y(x)$ 为第 y 类对应的实值函数, $f_k(x)$ 为第 k 类对应的实值函数.

由于很多实际问题 (如语义分割 [23]、文本挖掘 [24]) 都是多分类问题, 因此多分类交叉熵损失成为深度学习的主流损失函数. 在很多深度学习文献中, 二分类交叉熵损失和多分类交叉熵损失都被称为交叉熵损失, 可以通过所解决的问题本身判别是二分类还是多分类.

3.1.2 总结与分析

以上是分类问题中 15 个损失函数的具体介绍, 下面将从凸性、鲁棒性以及稀疏性三个方面对它们进行总结, 如表 3-1 所示.

表 3-1 分类问题的损失函数

损失函数	公式	凸性	鲁棒性	稀疏性
0-1 损失函数	$L(y,g(x)) = \begin{cases} 1, & yg(x) < 0, \\ 0, & yg(x) \geqslant 0 \end{cases}$			
感知机损失函数	$L(y,g(x)) = \max\{0, -yg(x)\}$	✓		
指数损失函数	$L(y,g(x)) = e^{-yg(x)}$	✓		
合页损失函数	$L_s(y,g(x)) = \max\{0, s - yg(x)\}$	✓		
Ramp 损失函数	$L_s(y,g(x)) = \max\{0, 1 - yg(x)\} - \max\{0, s - yg(x)\}$		✓	✓
Ramp ε-不敏感损失函数	$L_{\varepsilon,t}(y,g(x)) = \begin{cases} t-\varepsilon, & \lvert yg(x)\rvert > t, \\ \lvert yg(x)\rvert - \varepsilon, & \varepsilon \leqslant \lvert yg(x)\rvert \leqslant t, \\ 0, & \lvert yg(x)\rvert < \varepsilon \end{cases}$		✓	✓
平滑 Ramp 损失函数	$L(y,g(x)) = L_1^{\delta}(y,g(x)) - L_0^{\delta}(y,g(x))$		✓	✓
相关熵简化损失函数	$L(y,g(x)) = \beta(1 - e^{-\eta(1-yg(x))^2})$		✓	
可调合页损失函数	$L(y,g(x)) = \beta(1 - e^{-\eta L_s(y,g(x))})$		✓	✓
Pinball 损失函数	$L_\tau(y,g(x)) = \max\{1 - yg(x), -\tau(1 - yg(x))\}$	✓		
截断 Pinball 损失函数	$L_{\tau,s}(y,g(x)) = \begin{cases} \tau s, & 1 - yg(x) \leqslant -s, \\ -\tau(1 - yg(x)), & -s < 1 - yg(x) < 0, \\ 1 - yg(x), & 1 - yg(x) \geqslant 0 \end{cases}$		✓	✓

续表

损失函数	公式	凸性	鲁棒性	稀疏性
LINEX 损失函数	$L(y,g(x)) = \exp(a(1-yg(x))) - a(1-yg(x)) - 1$	✓	✓	
对数损失函数	$L(y,\tilde{p}) = -\log\tilde{p}$	✓		
二分类交叉熵损失函数	$L(y,\tilde{p}) = -\log\tilde{p}$	✓		
多分类交叉熵损失函数	$L(y,P(y\|x)) = -\log P(y\|x)$	✓		

(1) 凸性. 感知机损失、对数损失、交叉熵损失、指数损失、合页损失、Pinball 损失和 LINEX 损失函数都是凸函数, 0-1 损失、Ramp 损失、截断 Pinball 损失以及可调合页损失函数都是非凸函数.

(2) 鲁棒性. Pinball 损失和截断 Pinball 损失可降低对决策面附近的噪声点的敏感度, Ramp 损失、可调合页损失以及 LINEX 损失对离群点鲁棒.

(3) 稀疏性. 基于 Ramp 损失、截断 Pinball 损失和可调合页损失的 SVM 模型可保留甚至提高标准 SVM (基于合页损失) 的稀疏性.

(4) 泛化性. 对数损失、交叉熵损失、指数损失、合页损失均优于感知机损失.

3.2 回归问题的损失函数

与分类问题类似, 首先给出回归问题的定义.

回归问题 给定训练集

$$T = \{(x_1, y_1), \cdots, (x_l, y_l)\} \in (R^n \times \mathcal{Y})^l, \tag{3.2.1}$$

其中 $x_i \in R^n$ 是输入, $y_i \in \mathcal{Y} = R$ 是输出, $i = 1, \cdots, l$. 根据训练集(3.2.1)寻找 R^n 空间上的实值函数 $g(x)$, 以便用实值函数

$$y = g(x) \tag{3.2.2}$$

推断任一输入 x 对应的输出 y.

回归问题中常见的损失函数包括平方损失、绝对值损失、Huber 损失、对数双曲余弦损失、分位数损失以及 ε-不敏感损失等, 它们的函数图像如图 3.2.1 所示.

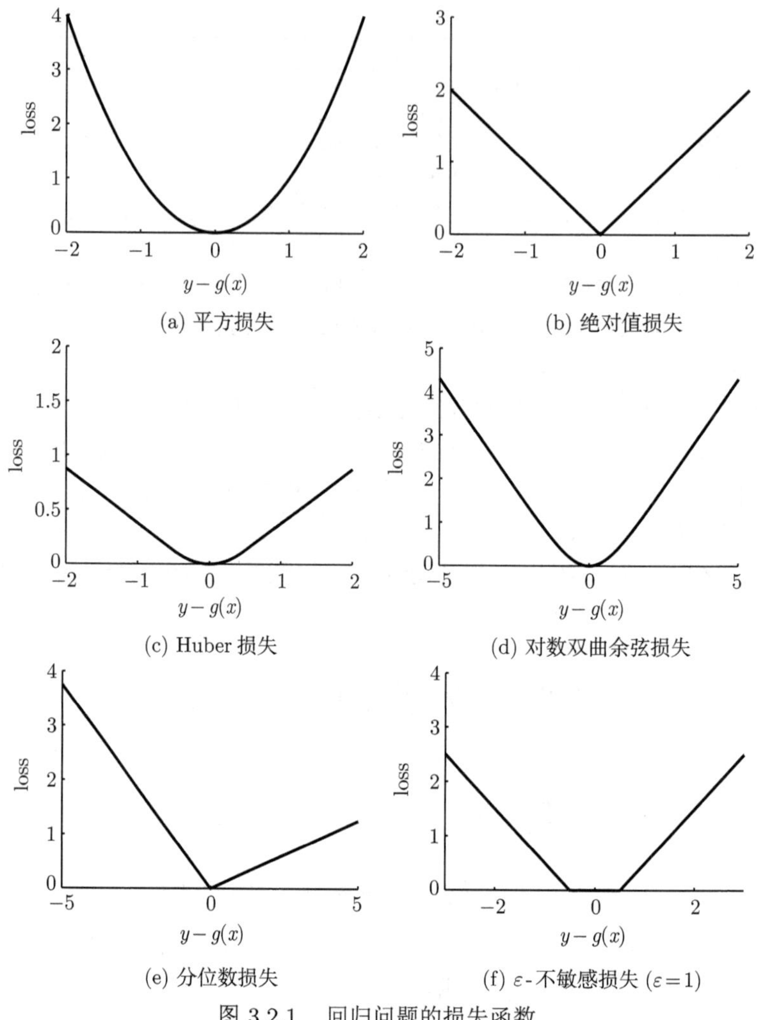

图 3.2.1　回归问题的损失函数

3.2.1　损失函数

平方损失函数 (square loss function)　平方损失函数度量真实值 y 和预测值 $g(x)$ 之间误差的平方,

$$L(y, g(x)) = (y - g(x))^2. \tag{3.2.3}$$

从函数图像 3.2.1(a) 可以看出, 平方损失对误差 e ($e = y - g(x)$) 进行平方操作, 当 $|e|$ 变大时, 损失增长变快. 因此当训练集存在离群点时, 模型对离群点给予更高的关注度, 参数会不断调整以至于此损失不断减小, 但相应的其他正常训练

样本的预测精确度在下降, 最终降低整体预测性能. 线性回归模型最常用的就是平方损失 [25], 该损失还可以用于分类问题.

绝对值损失函数 (absolute loss function) 绝对值损失函数度量真实值 y 和预测值 $g(x)$ 之间误差的绝对值,

$$L(y,g(x)) = |y - g(x)|. \tag{3.2.4}$$

从绝对值损失函数的图 3.2.1(b) 可以看出, 随着误差的增大绝对值损失不会增长得很快, 因此当训练集中有离群点时绝对值损失比平方损失更鲁棒.

Huber 损失函数 (Huber loss function) Huber 损失函数是平方损失和绝对值损失组合而成的分段函数 [26],

$$L_\delta(y,g(x)) = \begin{cases} \dfrac{1}{2}(y-g(x))^2, & |y-g(x)| \leqslant \delta, \\ \delta|y-g(x)| - \dfrac{1}{2}\delta^2, & \text{其他}, \end{cases} \tag{3.2.5}$$

其中参数 $\delta > 0$.

Huber 损失将参数 δ 作为边界, 在这个边界内的样本使用平方损失, 超出这个边界的样本使用绝对值损失, 从而降低离群点的损失在总损失中的权重, 避免模型过拟合. Huber 损失有效结合了平方损失和绝对值损失的优点, 并且处处可导. 但 δ 的引入带来好处的同时, 也使得损失函数更复杂. Huber 损失常用于稳健统计和加法模型 [26,27]. 还被用于深度学习中, 例如目标检测中的平滑 L_1 损失就是 Huber 损失的特殊形式 [28,29].

对数双曲余弦损失函数 (log-cosh loss function) 此损失函数是误差的双曲余弦的对数, 当误差较小时, 此损失近似为 $\dfrac{1}{2}(y-g(x))^2$; 当误差较大时, 此损失近似为 $|y-g(x)| - \log 2$,

$$L(y,g(x)) = \log(\cosh(g(x)-y)). \tag{3.2.6}$$

根据式 (3.2.6) 可以看出, 此损失与 Huber 损失很相似, 因此具有 Huber 损失的优点. 此外, 对数双曲余弦损失处处二阶可导, 有利于通过牛顿法求解包含此损失函数的优化问题.

分位数损失函数 (quantile loss function) 分位数损失函数是绝对值损失的扩展形式,

$$L_\gamma(y,g(x)) = \begin{cases} (\gamma-1)(y-g(x)), & y < g(x), \\ \gamma(y-g(x)), & \text{其他}, \end{cases} \tag{3.2.7}$$

其中 $\gamma \in (0,1)$ 是给定的分位数, 可知当 γ 取第 50 个百分位的时候就退化为绝对值损失.

与前四种损失函数不同的是, 基于分位数损失的回归模型得到的是预测值的范围而不只是一个预测值. 分位数损失函数根据所选的分位数 γ 调节每个样本的权重, γ 越小, 真实值小于预测值 (即高估) 的那些样本会得到更多的惩罚; γ 越大, 真实值大于预测值 (即低估) 的那些样本会得到更多的惩罚.

分位数回归是统计和计量经济学中经常使用的一种回归模型 [30]. 分位数回归不容易受到极端值的影响, 对异方差数据表现更好.

ε-不敏感损失函数 (ε-insensitive loss function) ε-不敏感损失函数常用于支持向量回归机 (support vector regression, SVR) 中 [31].

$$L_{\varepsilon}(y, g(x)) = \max\{0, |y - g(x)| - \varepsilon\}, \tag{3.2.8}$$

其中参数 $\varepsilon > 0$.

从其函数图 3.2.1(f) 可以看出, 与以上几种损失函数最大的不同在于, 此损失函数在误差不超过 ε 带时对样本不做惩罚, 使模型更专注于预测误差大的样本. 但 ε-不敏感损失函数含绝对值项, 不可微.

3.2.2 总结与分析

以上是回归问题 6 个损失函数的具体介绍, 下面将从可微性和鲁棒性对它们进行总结, 如表 3-2 所示.

表 3-2 回归问题的损失函数

损失函数	公式	可微性	鲁棒性
平方损失函数	$L(y, g(x)) = (y - g(x))^2$	✓	
绝对值损失函数	$L(y, g(x)) = \lvert y - g(x) \rvert$		✓
Huber 损失函数	$L_{\delta}(y, g(x)) = \begin{cases} \frac{1}{2}(y - g(x))^2, & \lvert y - g(x) \rvert \leqslant \delta, \\ \delta \lvert y - g(x) \rvert - \frac{1}{2}\delta^2, & \text{其他} \end{cases}$	✓	✓
对数双曲余弦损失函数	$L(y, g(x)) = \log(\cosh(g(x) - y))$	✓	✓
分位数损失函数	$L_{\gamma}(y, g(x)) = \begin{cases} (\gamma - 1)(y - g(x)), & y < g(x), \\ \gamma(y - g(x)), & \text{其他} \end{cases}$		✓
ε-不敏感损失函数	$L_{\varepsilon}(y, g(x)) = \max\{0, \lvert y - g(x) \rvert - \varepsilon\}$		✓

(1) 可微性. 绝对值损失、分位数损失、ε-不敏感损失不平滑以及 Huber 损失一阶可微, 平方损失和对数双曲余弦损失二阶可微.

(2) 鲁棒性. 相比于平方损失, 绝对值损失、Huber 损失、对数双曲余弦损失、分位数损失和 ε-不敏感损失对离群点鲁棒.

3.3 无监督问题的损失函数

无监督问题的两大任务是聚类和降维, 其训练集均可以表示为

$$T = \{x_1, x_2, \cdots, x_l\}, \tag{3.3.1}$$

其中 $x_i \in R^n$, $i = 1, 2, \cdots, l$.

聚类的目标是将样本按相似度指标划分成不同的簇, 使得簇内相似度高, 簇间相似度低. 不同的聚类算法刻画相似度的指标与采取的策略不同, 如层次聚类算法将样本间距离在一定阈值内的样本划为一簇, 而基于密度的聚类算法则通过密度来度量相似度. 降维是指通过某种数学变换将原始高维特征空间转变为一个低维子空间, 在保留数据结构和有用性的同时对数据进行压缩. 经典的线性降维方法有主成分分析, 非线性降维方法有流形学习.

下面具体介绍四种损失函数, 包括聚类问题的平方误差, 降维问题的距离误差、重构误差和负方差损失. 需要说明的是, 这些名称是我们根据每种损失的含义自己定义的.

3.3.1 损失函数

平方误差 (square error) 下面介绍 K 均值聚类算法所使用的平方误差损失函数 [32],

$$L = \sum_{i=1}^{l} \sum_{k=1}^{K} r_{ik} \|x_i - \mu_k\|^2, \tag{3.3.2}$$

其中

$$r_{ik} = \begin{cases} 1, & x_i \in C_k, \\ 0, & \text{其他}, \end{cases} \tag{3.3.3}$$

且 $\sum_{k=1}^{K} r_{ik} = 1$, $\mu_k = \frac{1}{|C_k|} \sum_{x \in C_k} x$ 为簇 C_k 的均值向量. 直观来看, 平方误差刻画了簇内样本围绕簇均值向量的紧密程度, 平方误差越小则簇内样本相似度越高.

然而最小化此损失函数是一个 NP 难问题, 因此 K 均值聚类算法采用了贪心策略, 通过迭代优化来近似求解 [33].

距离误差 (distance error) 现在考虑降维问题中的损失函数. 一种经典的降维准则是原始空间中样本之间的距离在低维空间中得以保持, 基于这一思想将其损失函数定义为距离误差

$$L=\sum_{i,j=1}^{l}(\|z_i-z_j\|-d_{ij})^2, \tag{3.3.4}$$

其中 d_{ij} 为原始空间中 x_i 与 x_j 间的距离, z_i 与 z_j 为低维空间表示.

通过最小化距离误差, 可以获得原始样本在低维空间的表示 $\{z_i\}_{i=1}^l$. 最具代表性的降维算法为多维缩放 (multidimensional scaling, MDS)[34]. 由于流形学习的等度量映射 (isometric mapping, Isomap) 在算法过程中用到了 MDS 算法, 因此等度量映射也可算是应用距离误差的算法之一 [35].

重构误差 (reconstruction error)　现我们继续考虑降维问题中的损失函数. 降维算法中的重构思想有两种: 一种是原样本点与基于投影逆映射重构后的样本点间的距离尽可能接近; 另一种是试图将原样本空间中的某一性质在低维空间中得以保持, 使得投影后的样本点可以基于这一性质用低维空间的某些样本重构. 由于这两种思想的本质都是对样本进行重构, 因此两种损失都被称为重构误差, 相应的损失函数为

$$L=\sum_{i=1}^{l}\|h^{-1}(z_i)-x_i\|, \tag{3.3.5}$$

$$L=\sum_{i=1}^{l}\|o(z_i)-z_i\|, \tag{3.3.6}$$

其中 h, o 分别为投影到某个低维空间的映射.

最小化重构误差 (3.3.5), 可以得到投影映射 h 以及原样本在低维空间的表示向量 $\{z_i\}_{i=1}^l$. 此重构误差的典型应用算法是主成分分析 (principal component analysis, PCA)[36]. PCA 是线性降维方法, 通过一组标准正交基向量将原样本映射到低维空间, 具体算法流程可查阅 [37].

最小化重构误差 (3.3.6), 可以得到原样本的低维表示向量 $\{z_i\}_{i=1}^l$. 此重构误差的典型应用算法是流形学习的局部线性嵌入 (locally linear embedding, LLE)[38]. 由于原样本集分布在一个流形上, 它们具有局部线性性, 即每个样本点可通过其邻域样本的线性组合将其重构. LLE 希望这一性质在低维空间得以保持, 因此原空间和低维空间的共享参数为线性重构的权重系数, 具体算法流程可查阅 [38].

负方差 (negative variance)　现在介绍最后一种降维问题中的损失函数. 它对应的降维准则是最大可分性, 即所有样本点投影后的向量尽可能分开. 这可用投影后样本点的方差最大化来度量, 此时的损失函数可表示为如下负方差

$$L=-\mathrm{Tr}\left(\sum_{i=1}^{l}(z_i-\bar{z})(z_i-\bar{z})^{\mathrm{T}}\right), \tag{3.3.7}$$

其中 $\bar{z}$ 为均值向量.

最小化损失函数 (3.3.7), 可以得到投影映射以及原样本在低维空间的表示向量 $\{z_i\}_{i=1}^l$. 此类损失函数的典型应用算法为 PCA, 最大可分性是 PCA 的另一种解释, 基于重构误差和负方差构造的两个 PCA 目标函数是等价的.

3.3.2 总结与分析

以上是无监督问题 4 个损失函数的具体介绍, 下面从可微性对它们进行总结, 如表 3-3 所示.

表 3-3 无监督问题的损失函数

损失函数	公式	可微性
平方误差	$L=\sum_{i=1}^{l}\sum_{k=1}^{K}r_{ik}\Vert x_i-\mu_k\Vert^2$	✓
距离误差	$L=\sum_{i,j=1}^{l}(\Vert z_i-z_j\Vert-d_{ij})^2$	✓
重构误差	$\begin{cases} L=\sum_{i=1}^{l}\Vert h^{-1}(z_i)-x_i\Vert \\ L=\sum_{i=1}^{l}\Vert o(z_i)-z_i\Vert \end{cases}$	✓
负方差	$L=-\mathrm{Tr}\left(\sum_{i=1}^{l}(z_i-\bar{z})(z_i-\bar{z})^{\mathrm{T}}\right)$	

最后需要说明的是, 大部分半监督学习算法采用的损失函数是将监督学习损失函数和无监督学习损失函数加权组合, 或者直接使用监督学习损失函数, 因此这里对半监督学习中的损失函数不做介绍.

3.4 拓 展 阅 读

本节主要讨论应用于计算机视觉研究的损失函数, 包括目标检测、人脸识别和图像分割用到的损失函数.

3.4.1 目标检测中的损失函数

目标检测 (object detection) 作为计算机视觉的重要应用之一, 经历了很长时间的探索. 近年来, 深度学习的快速发展为目标检测带来了很多新的算法和技术. 目标检测包括目标分类和目标定位两个任务.

目标分类可以是二分类问题, 如检测图像中的猫, 也可以是多分类问题, 如检测图像中的猫、狗和其他动物. 目标检测算法的做法是, 从输入的一张图像生成成千上万个候选框, 然后对这些候选框进行分类. 因为其中只有很少一部分是包含真实目标的, 这就带来了类别不平衡问题.

目标定位是一个回归问题, 在算法中表现为通过某种衡量标准度量候选框与真实框的偏移量, 然后进行边框修正. 在实际中, 衡量标准就是损失函数, 边框修正就是损失函数最小化的优化过程.

焦点损失函数 (focal loss function) 焦点损失函数可以有效解决目标检测任务中的类别不平衡以及难易样本不平衡问题, 通常被定义为 [39]

$$L = -\tilde{\alpha}(1-\tilde{p})^{\gamma}\log(\tilde{p}), \tag{3.4.1}$$

其中

$$\tilde{\alpha} = \begin{cases} \alpha, & y=1, \\ 1-\alpha, & \text{其他}, \end{cases} \tag{3.4.2}$$

以及

$$\tilde{p} = \begin{cases} p, & y=1, \\ 1-p, & \text{其他}, \end{cases} \tag{3.4.3}$$

$\alpha \in [0,1]$, $\gamma \geqslant 0$ 为参数, $p \in [0,1]$ 为被预测为正类的概率. 此损失函数是在二分类交叉熵损失的基础上修改得到的, $\tilde{\alpha}$ 用来解决类别不平衡, $(1-\tilde{p})^{\gamma}$ 用来解决难易样本不平衡. γ 用来调节样本损失降低的速度, $\gamma = 0$ 时焦点损失即为二分类交叉熵损失. 焦点损失函数图像如图 3.4.1 所示.

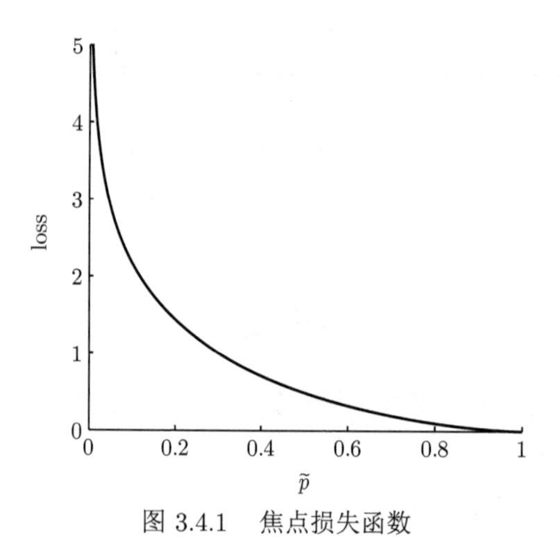

图 3.4.1 焦点损失函数

平滑 l_1 损失函数 (smooth l_1 loss function) 平滑 l_1 损失函数的表达式为

$$L = \begin{cases} 0.5|y-g(x)|^2, & |y-g(x)|<1, \\ |y-g(x)|-0.5, & \text{其他}. \end{cases} \tag{3.4.4}$$

该损失被用于经典的两阶段目标检测器 Fast R-CNN 以及 Faster R-CNN 中 [28,29]. 根据式 (3.4.4) 可以看出, 平滑 l_1 损失是 $\delta = 1$ 的 Huber 损失, 其性质与 Huber 损失相同, 如图 3.4.2 所示.

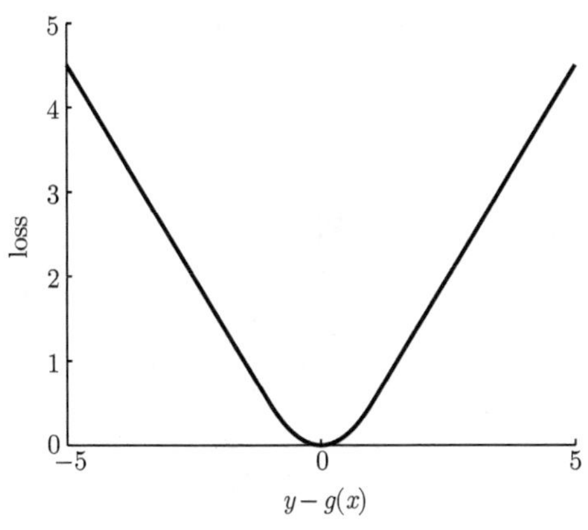

图 3.4.2 平滑 l_1 损失函数

交并比损失函数 (IoU loss function) 在边框修正过程中, l_2 损失以及平滑 l_1 损失将边框的中心点坐标以及长度和宽度看作四个独立变量, 该假设会影响定位的准确率. 为解决此问题提出了交并比损失函数.

交并比损失函数的表达式为 [40]

$$L = -\ln \frac{I}{U}, \tag{3.4.5}$$

其中 I 为预测框和真实框交集 (intersection) 的面积, U 为二者并集 (union) 的面积. 根据式 (3.4.5) 可知, 交并比损失函数将边框看作一个整体进行训练, 得到了更精确的预测框. 不论真实框的规模有多大, 计算得到交并比的范围都是 $[0,1]$, 因此可以防止模型过度关注大物体而忽略小物体. 文献 [40] 通过实验发现交并比损失函数不仅使目标定位更加准确, 还加快了模型收敛速度.

广义交并比损失函数 (generalized IoU loss function) 广义交并比损失函数的表达式为 [41]

$$L = 1 - \mathrm{GIoU}, \tag{3.4.6}$$

其中

$$\mathrm{GIoU} = \mathrm{IoU} - \frac{S-U}{|S|}, \tag{3.4.7}$$

式 (3.4.7) 中 S 是最小的可以将真实框和预测框包围其中的矩形面积. 广义交并比损失函数不仅保留了交并比损失的性质, 还有效解决了交并比损失无法处理不相交边框的问题. 从广义交并比损失函数的表达式可以看出, 通过引入最小包围框, 当预测框与真实框不相交时也具有了对应的损失. 当两个框相交时, 重叠方式越好的预测框对应的广义交并比损失值越小, 如图 3.4.3 所示, 两个边框重叠方式不同, 虽然它们具有相同的交并比 (IoU = 0.33), 但是 GIoU 值不同, 从左至右分别为 GIoU = 0.33, 0.24 和 − 0.1[41].

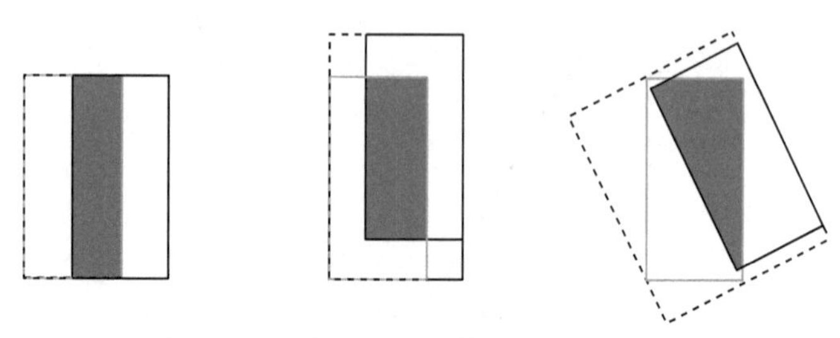

图 3.4.3　相同 IoU 下的不同 GIoU 情形

3.4.2　人脸识别中的损失函数

人脸识别 (face recognition) 是基于面部特征信息进行身份识别的一种生物识别技术. 人脸识别技术经历了长时间的发展, 深度学习的出现让人脸识别的精度得到了进一步提升. 人脸识别的数据集比较特殊, 类别 (一个人为一类) 多, 每类的样本却不多, 只有少数类的样本参与训练, 即已有样本不能覆盖所有类, 测试样本的类别通常没有在训练中出现过, 因此人脸识别是一项艰难的任务.

基于上述难点, 人脸识别方法需要从人脸图像中提取关键性信息, 即学习具有区分性的特征, 使得类内样本 (同一个人的不同图像) 相似, 类间样本 (不同人的图像) 不同. 而利用深度卷积神经网络进行大规模人脸识别的特征学习面临的主要挑战之一是设计适当的损失函数以提高识别能力.

目前人脸识别的损失函数可以大致分为两类, 一类是基于欧氏空间的距离度量样本间的差异, 代表损失函数有对比损失、三元组损失和中心损失; 另一类是基于角度空间的距离度量样本间的差异, 代表损失函数有 A-Softmax 损失、AM-Softmax 损失和 ArcFace 损失.

对比损失函数 (contrastive loss function)　经典的人脸识别模型使用对比损失函数进行训练, 其表达式为 [42,43]

$$L=\sum_{i=1}^{p}\left(\frac{1}{2}y_id_i^2+(1-y_i)(\max(m-d_i,0))^2\right), \tag{3.4.8}$$

其中 p (pair) 为事先构造的二元组样本对 $(y,(x_1,x_2))$ 的个数, 当两个样本 x_1 和 x_2 为同一人时, 对应的标签 $y=1$, 否则标签 $y=0$. d_i 为学习到的样本特征之间的欧氏距离, m 为事先给定的阈值.

从式 (3.4.8) 可知, 同类样本对在特征空间的欧氏距离越小, 损失值越小, 保证类内样本相似; 异类样本对在特征空间的欧氏距离越大, 对应的损失值越小, 保证类间样本不同. 除此之外, 阈值 m 定义了一个半径, 仅当异类样本对的距离在阈值半径内才产生损失, 使得模型更关注于距离近的异类样本对. 因此, 对比损失函数可以很好地表达成对样本的匹配程度, 也能很好地用于表征学习模型. 由于负类二元组远多于正类二元组, 如何选取或构造合适的二元组样本是使用对比损失的关键和难点.

三元组损失函数 (triplet loss function) 与对比损失构造的二元组不同, 三元组损失 [44] 事先构造的是一个三元组集合 $\{(x_i^a, x_i^p, x_i^n)\}_{i=1}^t$, 其中 x_i^a 为随机选取的一张人脸图像, x_i^p 与 x_i^a 属于同一类 (同一个人), x_i^n 与 x_i^a 属于不同类 (不同的人), 其表达式为

$$L = \sum_{i=1}^{t} \max\{\|x_i^a - x_i^p\|^2 - \|x_i^a - x_i^n\|^2 + \alpha, 0\}, \tag{3.4.9}$$

其中 t (triplet) 为三元组的个数, α 是预先设定的参数, 表示同类样本和异类样本之间的最小间隔. 通过优化三元组损失函数, 可以得到同类样本距离近, 异类样本距离远的特征. 与对比损失类似, 三元组损失的问题在于如何选取或构造合适的三元组样本: 选择容易满足上式的三元组对特征提取没有太大帮助, 而选择难以满足上式的三元组会造成局部极值, 网络参数可能无法收敛至最优值.

中心损失函数 (center loss function) 由于对比损失和三元组损失对元组的构造及选取极为敏感, 而交叉熵损失只能使类别分开, 无法约束类内距离, 特征会相对稀疏地散布在分界面之间, 在应用到人脸识别任务中时, 会出现误判情况. 因此文献 [45] 提出中心损失函数, 用来约束类内距离, 让每类的特征尽可能集中,

$$L = \frac{1}{2} \sum_{i=1}^{l} \|x_i - c_{y_i}\|^2, \tag{3.4.10}$$

其中 c_{y_i} 表示第 y_i 类样本的特征中心. 需要说明的是, 整个训练过程的损失函数是交叉熵损失和中心损失函数的加权组合.

A-Softmax 损失函数 (A-Softmax loss function) Liu 等发现人脸特征具有明显的角度分布, 应当用角度空间中的距离度量类内特征及类间特征的不同, 并提出了 A-Softmax 损失函数 [46]

$$L = \frac{1}{l} \sum_{i=1}^{l} -\log \frac{e^{\|x_i\| \cos(m\theta_{y_i,i})}}{e^{\|x_i\| \cos(m\theta_{y_i,i})} + \sum_{j \neq y_i} e^{\|x_i\| \cos(\theta_{j,i})}}, \tag{3.4.11}$$

其中 $m \geqslant 1$ 为整数, θ 为特征向量与对应系数之间的夹角 (下同). 需要说明的是, 为保证损失函数随角度单调递减及模型收敛, 实际应用的 A-Softmax 损失在式 (3.4.11) 的基础上进行了调整, 具体可查阅 [46].

AM-Softmax 损失函数 (AM-Softmax loss function) 为了让模型更注重从数据中提取的角度信息, 而不考虑特征向量的值, 文献 [47,48] 固定 $\|x\| = s$, 并提出了 AM-Softmax 损失函数

$$L = \frac{1}{l}\sum_{i=1}^{l} -\log \frac{e^{s(\cos(\theta_{y_i,i})-m)}}{e^{s(\cos(\theta_{y_i,i})-m)} + \sum\limits_{j \neq y_i} e^{s\cos(\theta_{j,i})}}, \tag{3.4.12}$$

其中 $m > 0$. 以二分类为例, 利用该损失函数, 当 $\cos(\theta_1) > \cos(\theta_2) + m$ 时, 样本被预测为类别 1; 当 $\cos(\theta_2) > \cos(\theta_1) + m$ 时, 样本被预测为类别 2. 因此决策边界变为两条, 在两条决策边界之间形成一定的间隔.

ArcFace 损失函数 (ArcFace loss function) 文献 [49] 对 AM-Softmax 损失进一步改进, 提出了 ArcFace 损失函数

$$L = \frac{1}{l}\sum_{i=1}^{l} -\log \frac{e^{s(\cos(\theta_{y_i,i}+m))}}{e^{s(\cos(\theta_{y_i,i}+m))} + \sum\limits_{j \neq y_i} e^{s\cos(\theta_{j,i})}}. \tag{3.4.13}$$

同样以二分类为例, 利用该损失函数, 当 $\cos(\theta_1 + m) > \cos(\theta_2)$ 时, 样本被预测为类别 1; 当 $\cos(\theta_2 + m) > \cos(\theta_1)$ 时, 样本被预测为类别 2.

在二分类情况下, 几种损失函数的决策边界如表 3-4 所示.

表 3-4 二分类情况下的决策边界

损失函数	决策边界
交叉熵损失函数	$(W_1 - W_2)x + b_1 - b_2 = 0$
修正的交叉熵损失函数	$\|x\|(\cos(\theta_1) - \cos(\theta_2)) = 0$
A-Softmax 损失函数	$\|x\|(\cos(m\theta_1) - \cos(\theta_2)) = 0$
AM-Softmax 损失函数	$s(\cos(\theta_1) - m - \cos(\theta_2)) = 0$
ArcFace 损失函数	$s(\cos(\theta_1 + m) - \cos(\theta_2)) = 0$

3.4.3 图像分割中的损失函数

图像分割 (image segmentation) 一直是深度学习领域一个热门的研究方向, 在疾病检测自动化、自动驾驶等领域都有着广泛的应用 [23,50]. 图像分割本质上可以视为像素级的图像分类任务. 每张图片都是由许多像素组成的, 这些像素组合后定义了图像中的不同元素 (类别), 将这些像素分类为不同元素的方法称为语义分割 [51]. 实例分割则同时对每个目标进行定位和语义分割, 每个目标即为一个实例 [52]. 二者区别在于, 在对某些类别目标进行像素级的分类基础上, 实例分割还需要进行不同实例间的区分, 例如需要区分图像中的车辆和行人, 还要将车辆中不同的汽车进行区分和标注.

近年来, 针对图像分割任务中遇到的问题, 例如不平衡数据、稀疏分割等, 出现了很多损失函数.

加权交叉熵损失函数 (weighted cross entropy loss function) 加权交叉熵损失函数是二分类交叉熵的一种变体, 通过调整正类样本在交叉熵中的权重 w, 缓解类别失衡的数据样本 [53],

$$L = -\frac{1}{l}\sum_{i=1}^{l}\left(wg_i\log\left(p_i\right) + \left(1-g_i\right)\log\left(1-p_i\right)\right), \tag{3.4.14}$$

其中 g_i 为真实值, p_i 为预测概率. 可以看出, 若想减少结果中假阴性 (false negative, FN) 预测的数量, 可设置 $w > 1$; 若想减少结果中假阳性 (false positive, FP) 预测的数量, 可设置 $w < 1$.

平衡交叉熵损失函数 (balanced cross entropy loss function) 平衡交叉熵损失函数除了考虑正类样本的权重, 还考虑负类样本的权重 [54],

$$L = -\frac{1}{l}\sum_{i=1}^{l}\left(wg_i\log\left(p_i\right) + \left(1-w\right)\left(1-g_i\right)\log\left(1-p_i\right)\right), \tag{3.4.15}$$

其中 $w = 1 - \dfrac{y}{H \times W}$.

Dice 损失函数 (Dice loss function) Dice 损失函数来源于 Dice 相似系数 (Dice similarity coefficient, DSC), 该系数是一种常用的评价分割准确率的指标. Milletari 等 [55] 率先将 DSC 作为损失函数来处理图像分割问题, 提出了 V-Net 框架. 在医学图像处理任务中, 特别是在一些病灶分割任务中, 经常存在数据不平衡的问题, 即病灶面积在整个图像中所占比例很小. Dice 损失只考虑最大化两个像素或体素之间的 DSC 而不考虑正负类样本的比例, 因此能够有效地规避数据或类别不平衡问题, 定义如下

$$L = 1 - \mathrm{DSC} = 1 - \frac{2\sum\limits_{i=1}^{l} p_i g_i}{\sum\limits_{i=1}^{l} p_i^2 + \sum\limits_{i=1}^{l} g_i^2 + \varepsilon}, \tag{3.4.16}$$

其中 ε 用于保证极端情形下分母不为零.

Zhu 等 [56] 首次提出了多类别的 Dice 损失以及 AnatomyNet 框架. 在 Dice 损失和焦点损失的联合监督下处理数据不平衡问题, 更有利于学习到分类困难的像素或体素点.

Tversky 损失函数 (Tversky loss function) Dice 损失给予假阴性和假阳性预测的权重是相等的, 而在分割任务中, 特别是医学影像处理中, 假阴性的容忍度

远低于假阳性. 为了在分割精度和召回率之间实现更灵活的调整, Tversky 损失对召回率予以更多的权重[57]. 同时, Tversky 损失也是一种基于区域的损失函数, 可以有效地处理数据不平衡问题,

$$L = 1 - \frac{\sum_{i=1}^{l} p_{0i} g_{0i}}{\sum_{i=1}^{l} p_{0i} g_{0i} + \alpha \sum_{i=1}^{l} p_{0i} g_{1i} + \beta \sum_{i=1}^{l} p_{1i} g_{0i}}, \tag{3.4.17}$$

其中 p_{0i} 和 g_{0i} 分别为前景预测值和真实值, p_{1i} 和 g_{1i} 分别为背景预测值和真实值. α 和 β 是用于平衡 FP 和 FN 的参数.

焦点 Tversky 损失函数 (focal Tversky loss function) Dice 损失对于小区域的病灶带来的损失对总损失的贡献度很低. 受到焦点损失的启发, Abraham 等[58] 提出了焦点 Tversky 损失函数, 利用超参数 γ 调节困难样本的关注度. 当然, 焦点 Tversky 损失也可以处理类别不平衡数据,

$$L = \sum_{c} (1 - \mathrm{TI}_c)^{1/\gamma}, \tag{3.4.18}$$

其中 TI_c 为扩展的多类别 Tversky 系数, $\gamma \in [1, 3]$ 为调节参数.

指数对数损失函数 (exp-log loss function) 针对三维分割任务, Wong 等[59] 提出了对应的指数对数损失函数. 该损失以焦点损失为出发点, 将 Dice 损失和交叉熵损失进行加权求和, 是一种组合损失函数,

$$L = w_{\mathrm{Dice}} L_{\mathrm{Dice}} + w_{\mathrm{cross}} L_{\mathrm{cross}}, \tag{3.4.19}$$

其中 w_{Dice} 和 w_{cross} 是组合权重,

$$L_{\mathrm{Dice}} = E[(-\ln(\mathrm{DSC}_c))^{\gamma_{\mathrm{Dice}}}], \quad L_{\mathrm{cross}} = E[\alpha_l(-\ln(p_l))^{\gamma_{\mathrm{cross}}}].$$

参考文献

[1] Rosenblatt F. The perceptron: A probabilistic model for information storage and organization in the brain.[J]. Psychological Review, 1958, 65(6): 386-408.

[2] Minsky M, Papert S A. Perceptrons: An introduction to Computational Geometry [M]. MIT Press, 2017.

[3] Freund Y, Schapire R E. A decision-theoretic generalization of on-line learning and an application to boosting[J]. Journal of Computer and System Sciences, 1997, 55 (1): 119-139.

[4] Friedman J, Hastie T, Tibshirani R. Additive logistic regression: A statistical view of boosting (with discussion and a rejoinder by the authors)[J]. The Annals of Statistics, 2000, 28(2): 337-407.

[5] Cortes C, Vapnik V. Support-vector networks[J]. Machine Learning, 1995, 20(3): 273-297.

[6] Deng N Y, Tian Y J, Zhang C H. Support Vector Machines: Optimization Based Theory, Algorithms, and Extensions[M]. Boca Raton, London, New York: CRC Press, 2012.

[7] Collobert R, Sinz F, Weston J, et al. Trading convexity for scalability[C]//Proceedings of the 23rd International Conference on Machine Learning. 2006: 201-208.

[8] Steinwart I. Sparseness of support vector machines[J]. Journal of Machine Learning Research, 2003, 4(Nov): 1071-1105.

[9] Yuille A L, Rangarajan A. The concave-convex procedure (CCCP)[C]//Proceedings of the Advances in Neural Information Processing Systems. 2002: 1033-1040.

[10] Liu D L, Shi Y, Tian Y J. Ramp loss nonparallel support vector machine for pattern classification[J]. Knowledge-Based Systems, 2015, 85: 224-233.

[11] Wang L, Jia H D, Li J. Training robust support vector machine with smooth Ramp loss in the primal space[J]. Neurocomputing, 2008, 71(13/14/15): 3020-3025.

[12] Santamaría I, Pokharel P P, Principe J C. Generalized correlation function: Definition, properties, and application to blind equalization[J]. IEEE Transactions on Signal Processing, 2006, 54(6): 2187-2197.

[13] Singh A, Pokharel R, Principe J. The C-loss function for pattern classification[J]. Pattern Recognition, 2014, 47(1): 441-453.

[14] Xu G B, Cao Z, Hu B G, et al. Robust support vector machines based on the rescaled hinge loss function[J]. Pattern Recognition, 2017, 63: 139-148.

[15] Huang X L, Shi L, Suykens J A K. Support vector machine classifier with pinball loss [J]. IEEE Transactions on Pattern Analysis and Machine Intelligence, 2014, 36(5): 984-997.

[16] Shen X, Niu L F, Qi Z Q, et al. Support vector machine classifier with truncated pinball loss[J]. Pattern Recognition, 2017, 68: 199-210.

[17] Ma Y, Zhang Q, Li D W, et al. LINEX support vector machine for large-scale classification[J]. IEEE Access, 2019, 7: 70319-70331.

[18] Zellner A. Bayesian estimation and prediction using asymmetric loss functions[J]. Journal of the American Statistical Association, 1986, 81(394): 446-451.

[19] Kleinbaum D G, Dietz K, Gail M, et al. Logistic Regression[M]. Hoboken, New Jersey: Springer, 2002.

[20] Gasso G. Logistic Regression[M]. INSA Rouen-ASI Departement Laboratory, 2019.

[21] Kohonen T, Barna G, Chrisley R. Statistical pattern recognition with neural networks: Benchmarking studies[C]//IEEE International Conference on Neural Networks: volume 1. 1988: 61-68.

[22] Berger A L, Della Pietra S, Della Pietra V J. A maximum entropy approach to natural language processing[J]. Computational Linguistics, 1996, 22(1): 39-71.

[23] Ronneberger O, Fischer P, Brox T. U-net: Convolutional networks for biomedical image segmentation[C]//International Conference on Medical Image Computing and Computer-Assisted Intervention. 2015: 234-241.

[24] Kowsari K, Jafari Meimandi K, Heidarysafa M, et al. Text classification algorithms: A survey[J]. Information, 2019, 10(4): 150.

[25] Seber G A, Lee A J. Linear Regression Analysis: volume 329[M]. Hoboken: John Wiley & Sons, 2012.

[26] Huber P J. Robust estimation of a Location Parameter[M]//Breakthroughs in Statistics. New York: Springer, 1992: 492-518.

[27] Friedman J H. Greedy function approximation: A gradient boosting machine[J]. Annals of Statistics, 2001: 1189-1232.

[28] Girshick R. Fast R-CNN[C]//Proceedings of the IEEE International Conference on Computer Vision. 2015: 1440-1448.

[29] Ren S Q, He K M, Girshick R, et al. Faster R-CNN: Towards real-time object detection with region proposal networks[J]. IEEE Transactions on Pattern Analysis and Machine Intelligence, 2017, 39(6): 1137-1149.

[30] Koenker R, Hallock K F. Quantile regression[J]. Journal of Economic Perspectives, 2001, 15(4): 143-156.

[31] Drucker H, Burges C J, Kaufman L, et al. Support vector regression machines[C]// Proceedings of the Advances in Neural Information Processing Systems. 1996: 155-161.

[32] Jain A K, Dubes R C. Algorithms for Clustering Data[M]. New Jersey: Prentice-Hall, Inc., 1988.

[33] Aloise D, Deshpande A, Hansen P, et al. NP-hardness of euclidean sum-of-squares clustering[J]. Machine Learning, 2009, 75(2): 245-248.

[34] Cox M A, Cox T F. Multidimensional Scaling[M]//Handbook of Data Visualization. Berlin: Springer, 2008: 315-347.

[35] Tenenbaum J B, de Silva V, Langford J C. A global geometric framework for nonlinear dimensionality reduction[J]. Science, 2000, 290(5500): 2319-2323.

[36] Wold S, Esbensen K, Geladi P. Principal component analysis[J]. Chemometrics and Intelligent Laboratory Systems, 1987, 2(1/2/3): 37-52.

[37] Abdi H, Williams L J. Principal component analysis[J]. Wiley Interdisciplinary Reviews: Computational Statistics, 2010, 2(4): 433-459.

[38] Roweis S T, Saul L K. Nonlinear dimensionality reduction by locally linear embedding [J]. Science, 2000, 290(5500): 2323-2326.

[39] Lin T Y, Goyal P, Girshick R, et al. Focal loss for dense object detection[C]//Proceedings of the IEEE International Conference on Computer Vision. 2017: 2980-2988.

[40] Yu J H, Jiang Y N, Wang Z Y, et al. UnitBox: An advanced object detection network [C]//Proceedings of the 24th ACM International Conference on Multimedia. 2016: 516-520.

[41] Rezatofighi H, Tsoi N, Gwak J, et al. Generalized intersection over union: A metric and a loss for bounding box regression[C]//Proceedings of the IEEE Conference on Computer Vision and Pattern Recognition. 2019: 658-666.

[42] Chopra S, Hadsell R, LeCun Y. Learning a similarity metric discriminatively, with application to face verification[C]//Proceedings of the IEEE Conference on Computer Vision and Pattern Recognition: volume 1. 2005: 539-546.

[43] Hadsell R, Chopra S, LeCun Y. Dimensionality reduction by learning an invariant mapping[C]//Proceedings of the IEEE Conference on Computer Vision and Pattern Recognition: volume 2. 2006: 1735-1742.

[44] Schroff F, Kalenichenko D, Philbin J. Facenet: A unified embedding for face recognition and clustering[C]//Proceedings of the IEEE Conference on Computer Vision and Pattern Recognition. 2015: 815-823.

[45] Wen Y D, Zhang K P, Li Z F, et al. A discriminative feature learning approach for deep face recognition[C]//Proceedings of the European Conference on Computer Vision. 2016: 499-515.

[46] Liu W Y, Wen Y D, Yu Z D, et al. SphereFace: Deep hypersphere embedding for face recognition[C]//Proceedings of the IEEE Conference on Computer Vision and Pattern Recognition. 2017: 212-220.

[47] Wang H, Wang Y T, Zhou Z, et al. CosFace: Large margin cosine loss for deep face recognition[C]//Proceedings of the IEEE/CVF Conference on Computer Vision and Pattern Recognition. 2018: 5265-5274.

[48] Wang F, Cheng J, Liu W Y, et al. Additive margin softmax for face verification[J]. IEEE Signal Processing Letters, 2018, 25(7): 926-930.

[49] Deng J, Guo J, Xue N N, et al. ArcFace: Additive angular margin loss for deep face recognition[C]//Proceedings of the IEEE/CVF Conference on Computer Vision and Pattern Recognition. 2019: 4690-4699.

[50] Liu H F, Yao Y Z, Sun Z R, et al. Road segmentation with image-LiDAR data fusion in deep neural network[J]. Multimedia Tools and Applications, 2020, 79(47): 35503-35518.

[51] Lateef F, Ruichek Y. Survey on semantic segmentation using deep learning techniques [J]. Neurocomputing, 2019, 338: 321-348.

[52] Minaee S, Boykov Y, Porikli F, et al. Image segmentation using deep learning: A survey[J]. IEEE Transactions on Pattern Analysis and Machine Intelligence, 2022, 44(7): 3523-3542.

[53] Pihur V, Datta S, Datta S. Weighted rank aggregation of cluster validation measures: A Monte Carlo cross-entropy approach[J]. Bioinformatics, 2007, 23(13): 1607-1615.

[54] Xie S, Tu Z W. Holistically-nested edge detection[C]//Proceedings of the IEEE International Conference on Computer Vision. 2015: 1395-1403.

[55] Milletari F, Navab N, Ahmadi S A. V-Net: Fully convolutional neural networks for volumetric medical image segmentation[C]//International Conference on 3D Vision. 2016: 565-571.

[56] Zhu W T, Huang Y F, Zeng L, et al. AnatomyNet: Deep learning for fast and fully automated whole-volume segmentation of head and neck anatomy[J]. Medical Physics, 2019, 46(2): 576-589.

[57] Salehi S S M, Erdogmus D, Gholipour A. Tversky loss function for image segmentation using 3D fully convolutional deep networks[C]//International Workshop on Machine Learning in Medical Imaging. 2017: 379-387.

[58] Abraham N, Khan N M. A novel focal Tversky loss function with improved attention U-net for lesion segmentation[C]//IEEE International Symposium on Biomedical Imaging. 2019: 683-687.

[59] Wong K C, Moradi M, Tang H, et al. 3D segmentation with exponential logarithmic loss for highly unbalanced object sizes[C]//International Conference on Medical Image Computing and Computer-Assisted Intervention. 2018: 612-619.

第 4 章 正 则 技 术

正则技术的任务是把向量或矩阵近似地转化为更简单的形式, 它有助于在机器学习的建模过程中避免过拟合问题, 提高模型的泛化性. 本章把常用的正则技术分为三类, 即向量稀疏正则、矩阵稀疏正则以及矩阵低秩正则, 从每个正则技术的应用场景入手, 依次介绍各种正则技术及其性质, 并予以总结与分析. 然后介绍了正则技术在深度学习中的一些研究进展.

4.1 向量稀疏正则

稀疏正则技术在向量中的应用场景包括: 特征选择、稀疏主成分分析以及稀疏信号分离等.

4.1.1 应用场景

特征选择 (feature selection) 基因组学和自然语言处理等领域的数据具有高维特性, 易造成维数灾难问题. 因此, 需要用到正则项对其进行特征选择, 使模型获得更好的可解释性, 提高训练速度.

LASSO (least absolute shrinkage and selection operator) 模型就是典型的嵌入式特征选择技术 [1]. 其任务是对向量进行稀疏化处理, 它对应的优化问题为

$$\min_{x} \quad \frac{1}{2}\|Ax-y\|_2^2+\mu P(x), \tag{4.1.1}$$

其中 $A \in R^{l\times n}$ 为数据矩阵, $\mu > 0$ 为给定的参数. 正则项 $P(x)$ 选用 l_1 范数, 通过最小化 l_1 范数希望增加 x 中的零分量, 从而选择 x 中的非零分量作为对预测起作用的特征.

稀疏主成分分析 (sparse PCA) 主成分分析是一种有用的降维工具, 它已应用于几乎所有的科学和工程领域. 稀疏主成分分析不仅可以实现降维, 还可以减少显式使用的变量个数.

给定数据矩阵 $A \in R^{l\times n}$, 主成分分析问题为

$$\max_{x} \quad \|Ax\|_2^2, \tag{4.1.2}$$

$$\text{s.t.} \quad \|x\|_2 = 1, \tag{4.1.3}$$

引入稀疏项 $P(x) \leqslant k$ 后, 可得到稀疏主成分分析问题

$$\max_{x} \quad \|Ax\|_2^2, \tag{4.1.4}$$

$$\text{s.t.} \quad \|x\|_2 = 1, \tag{4.1.5}$$

$$P(x) \leqslant k, \tag{4.1.6}$$

上述问题也可以写为

$$\max_{x} \quad \|Ax\|_2^2 - \mu P(x), \tag{4.1.7}$$

$$\text{s.t.} \quad \|x\|_2 = 1. \tag{4.1.8}$$

稀疏信号分离 (sparse signal separation) 稀疏信号分离在现实中有着广泛的应用, 例如源分离、干扰消除和鲁棒稀疏恢复等 [2-4]. 其对应的优化问题为

$$\min_{x_1,x_2} \quad \mu P_1(x_1) + P_2(x_2), \tag{4.1.9}$$

$$\text{s.t.} \quad A_1x_1 + A_2x_2 = y, \tag{4.1.10}$$

其中 $P_1(x_1)$ 和 $P_2(x_2)$ 是稀疏正则项, $A_1 \in R^{l\times n_1}$ 和 $A_2 \in R^{l\times n_2}$, $y \in R^l$ 是已知的. 通常可以使用 l_0 范数作为正则项, 但由于其不可微的性质导致难以优化, 因此使用 l_0 范数的凸包络 (即 l_1 范数) 代替其进行松弛 [5],

$$\min_{x_1,x_2} \quad \mu \|x_1\|_1 + \|x_2\|_1, \tag{4.1.11}$$

$$\text{s.t.} \quad A_1x_1 + A_2x_2 = y. \tag{4.1.12}$$

4.1.2 正则项

上述应用场景中的 $P(x)$ 可选择下列定义中的公式作为正则项.

l_1 范数 (l_1 norm) l_1 范数是常用的正则项, 被定义为

$$P(x) = \|x\|_1 = \sum_{i=1}^{n} |x_i|, \tag{4.1.13}$$

其中 x_i 是向量 x 中的分量.

使用 l_1 范数正则项可以很容易为优化问题的解带来稀疏性. 然而, 由于 l_1 范数对待估系数施加了恒定的收缩, 导致模型对数值较大的系数产生有偏估计. 因此, 越来越多的研究开始关注无偏稀疏正则技术.

l_p 范数 (l_p norm) 作为 l_1 范数的推广, l_p 范数被定义为

$$P(x) = \|x\|_p = \left(\sum_{i=1}^{n} |x_i|^p\right)^{\frac{1}{p}}, \tag{4.1.14}$$

在稀疏性的研究中, $0<p<1$ 是人们感兴趣的. 图 4.1.1 展示了一维情况下不同 p 值对应的 l_p 范数的图像: 当 $p=0$ 时, l_p 范数度量 x 中非零元素的个数; 当 $p=1$ 时, l_p 范数是一个凸函数; 而当 $0<p<1$ 时, l_p 范数是非凸非凹函数. 文献 [6] 研究了 $p=1/2$ 和 $p=2/3$ 两种情况. 因此, 可以通过选取不同的参数 p 来达到不同的稀疏效果.

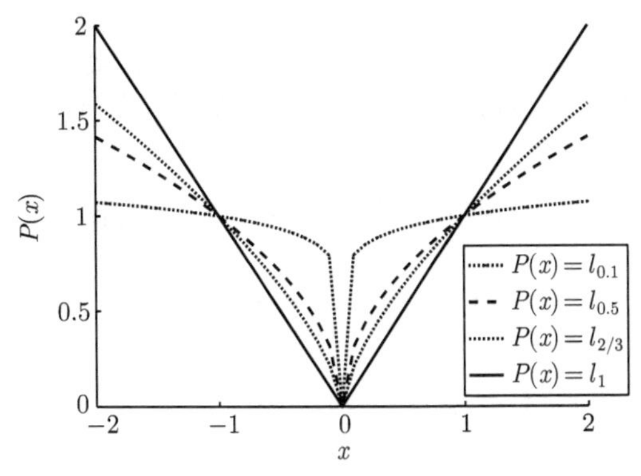

图 4.1.1 $|x|^p$ 关于 p 的变化曲线

投影算子 (projection operator) 投影算子作为一种正则技术, 通常被定义为 [7]

$$P(x)=\delta_C(x), \tag{4.1.15}$$

其中

$$\delta_C(x)=\begin{cases}0, & x\in C,\\ \infty, & x\notin C\end{cases} \tag{4.1.16}$$

为指示函数, 使得 x 可以投影到闭凸集 C 上. 表 4-1 给出了一些闭凸集以及它们对应的投影.

表 4-1 闭凸集及其投影

	闭凸集	投影
非负象限	$C_1=R_+^n$	$[x]_+$
仿射集	$C_2=\{x\in R^n: Ax=y\}$	$x-A^{\mathrm{T}}(AA^{\mathrm{T}})^{-1}(Ax-y)$
箱集	$C_3=\mathrm{Box}[b,u]$, 其中 $b,u\in(-\infty,\infty)^n$	$(\min\{\max\{x_i,b_i\},u_i\})_{i=1}^n$
半空间	$C_4=\{x: a^{\mathrm{T}}x\leqslant\alpha\}$	$x-\dfrac{[a^{\mathrm{T}}x-\alpha]_+}{\Vert a\Vert^2}a$

SCAD (smoothly clipped absolute deviation) SCAD 函数在高维特征选择问题中表现良好, 其定义为 [8]

$$P(x)=\sum_{i=1}^{n}P(x_i), \tag{4.1.17}$$

其中

$$P(x_i)=\begin{cases}\lambda|x_i|, & |x_i|<\lambda,\\ \dfrac{2\gamma\lambda|x_i|-x_i^2-\lambda^2}{2(\gamma-1)}, & \lambda\leqslant|x_i|<\gamma\lambda,\\ (\gamma+1)\lambda^2/2, & |x_i|\geqslant\gamma\lambda,\end{cases} \tag{4.1.18}$$

$\gamma>1,\lambda>0$. 与 l_1 范数相比, 使用 SCAD 函数作为惩罚将导致数值小的系数被估计为零, 其他系数向零收缩, 而数值大的系数则保持不变. 因此, SCAD 函数可以对数值较大的系数产生一组稀疏且近似无偏的估计. 但是与 l_1 范数不同, SCAD 函数是非凸的.

MCP (minimax concave penalty) MCP 函数的表达式为 [9]

$$P(x)=\sum_{i=1}^{n}P(x_i), \tag{4.1.19}$$

其中

$$P(x_i)=\begin{cases}\lambda\,|x_i|-\dfrac{x_i^2}{2\gamma}, & |x_i|\leqslant\gamma\lambda,\\ \dfrac{1}{2}\gamma\lambda^2, & |x_i|>\gamma\lambda,\end{cases} \tag{4.1.20}$$

$\gamma,\lambda>0$. 利用 MCP 函数可以得到偏差较小的系数估计.

GMCP (generalized minimax concave penalty) GMCP 函数是基于 MCP 函数得到的一个非凸函数, 但保持了一些凸函数的性质, 其定义为

$$P(x)=\|x\|_1-S_B(x), \tag{4.1.21}$$

其中

$$S_B(x)=\inf_{v\in R^n}\left\{\|v\|_1+\frac{1}{2}\|B(x-v)\|_2^2\right\}. \tag{4.1.22}$$

Capped l_1 Capped l_1 的定义为 [10]

$$P(x)=\sum_{i=1}^{n}P(x_i), \tag{4.1.23}$$

其中

$$P(x_i)=\lambda\min(|x_i|,\gamma), \tag{4.1.24}$$

$\gamma>0$. 此公式只调整低于特定阈值 γ 的系数, 对于超过阈值 γ 的系数则不受惩罚. 根据式 (4.1.24) 可知, Capped l_1 是 l_1 范数的一个推广, 当 $\gamma\to\infty$ 时, Capped l_1 等价于 l_1 范数. Capped l_1 通常比 l_1 范数更接近 l_0 范数, 在实际应用中可以获得更大的稀疏性.

Capped l_1 的关键在于对大于阈值 γ 的系数不作惩罚, 但是在某些情况下, 这个特性可能成为一个缺点. γ 越大, 得到的解越稀疏, 可能会造成不必要的信息丢失, 从而影响精度.

LCNR (leaky capped l_1 norm regularizer) LCNR 作为一种改进的 Capped l_1, 定义为

$$P(x) = \alpha \sum_{i=1}^{n} \min\left(|x_i|, \gamma\right) + \beta \sum_{i=1}^{n} \max\left(|x_i|, \gamma\right), \tag{4.1.25}$$

其中 $0 < \beta < \alpha$, $\gamma > 0$, 三者为给定的参数. 如图 4.1.2 展示了一维情况下 LCNR 和 Capped l_1 的图像, LCNR 是分段线性的, 除了少数几个点不可微以外, 其余都是可微的. LCNR 与标准的 l_1 范数和 Capped l_1 之间的主要区别在于, 较大的系数 (即大于阈值 γ 的系数) 仍会受到惩罚, 但惩罚力度较小. 更具体地, LCNR 将 Capped l_1 进行推广, 通过权重 β 控制数值较大系数的惩罚力度. 特别地, 当 $\beta = 0$ 时, LCNR 退化为 Capped l_1.

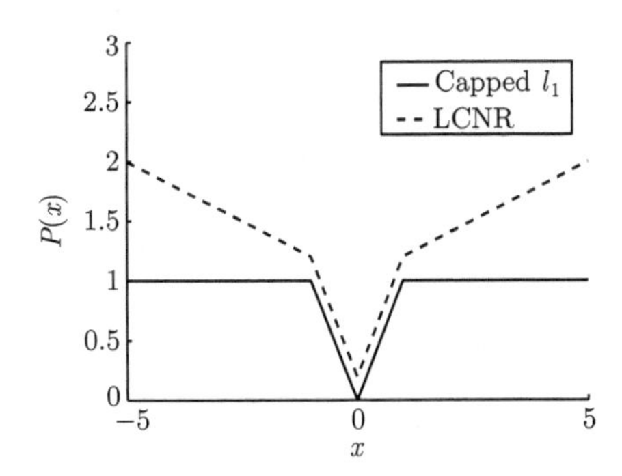

图 4.1.2 Capped l_1 与 LCNR

FP (firm penalty, FP) FP 函数的定义为 [11]

$$P(x) = \sum_{i=1}^{n} P(x_i), \tag{4.1.26}$$

其中

$$P(x_i) = \begin{cases} \lambda(|x_i| - x_i^2/(2\gamma)), & |x_i| \leqslant \gamma, \\ \lambda\gamma/2, & |x_i| > \gamma, \end{cases} \tag{4.1.27}$$

参数 $\gamma > 0$.

其他正则项 表 4-2 给出了一些其他的非凸正则项, 其中参数 $\gamma > 0$. 这些函数利用参数来控制收缩阈值从而影响稀疏性. 求解含有这些正则项的优化问题的常用算法包括: 贪婪策略逼近算法 [12]、约束优化算法 [13]、邻近算法 [14] 等.

表 4-2 其他非凸正则项

正则项	$P(x_i)$
对数和 [15]	$\lambda \log\left(1+\|x_i\|/\gamma\right)$
比例 [16]	$\dfrac{\lambda\|x_i\|}{1+\|x_i\|/2\gamma}$
反正切 [17]	$\lambda\dfrac{2}{\sqrt{3}}\left(\tan^{-1}\left(\dfrac{1+\gamma\|x_i\|}{\sqrt{3}}\right)-\dfrac{\pi}{6}\right)$
指数 [18]	$\lambda(1-e^{-\gamma\|x_i\|})$

4.1.3 总结与分析

以上介绍了向量稀疏正则中的常用正则项, 表 4-3 从连续性以及非凸性两个方面对它们进行了总结, 并展示了一维情况下各正则项的函数图像.

表 4-3 向量稀疏正则

正则项	公式	连续性	非凸性	函数图像
l_0 范数	$\begin{cases} 0, & x=0, \\ 1, & \text{其他} \end{cases}$			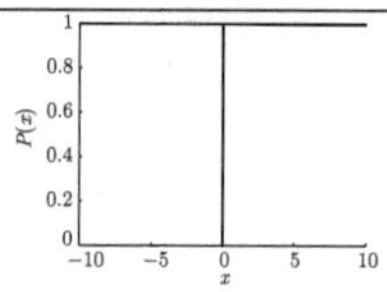
l_1 范数	$\|x\|$	✓		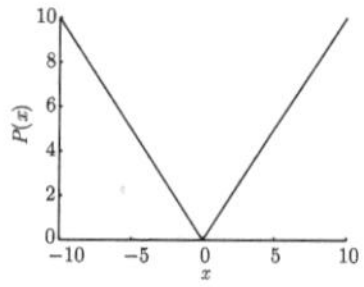
$l_{1/2}$ 范数	$\|x\|^{1/2}$	✓	✓	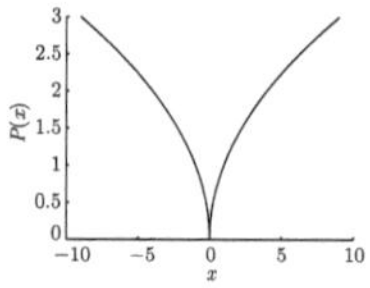
Capped l_1	$\lambda\min\left(\|x\|,\gamma\right)$	✓	✓	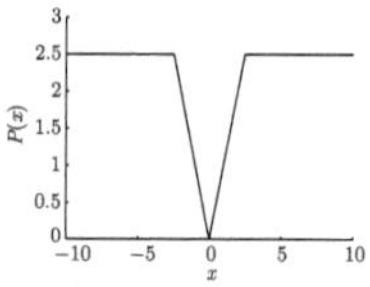
LCNR	$\alpha\min\left(\|x\|,\gamma\right)+\beta\max\left(\|x\|,\gamma\right)$	✓		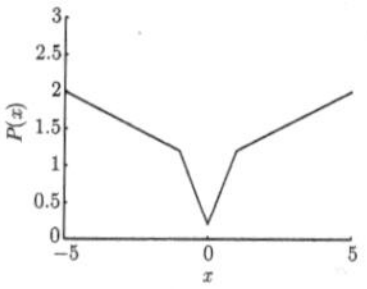
SCAD	$\begin{cases} \lambda\|x\|, & \|x\|<\lambda, \\ \dfrac{2\gamma\lambda\|x\|-x^2-\lambda^2}{2(\gamma-1)}, & \lambda\leqslant\|x\|<\gamma\lambda, \\ (\gamma+1)\lambda^2/2, & \|x\|\geqslant\gamma\lambda \end{cases}$	✓	✓	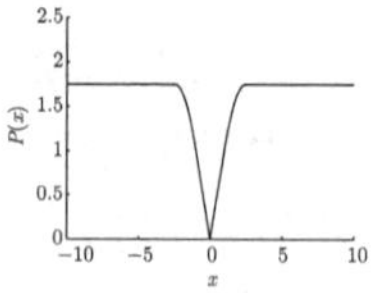

续表

正则项	公式	连续性	非凸性	函数图像
MCP	$\begin{cases} \lambda\|x\| - \dfrac{x^2}{2\gamma}, & \|x\| \leqslant \gamma\lambda, \\ \dfrac{1}{2}\gamma\lambda^2, & \|x\| > \gamma\lambda \end{cases}$	✓	✓	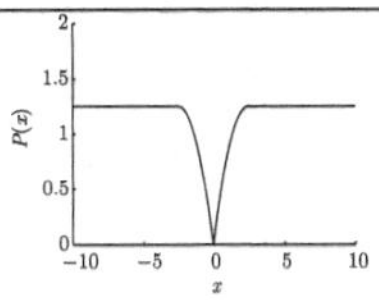
FP 函数	$\begin{cases} \lambda(\|x\| - x^2/(2\gamma)), & \|x\| \leqslant \gamma, \\ \lambda\gamma/2, & \|x\| > \gamma \end{cases}$	✓	✓	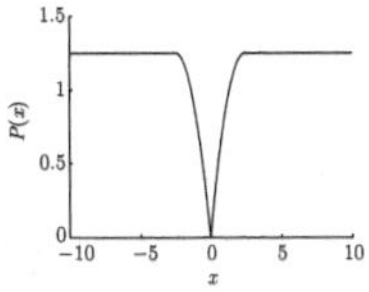
对数和	$\lambda \log(1 + \|x\|/\gamma)$	✓	✓	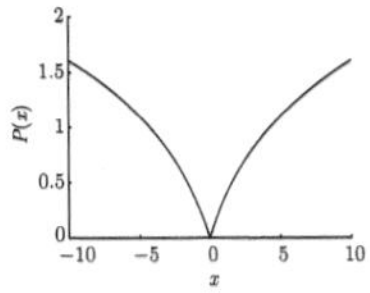
比例	$\dfrac{\lambda\|x\|}{1 + \|x\|/2\gamma}$	✓	✓	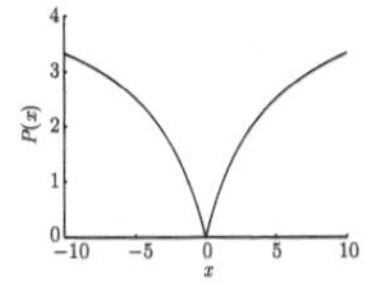
反正切	$\lambda\dfrac{2}{\sqrt{3}}\left(\tan^{-1}\left(\dfrac{1+\gamma\|x\|}{\sqrt{3}}\right) - \dfrac{\pi}{6}\right)$	✓	✓	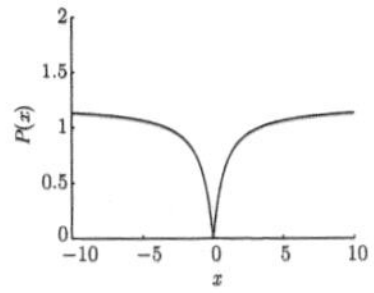
指数	$\lambda(1 - e^{-\gamma\|x\|})$	✓	✓	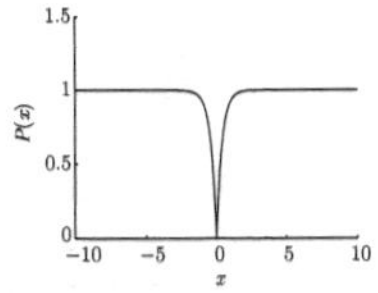

(1) 连续性. 除 l_0 范数以外, 其他正则项均连续.

(2) 非凸性. 除 l_0 范数和 l_1 范数以外, 其他正则项都是非凸的.

4.2 矩阵稀疏正则

稀疏正则技术在矩阵中的应用场景包括: 大规模稀疏协方差矩阵估计和大规模稀疏逆协方差矩阵估计等, 它们在现代多元分析中起着重要的作用.

4.2.1 应用场景

大规模稀疏协方差矩阵估计 近年来, 估计大规模的协方差或逆协方差矩阵得到了学界的特别关注. 当协方差矩阵的维数较高时, 估计问题变得困难. 稀疏性是高维协方差矩阵估计最本质的要求之一, 它要求矩阵大部分非对角元素为零, 有效地减少了待估自由参数的数量 [19].

设已知一组独立同分布的随机变量 $s_1,\cdots,s_n$, 它们之间的协方差组成了一个 $n\times n$ 矩阵, 称为协方差矩阵 S, 计算公式为

$$S=\frac{1}{n-1}\sum_{i=1}^{n}(s_i-\bar{s})(s_i-\bar{s})^{\mathrm{T}}, \tag{4.2.1}$$

其中 $\bar{s}$ 是 $s_1,\cdots,s_n$ 的均值.

大规模稀疏协方差矩阵估计对应的优化问题为

$$\min_{X}\quad \frac{1}{2}\|X-S\|_F^2+M(X), \tag{4.2.2}$$

其中 M 为稀疏正则项.

大规模稀疏逆协方差矩阵估计 稀疏逆协方差矩阵估计是高斯网络模型中的一个基本问题, 而大规模稀疏逆协方差矩阵估计则是一个棘手的问题. 对负对数似然极小化的目标函数施加稀疏正则项成为估计稀疏逆协方差矩阵的一种流行方法, 相应的优化问题为

$$\min_{X}\quad \mathrm{Tr}(SX)-\log|X|+M(X), \tag{4.2.3}$$

其中 $\mathrm{Tr}(\cdot)$ 和 $|\cdot|$ 分别表示矩阵的迹和行列式, 样本协方差矩阵 S 是可逆的, M 为稀疏正则项.

4.2.2 正则项

上述应用场景中的 $M(X)$ 可选择下列定义中的公式作为正则项.

逐元素正则项 对于矩阵 $X\in R^{l\times n}$, 问题 (4.2.2) 和问题 (4.2.3) 中常用的正则项为 $l_{1,\mathrm{off}}$ 范数,

$$M(X)=\|X\|_{1,\mathrm{off}}=\sum_{i=1}^{l}\sum_{j=1}^{n}|X_{ij}|. \tag{4.2.4}$$

将 $l_{1,\mathrm{off}}$ 范数进行扩展, 可以得到矩阵 X 的 $l_{p,\mathrm{off}}$ 范数,

$$M(X)=\|X\|_{p,\mathrm{off}}=\left(\sum_{i=1}^{l}\sum_{j=1}^{n}|X_{ij}|^p\right)^{1/p}, \tag{4.2.5}$$

其中 $p\geqslant 1$.

基于 ∞ 范数

$$\|X\|_{\infty}=\max_{1\leqslant i\leqslant l}\sum_{j=1}^{n}|X_{ij}| \tag{4.2.6}$$

提出的一个矩阵范数为 $l_{\infty,\text{off}}$ 范数,

$$M(X) = \lambda\|X\|_{\infty,\text{off}} = \lambda \max_{i\neq j} |X_{ij}|. \tag{4.2.7}$$

逐元素 MCP 函数被定义为

$$M(X_{ij}) = \begin{cases} \dfrac{\gamma\lambda^2}{2}, & |X_{ij}| \geqslant \gamma\lambda, \\ \lambda\,|X_{ij}| - \dfrac{X_{ij}^2}{2\gamma}, & \text{其他}. \end{cases} \tag{4.2.8}$$

这可以被视为 MCP 函数在矩阵上的一种扩展 [20].

上述正则项被称为逐元素 (点) 矩阵范数, 因为它们对矩阵中的每个元素施加相同的惩罚.

非逐元素正则项 对于矩阵 $X \in R^{l\times n}$, 它的 l_1 范数和 $l_{1,\text{off}}$ 范数是有区别的,

$$\|X\|_1 = \max_{1\leqslant j\leqslant n} \sum_{i=1}^{l} |X_{ij}|, \tag{4.2.9}$$

它是矩阵的最大绝对列和. 最小化式 (4.2.9) 相当于最小化绝对列和的上界, 使其接近于零, 达到特征选择的目的.

矩阵 X 的 $l_{2,1}$ 范数可写为 [21]

$$M(X) = \|X\|_{2,1} = \sum_{j=1}^{n} \left(\sum_{i=1}^{l} X_{ij}^2 \right)^{1/2}, \tag{4.2.10}$$

它具有对异常值鲁棒的性质. 类似地, 矩阵 X 的 $l_{1,2}$ 范数定义为

$$M(X) = \|X\|_{1,2} = \left(\sum_{j=1}^{n} \left(\sum_{i=1}^{l} |X_{ij}| \right)^2 \right)^{1/2}. \tag{4.2.11}$$

对于 $p, q \geqslant 1$, 一种广义形式是 $l_{p,q}$ 范数 [22],

$$M(X) = \|X\|_{p,q} = \left(\sum_{j=1}^{n} \left(\sum_{i=1}^{l} |X_{ij}|^p \right)^{\frac{q}{p}} \right)^{\frac{1}{q}}. \tag{4.2.12}$$

基于 ∞ 范数 (4.2.6) 的另一个矩阵范数是 $l_{\infty,1}$ 范数 [23],

$$M(X) = \|X\|_{\infty,1} = \lambda \sum_{i=1}^{l} \max_{1\leqslant j\leqslant n} |X_{ij}|. \tag{4.2.13}$$

Capped $l_{p,1}$ 范数的定义为

$$M(X)=\lambda\sum_{j=1}^{n}\min\left(\left(\sum_{i=1}^{l}|X_{ij}|^{p}\right)^{\frac{1}{p}},\gamma\right),\tag{4.2.14}$$

在给定阈值 $\gamma>0$ 后, Capped $l_{p,1}$ 范数惩罚项集中在 l_p 范数小于 γ 的行上. 注意, Capped $l_{p,1}$ 范数以及在逐元素正则项中介绍的 MCP 函数均不是真实的范数, 因为它们是非凸的, 不满足范数的三角不等式.

4.2.3　总结与分析

以上介绍了矩阵稀疏正则中常用的正则项, 如图 4.2.1 所示, 上述正则项的稀疏类型可以分为三类, 即行稀疏性、列稀疏性以及行列稀疏性.

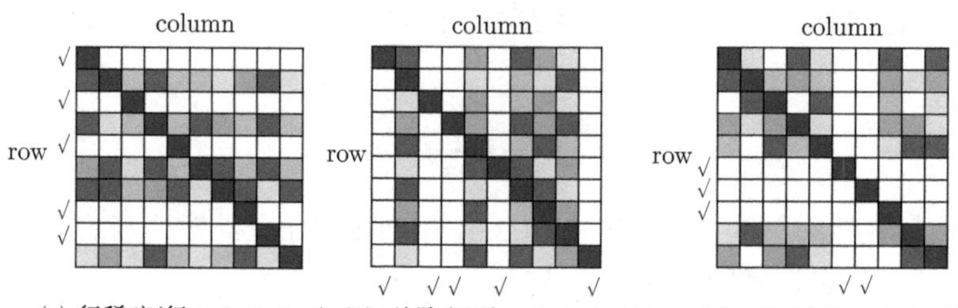

(a) 行稀疏(行 1, 3, 5, 8, 9) (b) 列稀疏(列 1, 3, 4, 6, 10) (c) 行列稀疏(行 6, 7, 8; 列6, 7)

图 4.2.1　正则项稀疏类型

表 4-4 从行列稀疏性以及非负性两个方面对它们进行了总结.

表 4-4　矩阵稀疏正则

	正则项	公式	行稀疏性	列稀疏性	行列稀疏性	非负性
逐元素正则项	$\|X\|_{1,\text{off}}$	$\sum_{i=1}^{l}\sum_{j=1}^{n}\|X_{ij}\|$			✓	✓
	$\|X\|_F$	$\left(\sum_{i=1}^{l}\sum_{j=1}^{n}X_{ij}^2\right)^{1/2}$			✓	✓
	$\|X\|_{p,\text{off}}$	$\left(\sum_{i=1}^{l}\sum_{j=1}^{n}\|X_{ij}\|^p\right)^{1/p}$			✓	✓
	$\|X\|_{\infty,\text{off}}$	$\max_{i\neq j}\|X_{ij}\|$			✓	✓
	MCP	$\begin{cases}\dfrac{\gamma\lambda^2}{2}, & \|X_{ij}\|\geqslant\gamma\lambda,\\ \lambda\|X_{ij}\|-\dfrac{X_{ij}^2}{2\gamma}, & \text{其他}\end{cases}$			✓	✓
非逐元素正则项	$\|X\|_{2,1}$	$\sum_{j=1}^{n}\left(\sum_{i=1}^{l}X_{ij}^2\right)^{1/2}$		✓		✓
	$\|X\|_{1,2}$	$\left(\sum_{j=1}^{n}\left(\sum_{i=1}^{l}\|X_{ij}\|\right)^2\right)^{1/2}$	✓			✓

续表

正则项	公式	行稀疏性	列稀疏性	行列稀疏性	非负性
$\|X\|_{p,q}$	$\left(\sum_{j=1}^{n}\left(\sum_{i=1}^{l}\|X_{ij}\|^p\right)^{\frac{q}{p}}\right)^{\frac{1}{q}}$			✓	✓
$\|X\|_{\infty}$	$\max_{1\leqslant i\leqslant l}\sum_{j=1}^{n}\|X_{ij}\|$			✓	✓
$\|X\|_1$	$\max_{1\leqslant j\leqslant n}\sum_{i=1}^{l}\|X_{ij}\|$			✓	✓
$\|X\|_{\infty,1}$	$\lambda\sum_{i=1}^{l}\max_{1\leqslant j\leqslant n}\|X_{ij}\|$			✓	✓
Capped $l_{p,1}$	$\lambda\sum_{j=1}^{n}\min\left(\left(\sum_{i=1}^{l}\|X_{ij}\|^p\right)^{\frac{1}{p}},\gamma\right)$			✓	✓

(1) 行列稀疏性. 非逐元素正则项中的 $l_{2,1}$ 范数以及 $l_{1,2}$ 范数分别对矩阵的行与列进行稀疏化, 其他正则项都为行列同时稀疏化.

(2) 非负性. 本节介绍的正则项都具有非负性.

4.3 矩阵低秩正则

低秩正则技术在矩阵中的应用场景包括: 矩阵补全和鲁棒主成分分析等.

4.3.1 应用场景

矩阵补全 (matrix completion) 矩阵补全问题中的矩阵被认为是低秩的, 并且认为可以从可观测到的不完整部分恢复. 给定不完整的数据 $l\times n$ 矩阵 A, 该问题的目标是将其恢复成完整的 $l\times n$ 矩阵 X, 其优化问题可以表示为

$$\min_X \quad \mathrm{rank}(X), \tag{4.3.1}$$

$$\text{s.t.} \quad X_{ij}=A_{ij}, \quad (i,j)\in\Omega, \tag{4.3.2}$$

其中 $\Omega\subset[1,\cdots,l]\times[1,\cdots,n]$. 当 $(i,\ j)\in\Omega$ 时, X_{ij} 是可以观测到的 A_{ij}.

上述问题可以转化为一个无约束优化问题

$$\min_X \quad \frac{1}{2}\|\mathcal{P}_\Omega(X)-\mathcal{P}_\Omega(A)\|_{\mathrm{F}}^2+F(X), \tag{4.3.3}$$

其中 $F(X)$ 是低秩正则项, 投影

$$\mathcal{P}_\Omega(X)=\begin{cases} X_{ij}, & (i,j)\in\Omega, \\ 0, & \text{其他}. \end{cases} \tag{4.3.4}$$

如果 $F(X)=\mathrm{rank}(X)$, 则目标函数 (4.3.3) 是非凸的, 可以使用矩阵的核范数对其进行凸松弛. $F(X)$ 是 X 的奇异值之和[24].

鲁棒主成分分析 (robust PCA)　鲁棒主成分分析可应用于视频前景检测和故障检测与诊断等. 该问题可以看作一个低秩矩阵恢复问题, 目标是增强对异常观测值的鲁棒性. 给定的数据矩阵 A 需要分解为 L 和 S 两个分量, 即 $A=L+S$, 其中 L 是低秩矩阵, S 是稀疏矩阵, 其优化问题可表示为

$$\min_{L,S} \quad F(L)+\mu M(S), \tag{4.3.5}$$

$$\text{s.t.} \quad A=L+S, \tag{4.3.6}$$

其中 F 和 M 分别是提升矩阵低秩性和稀疏性的正则项. 直观的想法是把上述问题转化为

$$\min_{L,S} \quad \operatorname{rank}(L)+\mu\|S\|_0, \tag{4.3.7}$$

$$\text{s.t.} \quad A=L+S. \tag{4.3.8}$$

上述问题是 NP-难的, 可以使用核范数 $\|L\|_*$ 和 l_1 范数 $\|S\|_1$ 分别替代其中的 $\operatorname{rank}(L)$ 和 $\|S\|_0$. 进一步可转化为无约束优化问题

$$\min_{L,S} \quad \|L\|_*+\|S\|_1+\frac{1}{2\mu}\|A-L-S\|_F^2, \tag{4.3.9}$$

其中 $\mu>0$ 是给定的参数.

4.3.2　正则项

上述应用场景中的 $F(X)$ 可选择下列定义中的公式作为正则项.

凸松弛正则项　在矩阵低秩正则问题中, 仅对矩阵的 k 个最小奇异值进行优化. 将奇异值升序排列, 记排列后第 i 个奇异值为 σ_i.

矩阵的核范数定义为 [25]

$$F(X)=\|X\|_*=\sum_{i=1}^{k}\sigma_i. \tag{4.3.10}$$

加权核范数可以提高核范数的灵活性 [26],

$$F(X)=\|X\|_w=\sum_{i=1}^{k}w_i\sigma_i, \tag{4.3.11}$$

其中奇异值 σ_i 被赋予不同的权重 w_i.

文献 [27] 提出了奇异值的弹性网正则项

$$\sum_{i=1}^{k}\left(\sigma_i+\lambda\sigma_i^2\right), \tag{4.3.12}$$

其中 σ_i 是矩阵 X 的奇异值. 该正则项用于解决学习中经常存在的异常值和缺失值等问题.

非凸松弛正则项 矩阵 X 的 Schatten p-范数 (S_p-范数) 被定义为 [28]

$$F(X)=\|X\|_{S_p}=\left(\sum_{i=1}^{k}\sigma_i^p\right)^{\frac{1}{p}}=(\mathrm{Tr}((X^{\mathrm{T}}X)^{\frac{p}{2}}))^{\frac{1}{p}}, \tag{4.3.13}$$

其中 $p>1$. 这相当于奇异值的 l_p 范数. 最小化 S_p-范数可以更好地近似原来的 NP-难问题 (4.3.7) 和 (4.3.8), 在理论和实践上均取得了良好的结果 [29].

Capped 迹范数被定义为

$$F(X)=\|X\|_{C_*^{\varepsilon}}=\sum_{i=1}^{k}\min\left(\sigma_i,\varepsilon\right). \tag{4.3.14}$$

该正则项用于近似秩最小化并增强对异常值的鲁棒性. Capped 迹范数仅最小化 k 个最小的奇异值, 对其他奇异值不会有大的变化甚至保持不变 [30].

表 4-5 给出了一些其他的非凸松弛正则项的定义.

表 4-5 其他非凸松弛正则项

非凸松弛正则项	$F(X)$	超参数
对数核范数	$\lambda\log\det(I+X^{\mathrm{T}}X)=\sum_{i=1}^{k}\lambda\log\left(\sigma_i+1\right)$	$\lambda>0$
MCP	$\sum_{i=1}^{k}\begin{cases}\lambda\sigma_i-\dfrac{\sigma_i^2}{2\gamma}, & \sigma_i<\gamma\lambda,\\ \dfrac{\gamma\lambda^2}{2}, & \sigma_i\geqslant\gamma\lambda\end{cases}$	$\gamma,\lambda>0$
SCAD	$\sum_{i=1}^{k}\begin{cases}\lambda\sigma_i, & \sigma_i\leqslant\lambda,\\ \dfrac{-\sigma_i^2+2\gamma\lambda\sigma_i-\lambda^2}{2(\gamma-1)}, & \lambda<\sigma_i\leqslant\lambda\gamma,\\ \dfrac{\lambda^2(\gamma+1)}{2}, & \sigma_i>\lambda\gamma\end{cases}$	$\gamma>1,\lambda>0$
ETP	$\sum_{i=1}^{k}\dfrac{\lambda\left(1-\exp\left(-\gamma\sigma_i\right)\right)}{1-\exp(-\gamma)}$	$\gamma,\lambda>0$
对数	$\sum_{i=1}^{k}\dfrac{\log\left(\gamma\sigma_i+1\right)}{\log(\gamma+1)}$	$\gamma>0$
Geman	$\sum_{i=1}^{k}\dfrac{\lambda\sigma_i}{\sigma_i+\gamma}$	$\gamma,\lambda>0$
拉普拉斯	$\sum_{i=1}^{k}\lambda\left(1-\exp\left(-\dfrac{\sigma_i}{\gamma}\right)\right)$	$\gamma,\lambda>0$

4.3.3 总结与分析

以上介绍了矩阵低秩正则中常用的正则项, 表 4-6 对它们的凸性进行了总结. 矩阵的核范数、加权核范数以及奇异值的弹性网正则项都具有凸性, 其他正则项都是非凸的.

表 4-6　矩阵的低秩正则

正则项	公式	凸性	收缩图像
$\|X\|_*$	$\sum_{i=1}^{k}\sigma_i$	✓	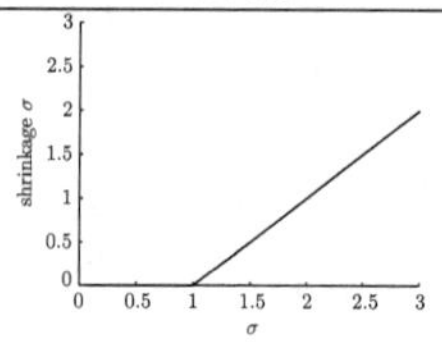
$\|X\|_w$	$\sum_{i=1}^{k}w_i\sigma_i$	✓	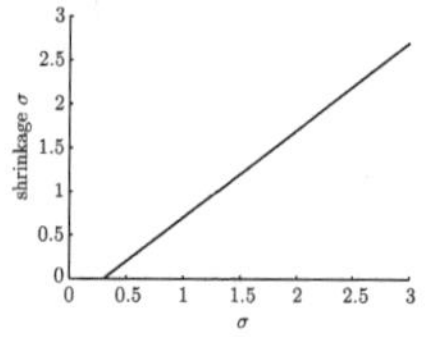
Elastic-net	$\sum_{i=1}^{k}\lambda\left(\sigma_i+\gamma\sigma_i^2\right)$	✓	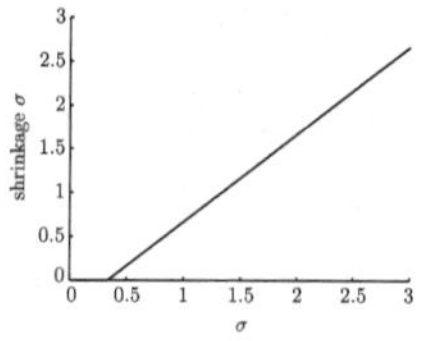
$\|X\|_{C_*^{\varepsilon}}$	$\sum_{i=1}^{k}\min\left(\sigma_i,\varepsilon\right)$		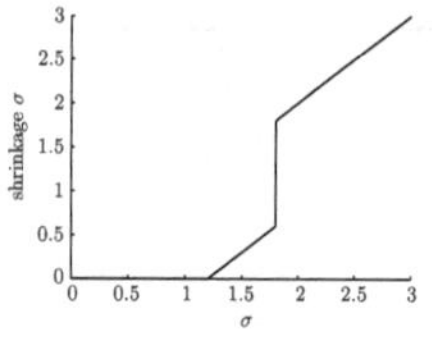
$\|X\|_{S_p}$	$\left(\sum_{i=1}^{k}\sigma_i^p\right)^{\frac{1}{p}}$		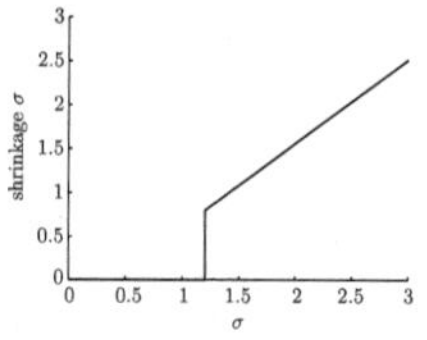
LNN	$\sum_{i=1}^{k}\lambda\log\left(\sigma_i+1\right)$		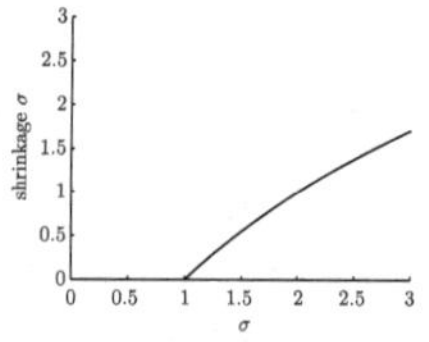

续表

正则项	公式	凸性	收缩图像
MCP	$\sum_{i=1}^{k}\begin{cases}\lambda\sigma_i-\dfrac{\sigma_i}{2\gamma}, & \sigma_i<\gamma\lambda,\\ \dfrac{\gamma\lambda^2}{2}, & \sigma_i\geqslant\gamma\lambda\end{cases}$		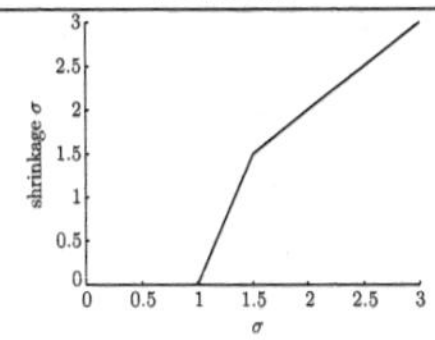
SCAD	$\sum_{i=1}^{k}\begin{cases}\lambda\sigma_i, & \sigma_i\leqslant\lambda,\\ \dfrac{-\sigma_i^2+2\gamma\lambda\sigma_i-\lambda^2}{2(\gamma-1)}, & \lambda<\sigma_i\leqslant\lambda\gamma,\\ \dfrac{\lambda^2(\gamma+1)}{2}, & \sigma_i>\lambda\gamma\end{cases}$		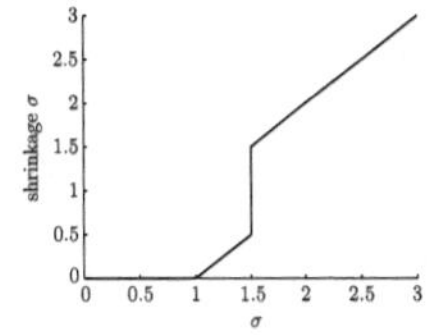
ETP	$\sum_{i=1}^{k}\dfrac{\lambda\left(1-\exp\left(-\gamma\sigma_i\right)\right)}{1-\exp(-\gamma)}$		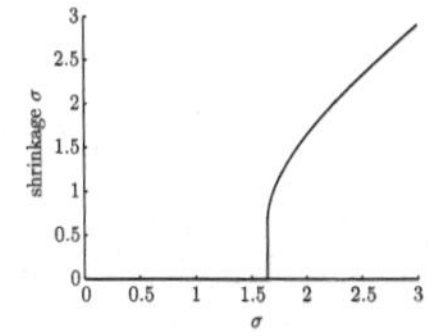
对数	$\sum_{i=1}^{k}\dfrac{\log\left(\gamma\sigma_i+1\right)}{\log(\gamma+1)}$		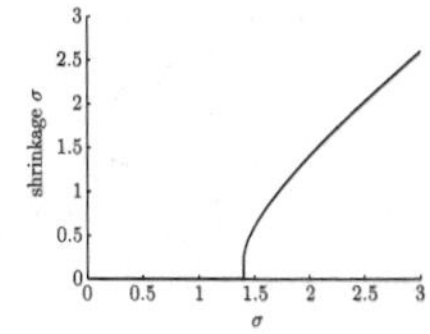
Geman	$\sum_{i=1}^{k}\dfrac{\lambda\sigma_i}{\sigma_i+\gamma}$		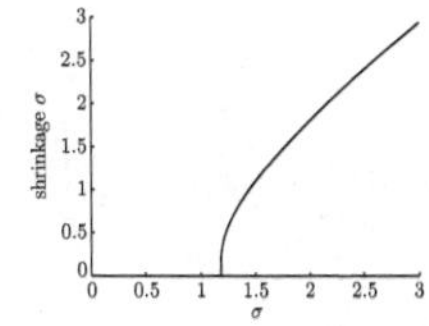
拉普拉斯	$\sum_{i=1}^{k}\lambda\left(1-\exp\left(-\dfrac{\sigma_i}{\gamma}\right)\right)$		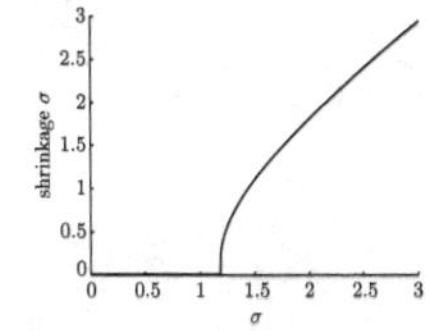

4.4 拓 展 阅 读

为了提升深度神经网络模型的泛化性, 学者们提出了许多新的正则技术以避免过拟合问题. 本节主要讨论深度学习任务常用的正则技术, 主要包括: 数据增强、Dropout 和归一化.

4.4.1 数据增强

提高模型泛化性能的一个有效方法是在更多的数据上进行训练. 在实践中, 缺乏足够的训练数据或者数据集内的类别不平衡都是常见的问题. 数据增强 (data augmentation) 是一种有效的正则技术, 该技术一般假设增强后的新数据可以提供更多信息量 [31].

传统数据增强技术 以图像数据为例, 传统的数据增强技术一般包括: 裁剪、缩放、旋转、转换、色彩反转、亮度、色彩平衡、对比度、锐化、格式转化、均衡化等 [32,33]. 图 4.4.1 给出了在膜翅目昆虫数据集中蜜蜂图像上进行的增强实验. 图中一些方法实质上是对原图的坐标进行了如下仿射变换:

$$y = Wx + b, \tag{4.4.1}$$

其中 x 是原坐标, y 是变换后的坐标, W 是仿射矩阵, b 是偏置.

图 4.4.1 传统数据增强技术

传统数据增强技术具有简单、快速、可重复和可靠的性质. 然而, 它们有一些天然的缺陷. 例如, 色彩空间中的转换会增加内存量、转换成本和训练时间. 此外,色彩转换可能会丢弃某些必要的颜色细节, 因此不是一个保持标签的变换. 当图像的像素值被降低以模拟一个较暗的环境时, 图像中的物体可能是不可见的. 值得注意的是, 数据增强技术应该保持增强前后数据标签的一致性. 例如, 旋转和裁剪在 ImageNet 挑战中 (猫对狗) 通常是安全的, 但在数字识别任务中 (6 对 9) 是不安全的.

特征空间增强技术 特征空间增强技术对学习到的数据特征进行转换操作. 合成少数类过采样技术 (synthetic minority over-sampling technique, SMOTE) 是一种典型的特征空间增强技术, 并通过 k 近邻方法生成新的样本[34].

自编码器可以产生新的特征并将其转换成图像, 在特征空间增强技术中格外有用[35]. 其中一半网络 (编码器) 将数据映射为低维的向量表示, 另一半网络 (解码器) 将低维映射重构回原始图像. 对于卷积神经网络 (CNN), 自编码器的训练过程是耗时的, 因为它需要复制 CNN 的整个编码部分.

元学习 (meta learning) 也被称为学会学习, 通过观测不同机器学习方法在广泛学习任务中如何执行, 然后从这种经验或元数据中学习, 从而比其他方法更快地学习新任务[36]. 与传统机器学习使用固定的学习算法从头开始解决任务不同, 元学习试图根据多个学习片段的经验来改进学习算法本身, 针对任务而不是样本进行学习, 即学习一个任务不可知的学习系统, 而不是特定任务中的模型.

元学习在多任务和单任务情况下都是有效的. 在多任务场景中, 任务不可知信息是从一系列任务中获得的, 并用于加强对新任务的学习[37]. 在单任务场景中, 一个问题被反复解决, 并在多个场景中得到改进. 元学习已被成功应用于多个领域, 包括少样本图像识别、无监督学习、强化学习、超参数优化等[38-41].

一个具有挑战性的元学习问题是仅使用少数几个样本训练一个精确的深度学习模型, 称为少样本学习 (few-shot learning, FSL). Lu 等将基于元学习的 FSL 方法分为五类: 学习测量 (L2M)、学习微调 (L2F)、学习参数化 (L2P)、学习调整 (L2A) 和学习记忆 (L2R)[38].

4.4.2 Dropout

Dropout 方法作为一种常用的神经网络压缩技术, 在训练过程中将随机选取的神经元的激活值设置为零, 以提高整个神经网络的稀疏性[42].

标准 Dropout Hinton 等[43,44] 首次提出 Dropout 方法并将其用于大规模视觉识别问题中. 其关键思想是在训练阶段, 单个节点以概率 p 被保留到网络中. 如图 4.4.2 所示, Dropout 方法可以使网络以 $p = 0.5$ 的概率随机忽略每个隐藏单元.

从数学角度来看, 标准 Dropout 对神经网络进行了以下操作:

$$y = f(Wx) \circ m, \quad m_i \sim \text{Bernoulli}(p), \tag{4.4.2}$$

其中 x 是输入, y 是输出, $f(\cdot)$ 是激活函数, W 为权重矩阵. m 是各层的 Dropout 掩码, 其中每个元素 m_i 以 $1-p$ 的概率为零, $\circ$ 为掩码操作. 训练完成后, 输出层可以被表示为

$$y = (1-p)f(Wx). \tag{4.4.3}$$

标准 Dropout 可以有效提高神经网络的稀疏性, 使得网络中的一部分权重接近于零, 在许多基准数据集上获得了最佳结果 [42].

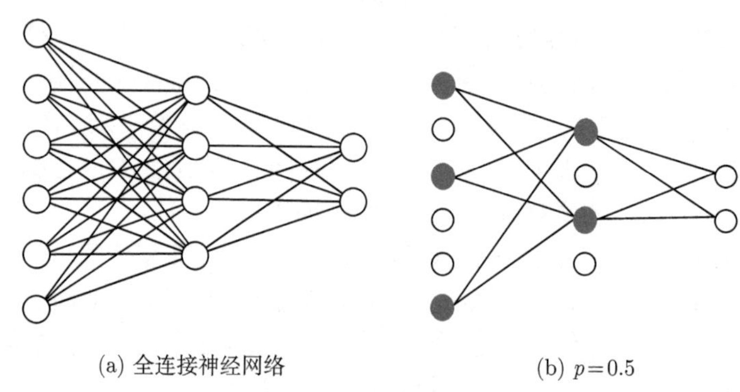

图 4.4.2　标准 Dropout

Dropconnect　Dropconnect 是标准 Dropout 的一个变体, 它将神经网络中的权重和偏置项以某种概率设置为零 [45]:

$$y = f((W \circ M)x), \quad M_{ij} \sim \text{Bernoulli}(p), \tag{4.4.4}$$

其中 M 是用于编码连接信息的二进制矩阵. Dropconnect 作用于全连接层, 随机减少权重.

Standout　为了确保置信度低的神经元比置信度高的神经元更容易被删除, Standout 将一个二值信念网施加到神经网络上, 以便控制每个神经元是否被删除. 对于原神经网络中的每个权重, Standout 在二值信念网络中添加一个相应的权重参数 [46]. 训练过程中每层的输出为

$$y = f(Wx) \circ m, \quad m_i \sim \text{Bernoulli}(g(W_s x)), \tag{4.4.5}$$

其中 W_s 表示该层信念网络的权重, $g(\cdot)$ 表示该信念网络的激活函数. 确定信念网络权重的一种有效方法为

$$W_s = \alpha W + \beta, \tag{4.4.6}$$

其中 α 和 β 为已知的参数. 最终测试过程中每一层的输出为

$$y = f(Wx) \circ g(W_s x). \tag{4.4.7}$$

Curriculum Dropout 在课程学习的概念下, 需要学习的知识的复杂度与人的年龄成正比, 即婴儿掌握较容易的知识, 成人则学习较难的知识[47]. 在传统机器学习算法中, 所有的训练样本都以一种无组织的方式输入模型, 并伴随着频繁的随机打乱. 受到课程学习的启示, 可以将训练样本根据难易度进行细分. 让模型先学习简单的样本, 并逐渐使样本复杂化, 在训练结束时处理最难的样本.

Curriculum Dropout 对神经元是否被保留的概率使用一个时刻表 (time schedule), 动态地增加了期望被抑制单元的数量, 从而得到一种自适应的正则化方案以提高模型的泛化能力[48].

使用固定概率 p 的 Dropout 方法是一种次优的方案, 而 Curriculum Dropout 在训练开始时, 没有权重被设置为零, 此时对应于训练最简单的可行样本, 并考虑了所有可能的视觉信息. 随着学习时间的增长, 更多的权重被设置为零, 这使得学习任务变得复杂, 并且需要模型付出更多的努力, 利用训练阶段中有限的无损样本得到较为精确的结果.

4.4.3 归一化

批量归一化 (batch normalization) 在神经网络的训练过程中, 网络中的参数是不断变化的. 除了输入层的数据外, 其他层的输入数据的分布也将不断变化, 这是由于上层神经元参数的更新会导致下层神经元输入数据的分布发生变化. 在神经网络训练过程中, 中间层数据分布的改变称为内部协变量偏移 (internal covariate shift, ICS), 如图 4.4.3 所示. 批量归一化将数据归一化操作纳入神经网络体系结构中, 从而使整个神经网络在中间层输出的数值更加稳定[49].

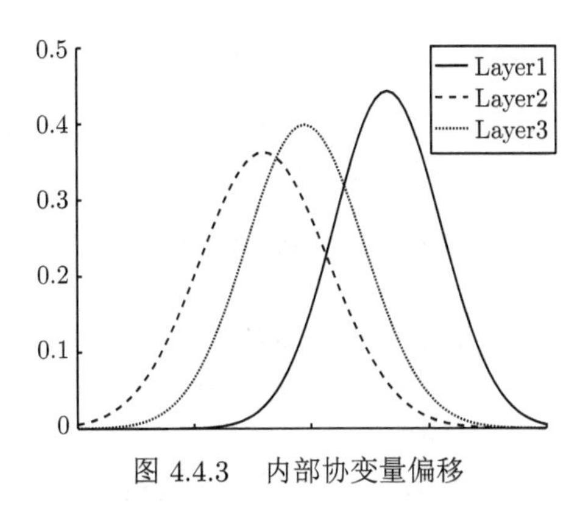

图 4.4.3 内部协变量偏移

在前馈阶段, 批量归一化过程表现为

$$\tilde{x}_i^{(l-1)} = \frac{x_i^{(l-1)} - \mu_B}{\sqrt{\sigma_B^2 + \varepsilon}}, \tag{4.4.8}$$

$$x_i^{(l)} = \gamma^{(l)} \tilde{x}_i^{(l-1)} + \beta^{(l)}, \tag{4.4.9}$$

其中

$$\mu_B = \frac{1}{n} \sum_{i=1}^{n} x_i^{(l-1)}, \tag{4.4.10}$$

$$\sigma_B^2 = \frac{1}{n} \sum_{i=1}^{n} (x_i^{(l-1)} - \mu_B)^2 \tag{4.4.11}$$

分别为原始输出的均值和方差, $x_i^{(l-1)}$ 为上一层的原始输出值. $\gamma^{(l)}$ 和 $\beta^{(l)}$ 是可学习的参数, $\varepsilon > 0$.

与批量归一化相关的另一个问题为协变量转移 (covariate shift, CS), 即训练集 (training set) 与测试集 (test set) 数据分布不同, 如图 4.4.4 所示. 因此, 在测试阶段进行批量归一化操作时, 通常用训练集的均值与方差的期望替代测试集数据的均值与方差, 即

$$\mu_{\text{test}} = E\left(\mu_{\text{train}}\right), \quad \sigma_{\text{test}}^2 = \frac{m}{m-1} E\left(\sigma_{\text{train}}^2\right), \tag{4.4.12}$$

其中 $E(\cdot)$ 表示期望.

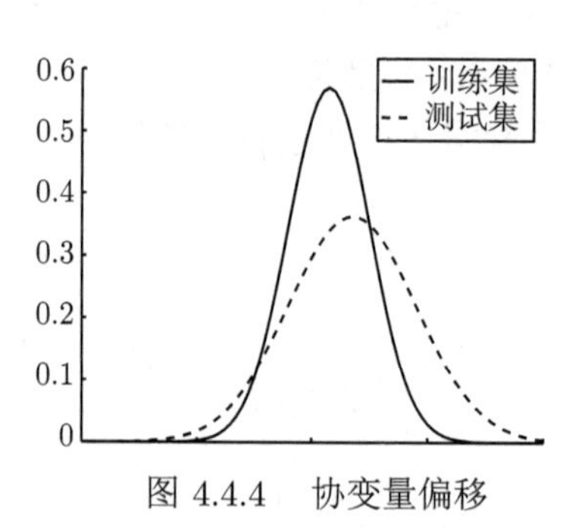

图 4.4.4　协变量偏移

批量归一化的一个缺点是它依赖于批大小, 因为批大小将会影响均值和方差的计算. 此外, 批量归一化在计算机视觉中应用广泛, 但在自然语言处理中, 由于输入语句的长短不同, 使其应用受限.

层归一化 (layer normalization)　批量归一化是从批量的维度对输入的特征进行归一化, 而层归一化直接对单样本在同一层学习到的特征进行归一化 [50]. 在批量归一化中, 均值与方差是跨样本计算的, 表现为多样本在同一维度下的输出值. 相比之下, 层归一化针对一个样本在各个神经元中的输出值, 计算其统计特征, 这一操作独立于其他样本.

在前馈阶段, 层归一化过程表现为

$$\tilde{a}_i^{(l)} = \frac{a_i^{(l)} - \mu^{(l)}}{\sqrt{{\sigma^{(l)}}^2 + \varepsilon}}, \tag{4.4.13}$$

$$a_i^{(l)} = \gamma^{(l)} \tilde{a}_i^{(l)} + \beta^{(l)}, \tag{4.4.14}$$

其中 $a^{(l)}$ 为样本在第 l 个隐藏层学习到的特征向量,

$$\mu^{(l)} = \frac{1}{H} \sum_{i=1}^{H} a_i^{(l)}, \tag{4.4.15}$$

$${\sigma^{(l)}}^2 = \frac{1}{H} \sum_{i=1}^{H} (a_i^{(l)} - \mu^{(l)})^2 \tag{4.4.16}$$

分别表示该特征向量的均值与方差, H 为隐藏层中神经元的个数, $\varepsilon > 0$.

层归一化操作对批量的大小没有限制, 可以用于 RNN 网络. 但如果输入的特征区别很大, 则不建议使用层归一化操作对数据进行归一化处理.

参 考 文 献

[1] Tibshirani R. Regression shrinkage and selection via the LASSO[J]. Journal of the Royal Statistical Society: Series B (Methodological), 1996, 58(1): 267-288.

[2] Stéphane M. Chapter 1 - Sparse Representations[M]//A Wavelet Tour of Signal Processing (Third Edition). Boston: Academic Press, 2009: 1-31.

[3] Theodoridis S. Chapter 4 - Mean-square Error Linear Estimation[M]//Machine Learning. Oxford: Academic Press, 2015: 105-160.

[4] Wen F, Liu P, Liu Y, et al. Robust sparse recovery in impulsive noise via $\ell_p - \ell_1$ optimization[J]. IEEE Transactions on Signal Processing, 2017, 65(1): 105-118.

[5] McCoy M B, Cevher V, Dinh Q T, et al. Convexity in source separation: Models, geometry, and algorithms[J]. IEEE Signal Processing Magazine, 2014, 31(3): 87-95.

[6] Xu Z B, Chang X Y, Xu F M, et al. $l_{1/2}$ regularization: A thresholding representation theory and a fast solver[J]. IEEE Transactions on Neural Networks and Learning Systems, 2012, 23(7): 1013-1027.

[7] Parikh N, Boyd S, et al. Proximal algorithms[J]. Foundations and Trends® in Optimization. 2014.

[8] Fan J Q, Li R Z. Variable selection via nonconcave penalized likelihood and its oracle properties[J]. Journal of the American Statistical Association, 2001, 96(456): 1348-1360.

[9] Zhang C H. Nearly unbiased variable selection under minimax concave penalty[J]. The Annals of Statistics, 2010, 38(2): 894-942.

[10] Zhang T. Analysis of multi-stage convex relaxation for sparse regularization[J]. Journal of Machine Learning Research, 2010, 11(3): 1081-1107.

[11] Gao H Y, Bruce A G. Waveshrink with firm shrinkage[J]. Statistica Sinica, 1997: 855-874.

[12] Vince A. A framework for the greedy algorithm[J]. Discrete Applied Mathematics, 2002, 121(1-3): 247-260.

[13] Tessema B, Yen G G. A self adaptive penalty function based algorithm for constrained optimization[C]//2006 IEEE International Conference on Evolutionary Computation. IEEE, 2006: 246-253.

[14] Yang J, Sun D, Toh K C. A proximal point algorithm for log-determinant optimization with group lasso regularization[J]. SIAM, Journal on Optimization, 2013, 23(2): 857-893.

[15] Selesnick I, Farshchian M. Sparse signal approximation via nonseparable regularization[J]. IEEE Transactions on Signal Processing, 2017, 65(10): 2561-2575.

[16] Nikolova M. Energy Minimization Methods[M]. Berlin, Heidelberg: Springer, 2011.

[17] Selesnick I W, Bayram I. Sparse signal estimation by maximally sparse convex optimization[J]. IEEE Transactions on Signal Processing, 2014, 62(5): 1078-1092.

[18] Malek-Mohammadi M, Rojas C R, Wahlberg B. A class of nonconvex penalties preserving overall convexity in optimization-based mean filtering[J]. IEEE Transactions on Signal Processing, 2016, 64(24): 6650-6664.

[19] Liu H, Wang L, Zhao T. Sparse covariance matrix estimation with eigenvalue constraints[J]. Journal of Computational and Graphical Statistics, 2014, 23(2): 439-459.

[20] Wang S S, Liu D H, Zhang Z H. Nonconvex relaxation approaches to robust matrix recovery[C]//Proceedings of the International Joint Conference on Artificial Intelligence, 2013: 1764-1770.

[21] Ding C, Zhou D, He X, et al. R_1-PCA: Rotational invariant l_1-norm principal component analysis for robust subspace factorization[C]//Proceedings of the 23rd International Conference on Machine Learning. 2006: 281-288.

[22] Wang N, Xue Y M, Lin Q, et al. Structured sparse multi-view feature selection based on weighted hinge loss[J]. Multimedia Tools and Applications, 2019, 78(11): 15455-15481.

[23] Liu H, Palatucci M, Zhang J. Blockwise coordinate descent procedures for the multi-task lasso, with applications to neural semantic basis discovery[C]//Proceedings of the 26th International Conference on Machine Learning. 2009: 649-656.

[24] Hastie T, Mazumder R, Lee J D, et al. Matrix completion and low-rank SVD via fast alternating least squares[J]. The Journal of Machine Learning Research, 2015, 16(1): 3367-3402.

[25] Meyer C D. Matrix Analysis and Applied Linear Algebra: volume 71[M]. Philadelphia, PA: Siam, 2000.

[26] Gu S H, Zhang L, Zuo W M, et al. Weighted nuclear norm minimization with application to image denoising[C]//Proceedings of the IEEE Conference on Computer Vision and Pattern Recognition. 2014: 2862-2869.

[27] Kim E, Lee M, Oh S. Elastic-net regularization of singular values for robust subspace learning[C]//Proceedings of the IEEE Conference on Computer Vision and Pattern Recognition. 2015: 915-923.

[28] Nie F, Huang H, Ding C. Low-rank matrix recovery via efficient schatten p-norm minimization[C]//Proceedings of the Twenty-sixth AAAI Conference on Artificial Intelligence: volume 26. 2012.

[29] Liu L, Huang W, Chen D R. Exact minimum rank approximation via schatten p-norm minimization[J]. Journal of Computational and Applied Mathematics, 2014, 267: 218-227.

[30] Nie F P, Huo Z Y, Huang H. Joint capped norms minimization for robust matrix recovery[C]//Proceedings of the 26th International Joint Conference on Artificial Intelligence. 2017: 2557-2563.

[31] Sun C, Shrivastava A, Singh S, et al. Revisiting unreasonable effectiveness of data in deep learning era[C]//Proceedings of the IEEE International Conference on Computer Vision. 2017: 843-852.

[32] Cubuk E D, Zoph B, Mané D, et al. Autoaugment: Learning augmentation strategies from data[C]//Proceedings of the IEEE Conference on Computer Vision and Pattern Recognition. 2019: 113-123.

[33] Lei C, Hu B, Wang D, et al. A preliminary study on data augmentation of deep learning for image classification[C]//Proceedings of the 11th Asia-Pacific Symposium on Internetware. 2019: 1-6.

[34] Chawla N V, Bowyer K W, Hall L O, et al. SMOTE: Synthetic minority over-sampling technique[J]. Journal of Artificial Intelligence Research, 2002, 16: 321-357.

[35] Shorten C, Khoshgoftaar T M. A survey on image data augmentation for deep learning[J]. Journal of Big Data, 2019, 6(1): 1-48.

[36] Lemke C, Budka M, Gabrys B. Metalearning: A survey of trends and technologies[J]. Artificial Intelligence Review, 2015, 44(1): 117-130.

[37] Finn C, Abbeel P, Levine S. Model-agnostic meta-learning for fast adaptation of deep networks[C]//Proceedings of the 34th International Conference on Machine Learning. 2017: 1126-1135.

[38] Lu J, Gong P H, Ye J P, et al. Learning from very few samples: A survey[J]. ArXiv Preprint, 2020.

[39] Metz L, Maheswaranathan N, Cheung B, et al. Meta-learning update rules for unsupervised representation learning[C]//International Conference on Learning Representations. 2018.

[40] Schweighofer N, Doya K. Meta-learning in reinforcement learning[J]. Neural Networks, 2003, 16(1): 5-9.

[41] Franceschi L, Frasconi P, Salzo S, et al. Bilevel programming for hyperparameter optimization and meta-learning[C]//Proceedings of the International Conference on Machine Learning. 2018: 1568-1577.

[42] Srivastava N, Hinton G, Krizhevsky A, et al. Dropout: A simple way to prevent neural networks from overfitting[J]. Journal of Machine Learning Research, 2014, 15 (1): 1929-1958.

[43] Hinton G E, Srivastava N, Krizhevsky A, et al. Improving neural networks by preventing co-adaptation of feature detectors[J]. ArXiv Preprint, 2012.

[44] Krizhevsky A, Sutskever I, Hinton G E. ImageNet classification with deep convolutional neural networks[C]//volume 25. 2012: 1097-1105.

[45] Wan L, Zeiler M, Zhang S X, et al. Regularization of neural networks using dropconnect[C]//Proceedings of the 30th International Conference on Machine Learning. 2013: 1058-1066.

[46] Ba L J, Frey B. Adaptive dropout for training deep neural networks[C]//Proceedings of the Advances in Neural Information Processing Systems. 2013: 3084-3092.

[47] Bengio Y, Louradour J, Collobert R, et al. Curriculum learning[C]//Proceedings of the 26th International Conference on Machine Learning. 2009: 41-48.

[48] Morerio P, Cavazza J, Volpi R, et al. Curriculum dropout[C]//Proceedings of the 26th IEEE International Conference on Computer Vision. 2017: 3544-3552.

[49] Ioffe S, Szegedy C. Batch normalization: Accelerating deep network training by reducing internal covariate shift[C]//Proceedings of the 32nd International Conference on Machine Learning, 2015: 448-456.

[50] Ba J L, Kiros J R, Hinton G E. Layer normalization[J]. ArXiv Preprint, 2016.

第 5 章　多视角学习

如何综合利用多视角数据有效地学习, 已成为机器学习领域的一个研究热点. 本章首先介绍多视角学习问题的一种提法及处理多视角学习问题应该遵循的原则. 然后在经典模型 SVM-2K 的基础上, 构建基于特权信息学习理论的两视角支持向量机, 并给出其相关的理论分析. 最后从传统机器学习和深度学习的角度介绍近年来的一些研究进展.

5.1　多视角学习问题与处理原则

多视角学习的数据和问题　多视角学习 (multi-view learning, MVL) 的特点在于它的数据来源. 通常的机器学习中的数据来源往往是单一的, 而多视角学习则对同一对象, 可以从不同途径或不同层面获得多方面的数据. 我们称这种数据为多视角数据. 图 5.1.1 给出了几个多视角数据的例子. 图 5.1.1(a) 是由多个摄像头给出的多个视角下的数据. 图 5.1.1(b) 是信息技术领域中的网页分析数据, 即一个网页既可以包含音频信息, 也可以包含文本信息, 还可以包含图片信息. 图 5.1.1(c) 是医疗辅助诊断中的数据, 一个病人会有多种检验结果. 图 5.1.1(d) 显示的是一个人身份特征的数据. 由此可见, 多视角数据是用不同视角的特征来描述一个对象的, 它们从多个视角解释了对象的多方面属性, 从而对于对象的刻画更加全面而准确.

对多视角数据的机器学习, 称为多视角学习. 例如多视角分类就是对于多视角数据的分类问题. 对此我们将在下面详细论述. 诚然, 多视角学习也可以直接按通常的学习方法来处理. 例如, 在多视角数据中, 只选取其中一个视角的数据, 或者把整个多视角数据合并起来, 看作一组数据. 然而事实证明, 这都是很有局限性的方法. 事实上, 前者显然忽略了其他视角数据带来的额外的有用信息, 而后者则忽略了各视角间的内在联系, 且可能会产生 “维度灾难” 的问题. 多视角学习的任务就是在寻求更有效的处理多视角数据的方法. 注意到多视角数据可能来源于不同的特征提取方式, 包括来源于不同的领域, 因此就需要一种新的学习方法和途径. 这就诞生了多视角学习这个新的分支. 诸多研究者已在该方面取得了重要的研究成果, 并已经将其运用于实际问题中.

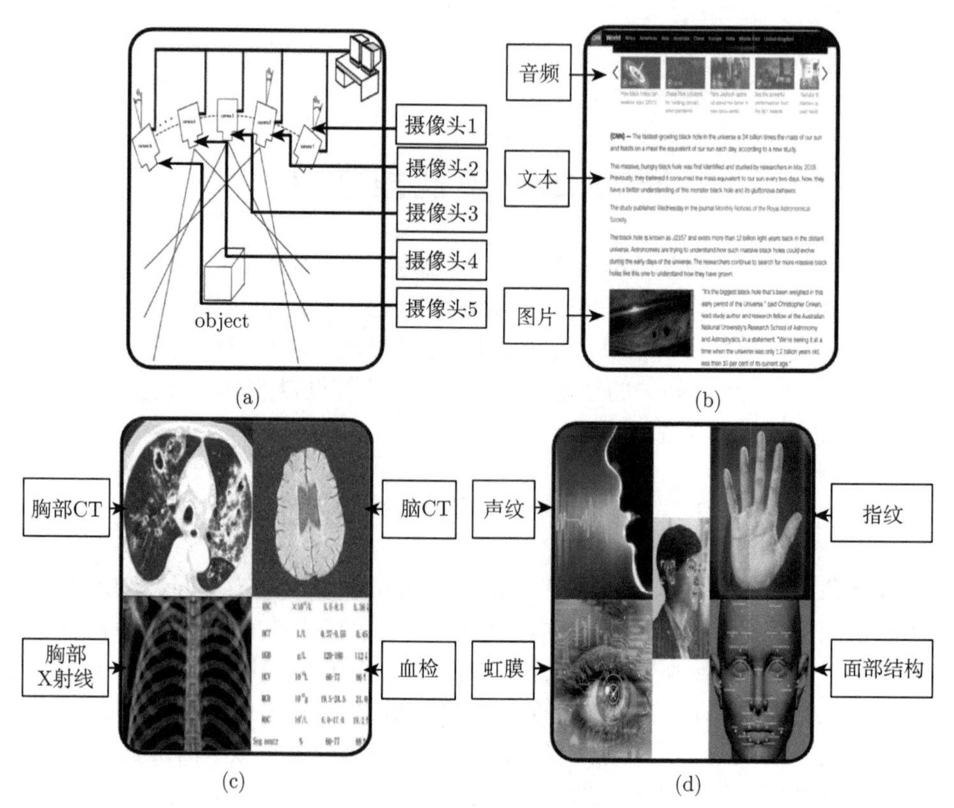

图 5.1.1　多视角数据

以两视角为例, 给出多视角两分类问题的提法如下.

多视角两分类问题　给定训练集

$$T=\{(x_1^A,x_1^B,y_1),\cdots,(x_l^A,x_l^B,y_l)\}\in(R^n\times R^m\times\mathcal{Y})^l, \tag{5.1.1}$$

其中 $x_i^A\in R^n$ 和 $x_i^B\in R^m$ 分别是第 i 个训练点的视角 A 和视角 B 的输入, $y_i\in\mathcal{Y}=\{1,-1\}$ 是相应的输出, $i=1,\cdots,l$. 试根据训练集寻找以视角 A 和视角 B 的分别输入 $x^A\in R^n$, $x^B\in R^m$ 和两视角的输入 $x=(x^A,x^B)\in R^{(n+m)}$ 为变量的实值函数 $g_A(x^A)$, $g_B(x^B)$ 和 $g(x)$, 以便用下列决策函数

$$f_A(x^A)=\mathrm{sgn}(g_A(x^A)), \tag{5.1.2}$$

$$f_B(x^B)=\mathrm{sgn}(g_B(x^B)), \tag{5.1.3}$$

$$f(x)=\mathrm{sgn}(g(x)) \tag{5.1.4}$$

推断任一输入对应的输出, 其中 $\mathrm{sgn}(\cdot)$ 为符号函数

$$\operatorname{sgn}(a)=\begin{cases}1, & a \geqslant 0, \\ -1, & a<0.\end{cases} \tag{5.1.5}$$

多视角学习原则 由于多视角数据中的各个视角间既有内在联系又有差异, 充分合理地利用其中的信息是提升多视角学习性能的关键. 为此, 多视角学习一般需遵循两个原则 [1]: 一致性原则 (consensus principle) 和互补性原则 (complementarity principle). 一致性原则是强调同一对象在不同视角间存在的内在联系, 通过最大化不同视角之间的一致性, 产生具有更好泛化能力的模型. 互补性原则是强调各个视角独特的信息, 通过它们之间的相互补充, 能更全面而准确地描述对象, 提高学习算法的性能.

5.2 两视角支持向量机 SVM-2K

基于多视角学习的一致性原则, Farquhar 等 [2] 成功地将支持向量机 (SVM) 和核典型相关分析 (kernel canonical correlation analysis, KCCA) 有机结合, 提出 SVM-2K 模型. 考虑包含训练集 (5.1.1) 的多视角两分类问题. 设决策函数的形式为 $f_A(x^A)=\operatorname{sgn}((w_A\cdot\Phi_A(x^A)))$, $f_B(x^B)=\operatorname{sgn}((w_B\cdot\Phi_B(x^B)))$ 和 $f(x)=\operatorname{sgn}(0.5((w_A\cdot\Phi_A(x^A))+(w_B\cdot\Phi_B(x^B))))$, 其中 w_A 和 w_B 为待定未知量, Φ_A 和 Φ_B 是将视角 A 和视角 B 的输入分别映射至高维特征空间的特征映射. 请注意, 这里省略了偏置项 b_k, $k\in\{A, B\}$. 实际上, 在很多应用中, SVM 模型中偏置项常被忽略. 而且偏置项可以通过以下方式扩展得到: ${x^k}^{\mathrm{T}}\leftarrow({x^k}^{\mathrm{T}},1)$, $w_k^{\mathrm{T}}\leftarrow(w_k^{\mathrm{T}}, b_k)$, $k\in\{A, B\}$. SVM-2K 构造原始优化问题如下.

原始问题

$$\min_{w_A,w_B,\xi_A,\xi_B,\eta} \quad \frac{1}{2}(\|w_A\|_2^2+\|w_B\|^2)+C^A\sum_{i=1}^{l}\xi_i^A+C^B\sum_{i=1}^{l}\xi_i^B+C\sum_{i=1}^{l}\eta_i, \tag{5.2.1}$$

$$\text{s.t.} \quad |(w_A\cdot\Phi_A(x_i^A))-(w_B\cdot\Phi_B(x_i^B))|\leqslant\varepsilon+\eta_i, \tag{5.2.2}$$

$$y_i(w_A\cdot\Phi_A(x_i^A))\geqslant 1-\xi_i^A, \tag{5.2.3}$$

$$y_i(w_B\cdot\Phi_B(x_i^B))\geqslant 1-\xi_i^B, \tag{5.2.4}$$

$$\xi_i^A,\ \xi_i^B,\ \eta_i\geqslant 0,\ i=1,\cdots,l, \tag{5.2.5}$$

其中 w_A 和 w_B 分别是视角 A 和视角 B 的未知权向量, C^A, C^B, $C>0$ 为惩罚参数, $\xi_A=(\xi_1^A,\cdots,\xi_l^A)^{\mathrm{T}}$, $\xi_B=(\xi_1^B,\cdots,\xi_l^B)^{\mathrm{T}}$, $\eta=(\eta_1,\cdots,\eta_l)^{\mathrm{T}}\in R^l$ 为松弛变量. 约束 (5.2.2) 用于实现各视角对于目标预测的一致性原则, 参数 ε 用于调节对一致性原则的重视程度, 非负松弛变量 $\eta=(\eta_1,\cdots,\eta_l)^{\mathrm{T}}$ 度量不满足 ε 所限定的一致性的程度.

针对原始问题(5.2.1)~(5.2.5), 引入拉格朗日乘子 $\alpha_A=(\alpha_1^A\cdots,\alpha_l^A)^{\mathrm{T}}$, $\alpha_B=(\alpha_1^B\cdots,\alpha_l^B)^{\mathrm{T}}$, $\beta_+=(\beta_1^+,\cdots,\beta_l^+)^{\mathrm{T}}$, $\beta_-=(\beta_1^-,\cdots,\beta_l^-)^{\mathrm{T}}$, 可推导出对偶问题.

对偶问题

$$\begin{aligned}
\min_{\alpha_A,\alpha_B,\beta_+,\beta_-}\quad & -\sum_{i=1}^{l}(\alpha_i^A+\alpha_i^B)+\varepsilon\sum_{i=1}^{l}(\beta_i^++\beta_i^-)\\
&+\frac{1}{2}\sum_{i,j=1}^{l}\Bigg((\alpha_i^Ay_i-\beta_i^++\beta_i^-)(\alpha_j^Ay_j-\beta_j^++\beta_j^-)K_A(x_i^A,x_j^A)\\
&+\frac{1}{\gamma}(\alpha_i^By_i+\beta_i^+-\beta_i^-)(\alpha_j^By_j+\beta_j^+-\beta_j^-)K_B(x_i^B,x_j^B)\Bigg), \quad (5.2.6)\\
\text{s.t.}\quad & 0\leqslant\alpha_i^A\leqslant C^A, \quad (5.2.7)\\
& 0\leqslant\alpha_i^B\leqslant C^B, \quad (5.2.8)\\
& \beta_i^++\beta_i^-\leqslant C, \quad (5.2.9)\\
& \beta_i^+,\ \beta_i^-\geqslant 0,\ i=1,\cdots,l, \quad (5.2.10)
\end{aligned}$$

其中 $K_A(x_A,x'_A)=(\Phi_A(x_A)\cdot\Phi_A(x'_A))$ 和 $K_B(x_B,x'_B)=(\Phi_B(x_B)\cdot\Phi_B(x'_B))$ 分别为 Φ_A 和 Φ_B 对应的核函数.

决策函数　求得对偶问题(5.2.6)~(5.2.10)的解 α_A^*, α_B^*, β_+^*, β_-^* 后, 对于一个包含两视角 x^A 和 x^B 的新样本点 $x=(x^A,x^B)$, 可分别用下列两个视角的决策函数对其标签作预测,

$$f_A(x^A)=\mathrm{sgn}(g_A(x^A)), \quad (5.2.11)$$

$$f_B(x^B)=\mathrm{sgn}(g_B(x^B)), \quad (5.2.12)$$

其中

$$\begin{aligned}
g_A(x^A)&=(w_A^*\cdot\Phi_A(x^A))\\
&=\sum_{i=1}^{l}(\alpha_i^{A^*}y_i-\beta_i^{+^*}+\beta_i^{-^*})K_A(x_i^A,x^A), \quad (5.2.13)
\end{aligned}$$

$$\begin{aligned}
g_B(x^B)&=(w_B^*\cdot\Phi_B(x^B))\\
&=\sum_{i=1}^{l}(\alpha_i^{B^*}y_i+\beta_i^{+^*}-\beta_i^{-^*})K_B(x_i^B,x^B). \quad (5.2.14)
\end{aligned}$$

亦可结合两个视角对其标签作联合预测,

$$f(x) = \mathrm{sgn}(g(x)), \tag{5.2.15}$$

其中

$$\begin{aligned} g(x) &= 0.5((w_A^* \cdot \Phi_A(x^A)) + (w_B^* \cdot \Phi_B(x^B))) \\ &= 0.5\bigg(\sum_{i=1}^{l}(\alpha_i^{A^*} y_i - \beta_i^{+^*} + \beta_i^{-^*})K_A(x_i^A, x^A) \\ &\quad + \sum_{i=1}^{l}(\alpha_i^{B^*} y_i + \beta_i^{+^*} - \beta_i^{-^*})K_B(x_i^B, x^B)\bigg). \end{aligned} \tag{5.2.16}$$

据此可以建立 **SVM-2K 算法**.

SVM-2K 算法

1. 给定训练集 $T = \{(x_i^A, x_i^B, y_i)\}_{i=1}^l \in (R^n \times R^m \times \mathcal{Y})^l$, 其中, $x_i^A \in R^n$, $x_i^B \in R^m$, $y_i \in \mathcal{Y} = \{1, -1\}$, 核函数 K_A 和 K_B, 参数 C_A, C_B, C, $\varepsilon > 0$;
2. 构造并求解凸二次规划问题 (5.2.6)~(5.2.10), 得解 α_A^*, α_B^*, β_+^*, β_-^*;
3. 输出决策函数 (5.2.11), (5.2.12) 和 (5.2.15).

5.3 基于特权信息学习理论的两视角支持向量机

SVM-2K 仅体现了多视角学习的一致性原则, 但忽略了互补性原则. 本节考虑它的改进形式. 我们注意到, 多视角信息和特权信息 (privileged information, PI) 存在一定的相似性. 特权信息是指仅在训练阶段提供而在测试阶段不可获得的一些额外的先验信息, 它能够像老师一样指导模型更好地学习, 从而提高分类的准确性. 例如, 在蛋白质类别预测任务中, 通常会利用蛋白质的氨基酸序列的原始信息进行判断, 而在训练阶段往往还包含一些关于蛋白质的结构信息, 这些信息作为特权信息对蛋白质的类别预测会起很大的作用. 在此基础上, Vapnik 和 Vashist [3] 提出了基于特权信息的学习范式 (learning using privileged information, LUPI), 并开发了基于 LUPI 的支持向量分类机 (SVM+). 与标准 SVM 将数据映射到一个决策空间不同的是, SVM+ 将数据映射到决策空间和修正空间. 在决策空间中用决策函数对输入数据进行分类, 在修正空间中定义修正函数, 限制松弛变量的取值, 从而进一步提高分类的准确性. 事实上, 多视角数据中的某一视角或某几个视角可以看作其他视角的特权信息. 基于此, 我们借鉴 LUPI 的思想, 将两个视角看作特殊的原始信息和特权信息, 结合多视角学习理论, 提出基于特权信息学习理论的两视角支持向量机 (privileged SVM for two-view learning, PSVM-2V)[4].

5.3.1 模型构建

PSVM-2V 能在一定程度上同时遵循一致性原则和互补性原则. 从一致性原则考虑, 该模型最小化不同视角间预测的不一致程度. 从互补性原则考虑, 该模型将两个视角看作特殊的原始信息和特权信息, 即将视角 B 的输入作为视角 A 的输入的特权信息, 同时将视角 A 的输入作为视角 B 的输入的特权信息, 继而构建关于特权信息的修正函数来限制关于原始信息的松弛变量的取值, 以实现两个视角数据间的信息互补. 该模型的基本思想如图 5.3.1 所示.

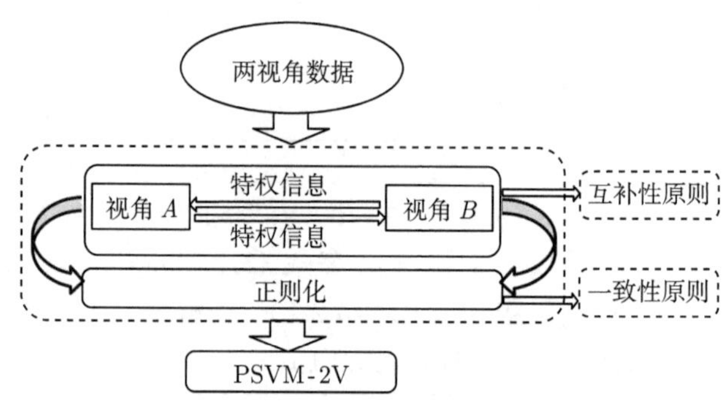

图 5.3.1　PSVM-2V 基本思想

考虑包含训练集 (5.1.1) 的多视角两分类问题. 设决策函数形如式(5.1.2)~(5.1.4), 其中 $g_A(x^A)$, $g_B(x^B)$ 和 $g(x)$ 可分别表示为如下形式 $g_A(x^A) = (w_A \cdot \Phi_A(x^A))$, $g_B(x^B) = (w_B \cdot \Phi_B(x^B))$ 和 $g(x) = 0.5((w_A \cdot \Phi_A(x^A)) + (w_B \cdot \Phi_B(x^B)))$, 于是 PSVM-2V 构造原始优化问题如下.

原始问题

$$\min_{w_A, w_B, \xi_A, \xi_B, \eta} \quad \frac{1}{2}(\|w_A\|^2 + \gamma\|w_B\|^2) + C^A\sum_{i=1}^{l}\xi_i^A + C^B\sum_{i=1}^{l}\xi_i^B + C\sum_{i=1}^{l}\eta_i, \tag{5.3.1}$$

$$\text{s.t.} \quad |(w_A \cdot \Phi_A(x_i^A)) - (w_B \cdot \Phi_B(x_i^B))| \leqslant \varepsilon + \eta_i, \tag{5.3.2}$$

$$y_i(w_A \cdot \Phi_A(x_i^A)) \geqslant 1 - \xi_i^A, \tag{5.3.3}$$

$$y_i(w_B \cdot \Phi_B(x_i^B)) \geqslant 1 - \xi_i^B, \tag{5.3.4}$$

$$\xi_i^A \geqslant y_i(w_B \cdot \Phi_B(x_i^B)), \tag{5.3.5}$$

$$\xi_i^B \geqslant y_i(w_A \cdot \Phi_A(x_i^A)), \tag{5.3.6}$$

$$\xi_i^A \geqslant 0,\ \xi_i^B \geqslant 0,\ \eta_i \geqslant 0,\ i = 1, \cdots, l. \tag{5.3.7}$$

关于原始问题 (5.3.1)~(5.3.7), 有如下几点说明:

(1) w_A 和 w_B 分别是视角 A 和视角 B 的权向量, $\|w_A\|^2$ 和 $\|w_B\|^2$ 分别是关于两视角的正则化项, 把它们加入模型是为了防止过拟合, 非负参数 γ 权衡两项重要性.

(2) $\xi_A = (\xi_1^A, \cdots, \xi_l^A)^{\mathrm{T}}$ 和 $\xi_B = (\xi_1^B, \cdots, \xi_l^B)^{\mathrm{T}}$ 分别是对应于视角 A 和视角 B 的松弛变量. 在互补性原则下, PSVM-2V 借鉴 LUPI 的建模思想, 将两个视角相互作为对方的特权信息. 以第 i 个训练点为例, PSVM-2V 将视角 B 的输入 x_i^B 作为视角 A 的输入 x_i^A 的特权信息, 同时, 将视角 A 的输入 x_i^A 作为视角 B 的输入 x_i^B 的特权信息. 通过构建关于特权信息的未知非负修正函数来限制关于原始信息的松弛变量 ξ_A 和 ξ_B 的取值, 具体表现为约束 (5.3.5) 和 (5.3.6). C^A 和 C^B 是非负惩罚参数, C^A 越小, 越强调 B 视角对 A 视角的互补作用; C^B 越小, 越强调 A 视角对 B 视角的互补作用.

(3) 在一致性原则下, 该模型考虑了各视角间的关联性, 利用约束 (5.3.2) 实现各视角对于目标预测的一致性, 其中参数 ε 用于调节对一致性原则的重视程度, 非负松弛变量 $\eta = (\eta_1, \cdots, \eta_l)^{\mathrm{T}}$ 度量不满足 ε 所限定的一致性的程度. C 为非负惩罚参数.

针对原始问题 (5.3.1)~(5.3.7), 引入拉格朗日乘子 $\pi = (\alpha_A^{\mathrm{T}}, \alpha_B^{\mathrm{T}}, \beta_+^{\mathrm{T}}, \beta_-^{\mathrm{T}}, \lambda_A^{\mathrm{T}}, \lambda_B^{\mathrm{T}})^{\mathrm{T}}$, 可推导出对偶问题.

对偶问题

$$\min_{\pi} \quad \frac{1}{2}\pi^{\mathrm{T}} H\pi + p^{\mathrm{T}}\pi, \tag{5.3.8}$$

$$\text{s.t.} \quad A\pi \leqslant b,\ \pi \geqslant 0, \tag{5.3.9}$$

其中

$$H = \begin{pmatrix} H_1 & \mathbf{0}_l & -H_4^{\mathrm{T}} & H_4^{\mathrm{T}} & \mathbf{0}_l & -H_1 \\ \mathbf{0}_l & H_2 & H_5^{\mathrm{T}} & -H_5^{\mathrm{T}} & -H_2 & \mathbf{0}_l \\ -H_4 & H_5 & H_3 & -H_3 & -H_5 & H_4 \\ H_4 & -H_5 & -H_3 & H_3 & H_5 & -H_4 \\ 0_l & -H_2 & -H_5^{\mathrm{T}} & H_5^{\mathrm{T}} & H_2 & \mathbf{0}_l \\ -H_1 & \mathbf{0}_l & H_4^{\mathrm{T}} & -H_4^{\mathrm{T}} & \mathbf{0}_l & H_1 \end{pmatrix}_{6l\times 6l}, \tag{5.3.10}$$

$$H_1 = \left(y_i y_j K_A(x_i^A, x_j^A)\right)_{l\times l}, \quad H_2 = \left(\frac{1}{\gamma} y_i y_j K_B(x_i^B, x_j^B)\right)_{l\times l}, \tag{5.3.11}$$

$$H_3 = \left(K_A(x_i^A, x_j^A) + \frac{1}{\gamma} K_B(x_i^B, x_j^B)\right)_{l\times l}, \tag{5.3.12}$$

$$H_4=\begin{pmatrix} y_1K_A(x_1^A,x_1^A) & \cdots & y_lK_A(x_1^A,x_l^A) \\ \vdots & & \vdots \\ y_1K_A(x_l^A,x_1^A) & \cdots & y_lK_A(x_l^A,x_l^A) \end{pmatrix}_{l\times l}, \tag{5.3.13}$$

$$H_5=\begin{pmatrix} \frac{1}{\gamma}y_1K_B(x_1^B,x_1^B) & \cdots & \frac{1}{\gamma}y_lK_B(x_1^B,x_l^B) \\ \vdots & & \vdots \\ \frac{1}{\gamma}y_1K_B(x_l^B,x_1^B) & \cdots & \frac{1}{\gamma}y_lK_B(x_l^B,x_l^B) \end{pmatrix}_{l\times l}, \tag{5.3.14}$$

$$p^{\mathrm{T}}=\begin{pmatrix} -e_{1\times 2l} & \varepsilon_{1\times 2l} & \mathbf{0}_{1\times 2l} \end{pmatrix}_{1\times 6l}, \tag{5.3.15}$$

$$A=\begin{pmatrix} E_l & \mathbf{0}_l & \mathbf{0}_l & \mathbf{0}_l & E_l & \mathbf{0}_l \\ \mathbf{0}_l & E_l & \mathbf{0}_l & \mathbf{0}_l & \mathbf{0}_l & E_l \\ \mathbf{0}_l & \mathbf{0}_l & E_l & E_l & \mathbf{0}_l & \mathbf{0}_l \end{pmatrix}_{3l\times 6l}, \tag{5.3.16}$$

$$b^{\mathrm{T}}=\begin{pmatrix} C^A_{1\times l} & {C^B}_{1\times l} & C_{1\times l} \end{pmatrix}_{1\times 3l}, \tag{5.3.17}$$

其中 E_l 是 $l\times l$ 的单位矩阵, $\mathbf{0}_l$ 是 $l\times l$ 的全 0 矩阵; $-e_{(\cdot\times\cdot)}$, $\varepsilon_{(\cdot\times\cdot)}$, $\mathbf{0}_{(\cdot\times\cdot)}$, ${C^A}_{(\cdot\times\cdot)}$, ${C^B}_{(\cdot\times\cdot)}$ 和 $C_{(\cdot\times\cdot)}$ 分别是由元素 -1, ε, 0, C^A, C^B 和 C 组成的向量, $(\cdot\times\cdot)$ 代表对应的向量的维数.

针对对偶问题 (5.3.8) 和 (5.3.9), 可得以下结论 [4].

定理 5.1　假设 $\pi^*=({\alpha_A^*}^{\mathrm{T}},{\alpha_B^*}^{\mathrm{T}},{\beta_+^*}^{\mathrm{T}},{\beta_-^*}^{\mathrm{T}},{\lambda_A^*}^{\mathrm{T}},{\lambda_B^*}^{\mathrm{T}})^{\mathrm{T}}$ 是对偶问题 (5.3.8) 和 (5.3.9) 的一个解, 那么对于 i, 任意一对 β_i^{+*} 与 β_i^{-*}, 二者不可能同时为 0, 但 $\beta_i^{+*}\beta_i^{-*}=0$, 其中 β_i^{+*} 与 β_i^{-*} 分别是 β_+^* 和 β_-^* 的第 i 个分量, $i=1,2,\cdots,l$.

定理 5.2　假设 $\pi^*=({\alpha_A^*}^{\mathrm{T}},{\alpha_B^*}^{\mathrm{T}},{\beta_+^*}^{\mathrm{T}},{\beta_-^*}^{\mathrm{T}},{\lambda_A^*}^{\mathrm{T}},{\lambda_B^*}^{\mathrm{T}})^{\mathrm{T}}$ 是对偶问题 (5.3.8) 和 (5.3.9) 的一个解, 那么原始问题 (5.3.1)~(5.3.7) 的解 w_A^*, w_B^* 可通过以下方式获得

$$w_A^*=\sum_{i=1}^{l}(\alpha_i^{A^*}y_i-\beta_i^{+*}+\beta_i^{-*}-\lambda_i^{B^*}y_i)\Phi_A(x_i^A), \tag{5.3.18}$$

$$w_B^*=\frac{1}{\gamma}\sum_{i=1}^{l}(\alpha_i^{B^*}y_i+\beta_i^{+*}-\beta_i^{-*}-\lambda_i^{A^*}y_i)\Phi_B(x_i^B). \tag{5.3.19}$$

决策函数　求得对偶问题 (5.3.8) 和 (5.3.9) 的解 $\pi^*=({\alpha_A^*}^{\mathrm{T}},{\alpha_B^*}^{\mathrm{T}},{\beta_+^*}^{\mathrm{T}},{\beta_-^*}^{\mathrm{T}},{\lambda_A^*}^{\mathrm{T}},{\lambda_B^*}^{\mathrm{T}})^{\mathrm{T}}$ 后, 对于一个包含两视角 x^A 和 x^B 的新样本点 $x=(x^A,x^B)$, 可分别用下列两个视角的决策函数对其类别标签作预测,

$$f_A(x^A)=\mathrm{sgn}(g_A(x^A)), \tag{5.3.20}$$

$$f_B(x^B) = \text{sgn}(g_B(x^B)), \tag{5.3.21}$$

其中

$$\begin{aligned} g_A(x^A) &= (w_A^* \cdot \Phi_A(x^A)) \\ &= \sum_{i=1}^{l} (\alpha_i^{A^*} y_i - \beta_i^{+^*} + \beta_i^{-^*} - \lambda_i^{B^*} y_i) K_A(x_i^A, x^A), \end{aligned} \tag{5.3.22}$$

$$\begin{aligned} g_B(x^B) &= (w_B^* \cdot \Phi_B(x^B)) \\ &= \sum_{i=1}^{l} (\alpha_i^{B^*} y_i + \beta_i^{+^*} - \beta_i^{-^*} - \lambda_i^{A^*} y_i) K_B(x_i^B, x^B). \end{aligned} \tag{5.3.23}$$

亦可结合两个视角对其类别标签作联合预测,

$$f(x) = \text{sgn}(g(x)), \tag{5.3.24}$$

其中

$$\begin{aligned} g(x) &= 0.5((w_A^* \cdot \Phi_A(x^A)) + (w_B^* \cdot \Phi_B(x^B))) \\ &= 0.5\left(\sum_{i=1}^{l} (\alpha_i^{A^*} y_i - \beta_i^{+^*} + \beta_i^{-^*} - \lambda_i^{B^*} y_i) K_A(x_i^A, x^A) \right. \\ &\quad \left. + \sum_{i=1}^{l} (\alpha_i^{B^*} y_i + \beta_i^{+^*} - \beta_i^{-^*} - \lambda_i^{A^*} y_i) K_B(x_i^B, x^B) \right). \end{aligned} \tag{5.3.25}$$

据此可以建立 **PSVM-2V 算法**.

PSVM-2V 算法

---

1. 给定训练集 $T = \{(x_i^A, x_i^B, y_i)\}_{i=1}^l \in (R^n \times R^m \times \mathcal{Y})^l$, 其中, $x_i^A \in R^n$, $x_i^B \in R^m$, $y_i \in \mathcal{Y} = \{1, -1\}$, 核函数 K_A 和 K_B, 参数 γ, C^A, C^B, C, $\varepsilon \geqslant 0$;
2. 构造并求解凸二次规划问题 (5.3.8) 和 (5.3.9), 得最优解 $\pi^* = ({\alpha_A^*}^{\mathrm{T}}, {\alpha_B^*}^{\mathrm{T}}, {\beta_+^*}^{\mathrm{T}}, {\beta_-^*}^{\mathrm{T}}, {\lambda_A^*}^{\mathrm{T}}, {\lambda_B^*}^{\mathrm{T}})^{\mathrm{T}}$;
3. 输出决策函数 (5.3.20), (5.3.21) 和 (5.3.24).

5.3.2　理论分析

本节给出 PSVM-2V 的理论分析, 包括一致性分析和泛化能力分析. 事实上, 在 KCCA[5] 的理论保障下, 利用 Rademacher 复杂度 [6], 可得 PSVM-2V 遵循一致性原则的程度和泛化误差界.

一致性分析 KCCA 是利用核方法处理非线性数据的典型相关分析方法. 已有研究证明, KCCA 的相关性最大模型等价于相关性的距离最小化模型[7]. 实际上, PSVM-2V 的一致性约束是建立在 KCCA 的距离最小化模型之上的.

考虑依分布 $\mathcal{D}$ 产生的训练集 T, 见公式(5.1.1). 首先, 定义实值函数 $g_A(x^A) = (w_A^* \cdot \Phi_A(x^A))$ 和 $g_B(x^B) = (w_B^* \cdot \Phi_B(x^B))$ 的间隔为 $f_{AB} = |(w_A^* \cdot \Phi_A(x^A)) - (w_B^* \cdot \Phi_B(x^B))|^2$, 因此可由 f_{AB} 的期望的估计值来度量 PSVM-2V 遵循一致性原则的程度. 利用 Rademacher 复杂度理论[6], f_{AB} 的期望的上界可由以下定理给出[4].

定理 5.3 考虑依概率分布 $\mathcal{D}$ 从 $R^n \times R^m \times \mathcal{Y}$ 中独立同分布采样得到的训练集 (5.1.1), 给定 $M \in R^+$, $\delta \in (0,1)$, 如果 PSVM-2V 的最优解 w_A^*, w_B^* 满足 ${w_A^*}^{\mathrm{T}} w_A^* + {w_B^*}^{\mathrm{T}} w_B^* \leqslant M$ 且核函数 K_A, K_B 有界, 定义 $f_{AB} = |(w_A^* \cdot \Phi_A(x^A)) - (w_B^* \cdot \Phi_B(x^B))|^2$, 那么对于新样本点, 以至少 $1-\delta$ 的概率有

$$\begin{aligned}\mathbb{E}_{\mathcal{D}}[f_{AB}] \leqslant &\frac{1}{l}\sum_{i=1}^{l}(\varepsilon + \eta_i^*)^2 + 3RM\sqrt{\frac{\ln(2/\delta)}{2l}} \\ &+ \frac{4M}{l}\sqrt{\sum_{i=1}^{l}(K_A(x_i^A, x_i^A) + K_B(x_i^B, x_i^B))^2},\end{aligned} \tag{5.3.26}$$

其中 $R = \max\limits_{(x^A, x^B)\in \mathrm{supp}(\mathcal{D})}(K_A(x^A, x^A) + K_B(x^B, x^B))$, $\eta_1^*, \cdots, \eta_l^*$ 为松弛变量 $\eta_1, \cdots, \eta_l$ 的最优解.

泛化能力分析 基于 Rademacher 复杂度理论, 以下定理给出 PSVM-2V 的泛化误差界.

定理 5.4 考虑依概率分布 $\mathcal{D}$ 从 $R^n \times R^m \times \mathcal{Y}$ 中独立同分布采样得到训练集 $T = \{(x_i^A, x_i^B, y_i)\}_{i=1}^l$, 给定常数 A, $B > 0$, $\delta \in (0,1)$, 定义函数类 $\mathcal{G} = \{g | g : (x^A, x^B) \to 0.5((w_A \cdot \Phi_A(x^A)) + (w_B \cdot \Phi_B(x^B))), \|w_A\| \leqslant A, \|w_B\| \leqslant B\}$ 和函数类 $\tilde{\mathcal{G}} = \{\tilde{g} | \tilde{g} : (x^A, x^B, y) \to -yg(x^A, x^B), g(x^A, x^B) \in \mathcal{G}\}$, 如果 PSVM-2V 的最优解 w_A^* 和 w_B^* 满足 $\|w_A^*\| \leqslant A$ 和 $\|w_B^*\| \leqslant B$, 且核函数 K_A, K_B 有界, 那么实值函数 (5.3.25) 满足 $g(x^A, x^B) \in \mathcal{G}$, 且以 $1-\delta$ 的概率有下式成立

$$\begin{aligned}P_{\mathcal{D}}(yg(x^A, x^B) \leqslant 0) \leqslant &\frac{1}{2l}\sum_{i=1}^{l}(\xi_i^{A^*} + \xi_i^{B^*}) + 3\sqrt{\frac{\ln(2/\delta)}{2l}} \\ &+ \frac{2}{l}\left(A\sqrt{\sum_{i=1}^{l}K_A(x_i^A, x_i^A)} + B\sqrt{\sum_{i=1}^{l}K_B(x_i^B, x_i^B)}\right),\end{aligned} \tag{5.3.27}$$

其中, $\xi_i^{A^*} = \max\{0,\ 1 - y_i(w_A^* \cdot \Phi_A(x_i^A)),\ y_i(w_B^* \cdot \Phi_B(x_i^B))\}$, $\xi_i^{B^*} = \max\{0,\ 1 - y_i(w_B^* \cdot \Phi_B(x_i^B)),\ y_i(w_A^* \cdot \Phi_A(x_i^A))\}$.

定理 5.3 指出 f_{AB} 的期望的估计值 $\mathbb{E}_{\mathcal{D}}[f_{AB}]$ 的上界与参数 ε、常数 M 和 R 及训练点个数 l 有关. 当 l 足够大时, $\mathbb{E}_{\mathcal{D}}[f_{AB}]$ 有一个较小的上界. 因此, PSVM-2V 对于不同视角的预测具有一致性. 定理 5.4 指出 PSVM-2V 关于决策函数 (5.3.24) 中的实值函数 $g(x^A, x^B)$ 的期望风险 $P_{\mathcal{D}}(yg(x^A, x^B) \leqslant 0)$ 的上界与常数 A 和 B 及训练点个数 l 等有关. 当训练点个数 l 足够大时, PSVM-2V 具有可估计的泛化误差上界. 大量的数值实验验证了 PSVM-2V 的有效性 [4].

5.4 拓展阅读

目前的多视角学习方法主要分为四类: 协同训练 (co-training)、多核学习 (multiple kernel learning)、子空间学习 (subspace learning) 和深度多视角学习 (deep multi-view learning).

5.4.1 协同训练

协同训练是求解多视角学习问题的一种方法, 它利用在不同的视角上数据被学习的难易程度来发挥视角之间的相互作用, 优势互补, 从而提高训练模型泛化能力. 下面以多视角半监督分类问题为例予以简单介绍.

多视角半监督两分类问题 给定两视角标记训练集

$$T^A = \{(x_1^A, y_1), \cdots, (x_l^A, y_l)\} \in (R^n \times \mathcal{Y})^l, \tag{5.4.1}$$

$$T^B = \{(x_1^B, y_1), \cdots, (x_l^B, y_l)\} \in (R^m \times \mathcal{Y})^l \tag{5.4.2}$$

和两视角未标记训练集

$$U^A = \{x_{l+1}^A, \cdots, x_{l+u}^A\} \in R^n, \tag{5.4.3}$$

$$U^B = \{x_{l+1}^B, \cdots, x_{l+u}^B\} \in R^m, \tag{5.4.4}$$

其中, $x_i^A \in R^n$ 和 $x_i^B \in R^m$ 分别是第 i 个标记训练点的视角 A 和视角 B 的输入, $y_i \in \mathcal{Y} = \{1, -1\}$ 是相应的输出, $i = 1, \cdots, l$; $x_j^A \in R^n$ 和 $x_j^B \in R^m$ 分别是第 j 个未标记训练点的视角 A 和视角 B 的输入, $j = l+1, \cdots, l+u$. 根据训练集寻找以视角 A 和视角 B 的输入 $x^A \in R^n$, $x^B \in R^m$ 为变量的实值函数 $g_A(x^A)$ 和 $g_B(x^B)$, 以便用下列决策函数

$$f_A(x^A) = \mathrm{sgn}(g_A(x^A)), \tag{5.4.5}$$

$$f_B(x^B) = \mathrm{sgn}(g_B(x^B)) \tag{5.4.6}$$

推断任一输入对应的输出, 其中 sgn(·) 为符号函数, 见公式 (5.1.5).

协同训练算法进展 Blum 和 Mitchell[8] 针对多视角半监督学习问题首次提出了协同训练算法, 该算法在各视角数据上分别训练相互联系的分类器, 使得这些分类器在相同的验证数据集上有相似的输出. Katz 等[9] 针对传统协同学习迭代间没有延续性的问题, 提出了 vertical ensemble 模型, 每次迭代使用两个分类器进行学习, 并储存每次迭代训练得到的分类器, 在进行预测的时候不仅利用本次迭代的分类器, 还利用之前迭代中所储存的分类器, 提高模型的预测准确性. Li 等[10] 通过让图卷积网络 (graph convolutional networks, GCNs) 和一个随机游走模型 (random walk model) 联合训练的方式提升浅层网络在有限标记训练点下的效果. 针对协同训练中的过拟合问题, Nguyen 等[11] 提出了 partial Bayesian co-training(PBCT), 其利用缩小特征集的方式创造局部视角 (partial view), 而包含全部特征的集合为全局视角 (complete view). PBCT 通过协同学习的方式充分利用未标记训练点的信息, 并在局部视角和全局视角分别学习, 局部视角学习使得 PBCT 拥有更好的鲁棒性, 而全局视角学习使得 PBCT 拥有更好的准确性. 为了解决知识图谱中实体对齐 (entity alignment) 的问题, Yang 等[12] 设计了 COTSAE 的协同训练模型, 让 Translating Embedding 部分得到的结构信息和 Pseudo-Siamese network 部分得到的特征信息协同学习, 以达到整合实体的结构信息和特征信息的目的.

协同训练算法应用 在自然语言处理领域, Liu 等[13] 通过协同训练的方式解决语言序列标记问题, 并同时关注词语 (word) 层面的信息和字符 (character) 层面的信息. 为了解决用户身份链接问题, Zhong 等[14] 提出了 Colink 的协同训练算法, 该算法利用基于用户属性的视角和基于用户关系的视角相互学习, 以提升模型的整体效果. Zhou 等[15] 提出了带有协同训练的半监督堆叠式自动编码器 (Semi-SAE), 以解决高光谱图像分类的问题, 该模型首先分别对高光谱特征和空间特征进行预训练, 然后利用协同训练的方式对两个视角学习到的编码器进行微调以提高模型的整体效果. 在用户识别领域, Yu 等[16] 结合标签传播算法和朴素贝叶斯分类器来构建共同训练模型, 以精准识别网络上的残疾人用户. 具体地, 标签传播算法学习网络信息, 而朴素贝叶斯分类器学习语言信息. 在计算机视觉领域, Peng 等[17] 利用一小部分带标签图片样本进行多视角协同训练, 解决图像分割问题. 唐超等[18] 基于分类器的差异性度量和一致性度量挑选基分类器, 以实现对人体行为的识别. 张宜浩等[19] 结合多模态学习和神经网络, 基于协同训练的思想提出了新的情感分析方法.

5.4.2 多核学习

多核学习对各视角的特征空间采取不同的核, 通过它们之间的融合, 挖掘多个视角间的结构关联, 从而提高其学习性能.

多核学习分类算法 Rakotomamonjy[20] 等利用自适应的 l_2 范数正则化解决多核学习问题. Sonnenburg[21] 构建关于多核学习的半无限线性规划 (semi-infinite linear program, SILP) 来高效处理大规模多核学习问题. 文献 [22] 构建了基于非平行支持向量机的多核学习框架, 提升了分类模型的泛化能力. 文献 [23] 提出基于 Group LASSO 的多核学习方法, 其使用 Group LASSO 构建多核之间的联系, 保证了解的稀疏性和层次性. 文献 [24] 提出利用多核学习对深层神经网络的内部表示进行优化组合的通用框架.

多核学习聚类算法 多核聚类 (multiple kernel clustering) 也是一个重要的研究方向. Liu 等[25] 提出了基于矩阵诱导正则的多核 k 均值, 其利用矩阵正则来减少冗余, 增加所选核的多样性. 多核学习与图聚类的结合也是多核聚类的一个研究方向, Kang 等[26] 首次将组合核学习引入基于图的聚类, 核权重由关联图所分配, 所提模型取得了良好的效果. 在文献 [27] 中, Kang 等首先学习一个低秩核矩阵, 利用核矩阵的相似性, 从候选核的邻域中寻找最优核, 并将图的构造和核学习统一到一个框架进行学习. 为了解决基核矩阵缺失的情况, Liu 等[28] 又提出了基于不完全核矩阵的自适应多核聚类算法, 进行不完全核矩阵的相互补全. 为了解决核选取的问题, Zhou 等[29] 提出了一种鲁棒的基于子空间分割的多核聚类算法 (rubust subspace segmentation-based multiple kernel clustering, SS-MKC). 文献 [30] 提出基于图的多核学习方法 (local structural graph and low-rank consensus multiple kernel learning, LLMKL) 解决聚类问题. 进一步, Jiang 等[31] 提出了一种结构保持多核聚类方法 (structure-preserving multiple kernel clustering, SPMKC), 该方法采用新的核仿射权重策略, 从预先定义的核函数池中学习最优一致核, 并自动为每个基核分配合适的权重. 此外, SPMKC 构建核群自表达项和核自适应局部结构学习项, 分别在核空间中保持输入数据的全局和局部结构. 结合邻域多核学习与谱聚类, 夏冬雪等[32] 提出一种多视图聚类算法, 其在充分保留局部非线性关系的同时减轻计算负荷.

5.4.3 子空间学习

子空间学习假设多视角数据的不同特征产生于同一个潜在子空间. 它利用多个视角之间的关联性, 将不同视角的特征空间映射到同一个子空间, 形成数据一致性表征来进行多视角学习. 当数据样本的特征空间映射到该子空间时, 样本分布往往更加紧凑, 能够更好地揭示数据之间的统计关系或者本质结构, 从而实现样本的有效表达.

子空间学习降维算法 子空间学习在通过映射寻找多个视角的共享子空间时, 常常希望它的维数较低, 即实现降维. 典型相关性分析 (canonical correlation analysis, CCA)[33] 和核典型相关性分析 (kernel canonical correlation analysis, KCCA)[34] 是两种常用的方法. 它们利用映射后的基向量之间的相关关系来反映原始变量之间的相关性, 在最大化视角间一致性的基础上, 学习多视角数据的共享子空间. 针对核典型相关分析的过拟合以及难以求解的问题, Andrew 提出深度典型相关分析 (deep canonical correlation analysis, DCCA), 对每个视角训练一个网络, 两个网络的输出层维度一致, 通过两个网络对应输出特征的相关系数的最大化来构建损失函数, 并利用反向传播来训练模型参数, 得到最终的子空间[35]. Universum CCA (UCCA) 方法将典型相关分析扩展为针对多视角数据的 Universum 学习方法, 其目标是在多个视角中寻找基向量, 以确保目标数据投影之间的相关性最大化[36]. 多视角局部判别和典型相关分析 (multi-view local discrimination and canonical correlation analysis, MLD^2C) 不仅利用视角内和视角间的判别信息, 还利用成对视角数据之间的相关信息, 从多视角数据中学习一个共同的多视角子空间[37]. 张量典型相关分析网络 (tensor canonical correlation analysis networks) 通过同时最大化任意数量的高阶相关视角的相关性来学习滤波器组, 实现对高阶一致性的探索[38]. 与此类似的是, Zhang 等[39] 提出的张量多视角子空间表征学习 (tensorized multi-view subspace representation learning, TMSRL) 将多个视角低秩张量化, 摆脱了传统方法只能探究两视角间关系的局限, 得到了跨视角的统一多视角子空间. 除了 CCA 及其变形方法之外, 还有许多多视角降维方法被提出. 基于局部对齐的多视角流形学习 (multi-view manifold learning with locality alignment, MVML-LA) 构建一个兼顾不同视角的独立性和相互依赖性的通用的流形学习框架, 以学习包含足够多原始输入信息的低维潜在空间[40]. 针对多视角特征选择问题, Sun 等[41] 提出了一种基于自适应共享输出和相似度的多视角嵌入方法 (multi-view embedding with adaptive shared output and similarity, ME-ASOS), 其学习一个共同的相似矩阵来表征不同视角之间的结构. 基于每个视角的特殊性, Zhong 等[42] 提出了监督稀疏多视角特征选择模型, 其采用可分离的策略来执行对每个视角的加权惩罚. Meng 等[43] 提出了一种基于相似性共识的多视角降维算法, 其通过保留不同视角之间的相似度共识来捕获低维嵌入, 并将现有的维度规约方法扩展到多视角学习领域.

子空间学习分类算法 前面介绍的 SVM-2K[2] 就属于这类算法, 另外, 鉴于特征迁移忽略领域特有特征的判别信息, 张景祥等[44] 提出融合异构特征的子空间迁移学习算法 (subspace transfer learning algorithm integrating with heterogeneous features, STL-IHF), 该算法基于视图的共享特征和特有子空间实现迁移学习. 利用支持向量机及特权信息学习策略, Tang 等[4] 将 PSVM-2V 拓展到多个视角上, 提出了改进的基于特权信息学习理论的多视角支持向量机 (improved privileged SVM for multi-view learning, IPSVM-MV)[45]. 随后, Tang 等[46] 引入 coupling 损失, 对 PSVM-2V 的一致性原则的实现方式进行改进, 提出基于 coupling 损失和特权信息的多视角学习方法 (coupling privileged kernel method for multi-view learning, MCPK). 鉴于非平行支持向量机比标准 SVM 更为灵活且具备更强的泛化能力, Tang 等[47] 提出多视角非平行支持向量机 (multi-view non-parallel support vector machine, MVNPSVM). 多视角广义特征值近邻支持向量机 (multi-view generalized eigenvalue proximal SVMs, MvGSVMs) 通过引入一个多视角协同正则化项来最大化不同视角预测器的一致性, 并把原来复杂的优化问题转化成一个简单的广义特征值问题进行求解[48]. 多视角最小二乘支持向量机 (multi-view least square SVM, MV-LSSVM) 引入 coupling 项作为各个视角连接的桥梁, 使得各个视角所犯的错误总和最小, 实现视角间信息互相补充[49]. 基于一致互补信息的多视角支持向量机 (multi-view SVM with the consensus and complementarity information) 充分利用视角间的一致和互补信息, 处理更一般的多视角分类问题[50]. 针对半监督学习问题, 文献 [51] 提出多视角拉普拉斯最小二乘支持向量机 (multi-view Laplacian least squares SVM, GMvLapSVM) 和多视角拉普拉斯最小二乘双平面支持向量机 (multi-view Laplacian least squares TSVMs, GMvLapTSVMs). 自适应多视角半监督学习模型 (adaptive multi-view semi-supervised learning model, AMUSE) 从一个先验图结构中学习权值, 较权值正则化的方式更为合理[52].

子空间学习聚类算法 子空间学习聚类算法大致分为两类——在数据层面寻找子空间和在模型层面寻找子空间. 在数据层面, 较为原始的方式是对多视角数据进行拼接, 变为单一视角再学习子空间. Li 等[53] 设计了一种隐多视角子空间聚类 (latent multi-view subspace clustering, LMSC), 该方法能够灵活收集不同视角中的互补信息并将其用于重构数据. Zheng 等提供了一种新的特征拼接方式来获得更好的视角融合效果, 并将其应用到多视角聚类领域[54]. 在模型层面, 较为流行的方法是在不同视角上学习仿射矩阵, 然后建立共识图结构. 多视角共识结构发现 (multiview consensus structure discovery, MvCSD) 学习不同视角对应的低维子空间, 同时寻求多视角在子空间聚类上的结构共识, 以产生更稳健且准确的结构表示[55]. 刘展杰和陈晓云借鉴流形学习思想, 用 k 近邻局部线性表示代替全局线性表示, 以解决非线性子空间聚类问题[56]. 为解决多视角子空间聚类使用两步策略 (即先对单视角进行子空间学习再实现融合) 所带来的信息损耗问题, Zhang 等[57] 提出了单步核多视角子空间聚类 (one-step kernel multi-view subspace clustering , OKMSC), 在多个视角中直接学习一个统一仿射矩阵, 从而更为充分地利用多个视角间的互补信息. Xie 等[58] 将聚类、流形学习和潜在表示整合到一个统一的框架中, 开发了一种基于子空间学习的多视角聚类方法. 双相关多变量信息瓶颈 (dual-correlated multivariate information bottleneck, DCMI) 方法充分利用视角间信息与簇间信息[59], 来探索特征间相关性和集群间相关性. Kang 等[60] 提出了一种基于分区的子空间谱聚类方法, 通过三个子任务, 同时学习多个视角的分区, 最后通过加权融合得到共识聚类. 在大多数子空间学习的算法中, 复杂度总是二次甚至更高次的, 较低的效率使其很难能够应用于大规模数据中, 受到 Anchor graph 的启发, Kang 等[61] 提出了一种新的大规模多视角谱聚类 (large-scale multi-view subspace clustering, LMVSC) 方法, 将复杂度限制在线性时间复杂度内, 大量的实验验证了其有效性.

5.4.4 深度多视角学习

在深度学习框架下, 多视角学习亦被称为多模态学习. 粗略地说, 多视角学习更接近理论层面, 而多模态学习更接近应用层面, 其方法主要分为三类[62]: 多模态表征学习 (multi-modal representation learning)、多模态融合学习 (multi-modal fusion learning) 和多模态联合学习 (multi-modal co-learning).

多模态表征学习 多模态表征学习是研究如何利用多个模态间的一致性、互补性和冗余性来表征和归纳多模态数据的. 多模态数据的多源异构性使得建立这种表征更具有挑战性. 例如, 语言通常被表示为象征性符号, 而听觉和视觉的表征通常被表示为数字信号. 多模态表征学习方法可以分为三类: 多模态联合表征学习、多模态对齐表征学习以及共享和私有表征学习. 多模态联合表征学习通过拼接来融合多个模态的信息, 其通常 (但不完全) 用于在训练和推理步骤中都存在多模态数据的任务中[63]. 文献 [64] 提出了一种两阶段学习方法来学习多模态映射, 将多模态数据投影到既保留特征信息又保留语义信息的低维嵌入. 多模态对齐表征学习寻找来自两个或多个模态实例的子组件之间的关系和对应关系. 例如, 给定一部电影, 将它与它所基于的剧本或书籍相结合. 这种能力对于多媒体检索尤其重要, 因为它使我们能够基于文本搜索视频内容, 例如, 在电影中找到特定角色出现的场景. Zhang 等[65] 提出了一种基于相关对齐的深层语义交叉模态哈希方法, 既充分利用语义标签信息, 也充分挖掘异构数据的相关性. 共享和私有表征学习将多模态信息分为多个模态的共享信息和各自的私有信息. 文献 [66] 提出了一种新的社会图像多模态表示学习模型, 即基于三重网络的相关多模态变分自编码来整合图像之间的社会关系, 所有模式中的共同信息和每个模式中的私有信息都被编码用于表征学习. Deng 和 Dragotti[67] 提出了一种新的深度卷积神经网络来解决多模态图像恢复和多模态图像融合问题, 所构建的公共和唯一信息分离网络可以自动将不同模式之间共享的公共信息从属于每个单一模式的唯一信息中分离出来.

多模态融合学习 多模态融合将来自多种模态的信息整合起来, 从而更为准确地进行预测. 例如, 对于视听语音识别, 将嘴唇运动的视觉描述与语音信号相融合, 来预测所说的单词. 多模态融合是多模态机器学习研究最多的方向之一, 主要原因有三个: ① 获得观察同一现象 (对象) 的多种模态可能会使预测更加可靠; ② 使用多种模态可能会更好地捕捉到互补信息, 而这些信息在单模态场景中是看不到的; ③ 当一个模态缺失时, 多模态系统仍然可以正常工作, 例如, 当人不说话时, 从视觉信号中识别情感[68]. Zhou 等[69] 提出了一种用于多模态磁共振成像的新型混合融合网络 (Hi-Net), 该网络学习了从多模态源图像 (即存在模态) 到目标图像 (即缺失模态) 的映射. 在 Hi-Net 中, 一个模态特定的网络被用来学习每个模态的表示, 而融合网络被用来学习多模态数据的共同潜在表示. 基于此, 设计一个多模态综合网络, 将每个模态的潜在表示和层次特征紧密结合起来, 作为一个生成器来合成目标图像.

多模态联合学习 由于来自不同模态的信息可能具有不同的预测能力和噪声拓扑结构, 并且可能存在模态缺失情况, 多模态联合学习是在模态、表征和预测模型之间传递知识. 多模态联合学习通过利用一种资源丰富的模态知识来对资源贫乏的模态进行建模, 即研究如何从一种模态中学习知识, 并利用学习到的知识去帮助在其他模态上训练的模型, 从而提升模型性能. 当其中一种模态的资源有限, 缺少标注数据, 输入具有噪声或标签具有噪声时, 联合学习显得尤为重要. 在大多数情况下, 辅助模态只在模型训练期间使用, 而不在测试期间使用. 根据模态存在方式可以分为三类: 并行、非并行和混合数据联合学习. 并行数据方法要求训练数据集其中一个模态的观测值与其他模态的观测值直接相关. 与之相反, 非并行数据方法不需要不同模式数据间的直接联系. 这些方法通常使用类别重叠来实现共同学习. 例如, 文献 [70] 提出了一种相关多模态深度卷积神经网络 (CorrMCNN), 其可以重构给定数据的一个视角, 同时增加每个隐藏层或每个中间步骤的表示之间的相互作用. 在混合数据联合学习中, Bridge Correlational Neural Network 使用枢轴模态来学习非并行数据中协同的多模态表征 [71].

参 考 文 献

[1] Sun S. A survey of multi-view machine learning[J]. Neural Computing and Applications, 2013, 23(7/8): 2031-2038.

[2] Farquhar J D R, Hardoon D R, Meng H Y, et al. Two view learning: SVM-2K, theory and practice[C]//Proceedings of the Advances in Neural Information Processing Systems. 2005: 355-362.

[3] Vapnik V, Vashist A. A new learning paradigm: Learning using privileged information [J]. Neural Networks, 2009, 22(5/6): 544-557.

[4] Tang J J, Tian Y J, Zhang P, et al. Multiview privileged support vector machines[J]. IEEE Transactions on Neural Networks and Learning Systems, 2018, 29(8): 3463-3477.

[5] Vinokourov A, Cristianini N, Shawe-Taylor J. Inferring a semantic representation of text via cross-language correlation analysis[C]//Proceedings of the Advances in Neural Information Processing Systems. 2002: 1473-1480.

[6] Bartlett P L, Mendelson S. Rademacher and Gaussian complexities: Risk bounds and structural results[J]. Journal of Machine Learning Research, 2002, 3: 463-482.

[7] Fukumizu K, Bach F R, Gretton A. Statistical consistency of kernel canonical correlation analysis[J]. Journal of Machine Learning Research, 2007, 8(2): 361-383.

[8] Blum A, Mitchell T. Combining labeled and unlabeled data with co-training[C]//Proceedings of the Conference on Computational Learning Theory. 1998: 92-100.

[9] Katz G, Caragea C, Shabtai A. Vertical ensemble co-training for text classification[J]. ACM Transactions on Intelligent Systems and Technology, 2017, 9(2): 1-23.

[10] Li Q M, Han Z C, Wu X M. Deeper insights into graph convolutional networks for semi-supervised learning[C]//Proceedings of the AAAI Conference on Artificial Intelligence: volume 32. 2018: 3538-3545.

[11] Nguyen C M, Li X, Blanton R D, et al. Partial Bayesian co-training for virtual metrology[J]. IEEE Transactions on Industrial Informatics, 2020, 16(5): 2937-2945.

[12] Yang K, Liu S Q, Zhao J F, et al. COTSAE: Co-training of structure and attribute embeddings for entity alignment[C]//Proceedings of the AAAI Conference on Artificial Intelligence: volume 34. 2020: 3025-3032.

[13] Liu L Y, Shang J B, Ren X, et al. Empower sequence labeling with task-aware neural language model[C]//Proceedings of the AAAI Conference on Artificial Intelligence: volume 32. 2018: 5253-5260.

[14] Zhong Z X, Cao Y, Guo M, et al. CoLink: An unsupervised framework for user identity linkage[C]//Proceedings of the AAAI Conference on Artificial Intelligence: volume 32. 2018: 5714-5721.

[15] Zhou S G, Xue Z H, Du P J. Semisupervised stacked autoencoder with cotraining for hyperspectral image classification[J]. IEEE Transactions on Geoscience and Remote Sensing, 2019, 57(6): 3813-3826.

[16] Yu X, Chakraborty S, Brady E. A co-training model with label propagation on a bipartite graph to identify online users with disabilities[C]//Proceedings of the International AAAI Conference on Web and Social Media: volume 13. 2019: 667-670.

[17] Peng J Z, Estrada G, Pedersoli M, et al. Deep co-training for semi-supervised image segmentation[J]. Pattern Recognition, 2020, 107: 107269.

[18] 唐超, 王文剑, 李伟, 等. 基于多学习器协同训练模型的人体行为识别方法[J]. 软件学报, 2015, 26(11): 2939-2950.

[19] 张宜浩, 朱小飞, 徐传运, 等. 基于用户评论的深度情感分析和多视图协同融合的混合推荐方法[J]. 计算机学报, 2019, 42(6): 1316-1333.

[20] Rakotomamonjy A, Bach F, Canu S, et al. More efficiency in multiple kernel learning[C]//Proceedings of the 24th International Conference on Machine Learning. 2007: 775-782.

[21] Sonnenburg S, Rätsch G, Schäfer C, et al. Large scale multiple kernel learning[J]. Journal of Machine Learning Research, 2006, 7: 1531-1565.

[22] Tang J J, Tian Y J. A multi-kernel framework with nonparallel support vector machine [J]. Neurocomputing, 2017, 266(2017): 226-238.

[23] Subrahmanya N, Shin Y C. Sparse multiple kernel learning for signal processing applications[J]. IEEE Transactions on Pattern Analysis and Machine Intelligence, 2010, 32(5): 788-798.

[24] Lauriola I, Gallicchio C, Aiolli F. Enhancing deep neural networks via multiple kernel learning[J]. Pattern Recognition, 2020, 101: 107194.

[25] Liu X W, Dou Y, Yin J P, et al. Multiple kernel k-means clustering with matrix-induced regularization[C]//Proceedings of the Thirtieth AAAI Conference on Artificial Intelligence: volume 30. 2016: 1888-1894.

[26] Kang Z, Lu X, Yi J F, et al. Self-weighted multiple kernel learning for graph-based clustering and semi-supervised classification[C]//Proceedings of the 27th International Joint Conference on Artificial Intelligence. 2018: 2312-2318.

[27] Kang Z, Wen L J, Chen W Y, et al. Low-rank kernel learning for graph-based clustering [J]. Knowledge-Based Systems, 2019, 163: 510-517.

[28] Liu X W, Zhu X Z, Li M M, et al. Multiple kernel k-means with incomplete kernels [J]. IEEE Transactions on Pattern Analysis and Machine Intelligence, 2020, 42(5): 1191-1204.

[29] Zhou S H, Zhu E, Liu X W, et al. Subspace segmentation-based robust multiple kernel clustering[J]. Information Fusion, 2020, 53: 145-154.

[30] Ren Z W, Li H R, Yang C, et al. Multiple kernel subspace clustering with local structural graph and low-rank consensus kernel learning[J]. Knowledge-Based Systems, 2020, 188: 105040.

[31] Jiang H, Tao C Q, Dong Y, et al. Robust low-rank multiple kernel learning with compound regularization[J]. European Journal of Operational Research, 2021, 295(2): 634-647.

[32] 夏冬雪, 杨燕, 王浩, 等. 基于邻域多核学习的后融合多视图聚类算法[J]. 计算机研究与发展, 2020, 57(8): 1627-1638.

[33] Hardoon D R, Szedmak S, Shawe-Taylor J. Canonical correlation analysis: An overview with application to learning methods[J]. Neural Computation, 2004, 16(12): 2639-2664.

[34] Akaho S. A kernel method for canonical correlation analysis[J]. arXiv preprint cs/0609071, 2006.

[35] Andrew G, Arora R, Bilmes J, et al. Deep canonical correlation analysis[C]// Proceedings of the 30th International Conference on Machine Learning. 2013: 1247-1255.

[36] Chen X H, Yin H J, Jiang F, et al. Multi-view dimensionality reduction based on Universum learning[J]. Neurocomputing, 2018, 275: 2279-2286.

[37] Han L, Jing X Y, Wu F. Multi-view local discrimination and canonical correlation analysis for image classification[J]. Neurocomputing, 2018, 275: 1087-1098.

[38] Yang X H, Liu W F, Liu W. Tensor canonical correlation analysis networks for multi-view remote sensing scene recognition[J]. IEEE Transactions on Knowledge and Data Engineering, 2022, 34(6): 2948-2961.

[39] Zhang C Q, Fu H Z, Wang J, et al. Tensorized multi-view subspace representation learning[J]. International Journal of Computer Vision, 2020, 128(8): 2344-2361.

[40] Zhao Y, You X G, Yu S J, et al. Multi-view manifold learning with locality alignment [J]. Pattern Recognition, 2018, 78: 154-166.

[41] Sun S Z, Wan Y, Zeng C. Multi-view embedding with adaptive shared output and similarity for unsupervised feature selection[J]. Knowledge-Based Systems, 2019, 165: 40-52.

[42] Zhong J, Wang N, Lin Q, et al. Weighted feature selection via discriminative sparse multi-view learning[J]. Knowledge-Based Systems, 2019, 178: 132-148.

[43] Meng X Z, Wang H B, Feng L. The similarity-consensus regularized multi-view learning for dimension reduction[J]. Knowledge-Based Systems, 2020, 199: 105835.

[44] 张景祥, 王士同, 邓赵红, 等. 融合异构特征的子空间迁移学习算法[J]. 自动化学报, 2014, 40(2): 236-246.

[45] Tang J J, Tian Y J, Liu X H, et al. Improved multi-view privileged support vector machine[J]. Neural Networks, 2018, 106: 96-109.

[46] Tang J J, Tian Y J, Liu D L, et al. Coupling privileged kernel method for multi-view learning[J]. Information Sciences, 2019, 481: 110-127.

[47] Tang J J, Li D W, Tian Y J, et al. Multi-view learning based on nonparallel support vector machine[J]. Knowledge-Based Systems, 2018, 158: 94-108.

[48] Sun S L, Xie X J, Dong C. Multiview learning with generalized eigenvalue proximal support vector machines[J]. IEEE Transactions on Cybernetics, 2019, 49(2): 688-697.

[49] Houthuys L, Langone R, Suykens J A K. Multi-view least squares support vector machines classification[J]. Neurocomputing, 2018, 282: 78-88.

[50] Xie X, Sun S. Multi-view support vector machines with the consensus and complementarity information[J]. IEEE Transactions on Knowledge and Data Engineering, 2020, 32(12): 2401-2413.

[51] Xie X J, Sun S L. General multi-view semi-supervised least squares support vector machines with multi-manifold regularization[J]. Information Fusion, 2020, 62: 63-72.

[52] Nie F P, Tian L, Wang R, et al. Multiview semi-supervised learning model for image classification[J]. IEEE Transactions on Knowledge and Data Engineering, 2020, 32 (12): 2389-2400.

[53] Li R H, Zhang C Q, Hu Q H, et al. Flexible multi-view representation learning for subspace clustering.[C]//Proceedings of the International Joint Conference on Artificial Intelligence. 2019: 2916-2922.

[54] Zheng Q H, Zhu J H, Li Z Y, et al. Feature concatenation multi-view subspace clustering[J]. Neurocomputing, 2020, 379: 89-102.

[55] Meng M, Lan M C, Yu J, et al. Multiview consensus structure discovery[J]. IEEE Transactions on Cybernetics, 2022, 52(5): 3469-3482.

[56] 刘展杰, 陈晓云. 局部子空间聚类[J]. 自动化学报, 2016, 42(8): 1238-1247.

[57] Zhang G Y, Zhou Y R, He X Y, et al. One-step kernel multi-view subspace clustering[J]. Knowledge-Based Systems, 2020, 189: 105126.

[58] Xie D Y, Zhang X D, Gao Q X, et al. Multiview clustering by joint latent representation and similarity learning[J]. IEEE Transactions on Cybernetics, 2020, 50(11): 4848-4854.

[59] Hu S Z, Shi Z L, Ye Y D. DMIB: Dual-correlated multivariate information bottleneck for multiview clustering[J]. IEEE Transactions on Cybernetics, 2022, 52(6): 4260-4274.

[60] Kang Z, Zhao X J, Peng C, et al. Partition level multiview subspace clustering[J]. Neural Networks, 2020, 122: 279-288.

[61] Kang Z, Zhou W T, Zhao Z T, et al. Large-scale multi-view subspace clustering in linear time[C]//Proceedings of the AAAI Conference on Artificial Intelligence: volume 34. 2020b: 4412-4419.

[62] Baltrušaitis T, Ahuja C, Morency L P. Multimodal machine learning: A survey and taxonomy[J]. IEEE Transactions on Pattern Analysis and Machine Intelligence, 2019, 41(2): 423-443.

[63] Nie F P, Cai G H, Li J, et al. Auto-weighted multi-view learning for image clustering and semi-supervised classification[J]. IEEE Transactions on Image Processing, 2018, 27(3): 1501-1511.

[64] Wu Y L, Wang S H, Huang Q M. Multi-modal semantic autoencoder for cross-modal retrieval[J]. Neurocomputing, 2019, 331: 165-175.

[65] Zhang M J, Li J Z, Zhang H X, et al. Deep semantic cross modal hashing with correlation alignment[J]. Neurocomputing, 2020, 381: 240-251.

[66] Huang F R, Zhang X M, Xu J, et al. Multimodal learning of social image representation by exploiting social relations[J]. IEEE Transactions on Cybernetics, 2021, 51(3): 1506-1518.

[67] Deng X, Dragotti P L. Deep convolutional neural network for multi-modal image restoration and fusion[J]. IEEE Transactions on Pattern Analysis and Machine Intelligence, 2021, 43(10): 3333-3348.

[68] Gong C. Exploring commonality and individuality for multi-modal curriculum learning[C]//Proceedings of the Thirty-First AAAI Conference on Artificial Intelligence: volume 31. 2017: 1926-1933.

[69] Zhou T, Fu H Z, Chen G, et al. Hi-net: Hybrid-fusion network for multi-modal MR image synthesis[J]. IEEE Transactions on Medical Imaging, 2020, 39(9): 2772-2781.

[70] Bhatt G, Jha P, Raman B. Representation learning using step-based deep multi-modal autoencoders [J]. Pattern Recognition, 2019, 95: 12-23.

[71] Rajendran J, Khapra M M, Chandar S, et al. Bridge correlational neural networks for multilingual multimodal representation learning[C]//Proceedings of NAACL-HLT. 2016: 171-181.

第 6 章　多标签学习

在机器学习领域, 如何对多标签的数据进行有效学习, 已成为一个热点问题. 本章将介绍多标签分类问题概念及利用二元关联与排序支持向量机的解决方法. 为更好地探索标签之间的相关性, 本章还介绍了一种新的代价敏感的多标签分类模型, 并给出了相关算法与理论分析. 最后从传统机器学习和深度学习的角度介绍了近年来的一些研究进展.

6.1　多标签学习问题与评价指标

多标签学习 (multi-label learning, MLL) 是相对于单标签学习而言的. 事实上, 我们以前介绍的两分类问题或者多分类问题, 大都属于单标签学习, 其中只用一个标签来标明研究对象的类别. 例如对于一篇文档, 如果只是关心它是否属于体育类, 就可以用一个标签: 把属于体育类的文档标签设为 1; 不属于的设为 -1. 然而, 对于一篇文档, 它也可能同时属于多个类别, 如既属于体育类, 又属于政治类等, 这时就需要引入多个标签. 如果要同时对文档的多个标签进行分类, 所对应的就是一个多标签学习问题.

6.1.1　多标签分类问题

多标签分类问题 (multi-label classification problem, MLC) 与传统的单标签分类问题不同. 在多标签分类问题中, 一个样本可能同时具有多个标签. 这种情况普遍存在于现实世界中, 如图 6.1.1 所示的一幅图像, 它可能对应 “太阳”、“云朵” 和 “高楼” 3 个标签. 目前, 多标签分类已在文本分类、生物信息学、个性化推荐等领域得到了广泛的应用.

标准的多标签分类问题的定义如下.

多标签分类问题　给定训练集

$$T = \{(x_1, y_1), \cdots, (x_l, y_l)\} \in (R^n \times \mathcal{Y})^l, \tag{6.1.1}$$

其中 $x_i \in R^n$ 是输入, $y_i = (y_{i1}, y_{i2}, \cdots, y_{im}) \in \mathcal{Y} = \{1, -1\}^m$ 是输出, $i = 1, 2, \cdots, l$. 事实上, y_i 是一个 m 维向量, $y_{ij} = 1$ (或 -1) 代表第 i 个实例对于第 j 个标签是相关的 (或无关的). 根据训练集寻找 R^n 空间上的一个 m 维实值向量

函数 $g(x)$, 以便用决策函数

$$f(x) = \text{sgn}(g(x)) \tag{6.1.2}$$

推断任一输入 x 对应的输出 y, 其中 $\text{sgn}(\cdot)$ 为符号函数.

图 6.1.1 多标签分类例子

6.1.2 多标签学习的评价指标

传统的单标签分类方法的评价指标不再适用于对多标签分类器的评估. 令测试集包含 l_t 个输入, 对于其中的第 i 个输入 x_i, 记 $f(x_i) = (f_1(x_i), f_2(x_i), \cdots, f_m(x_i))$ 为其预测的标签向量, TE_i^+, TE_i^- 分别代表真实的与第 i 个实例相关的和无关的标签的集合, PE_i^+, PE_i^- 分别代表预测的与第 i 个实例相关的和无关的标签的集合. 记输入矩阵为 $X = (x_1, x_2, \cdots, x_l)^{\text{T}} \in R^{l\times n}$, 输出矩阵为 $Y = (y_1, y_2, \cdots, y_l)^{\text{T}} \in R^{l\times m}$, $|X|$ 代表集合 X 的基数. 目前流行的评价指标有 [1,2]:

(1) Hamming Loss (Hal): 错分的实例-标签对的分数,

$$\text{Hal} = \frac{1}{l_t m}\sum_{i=1}^{l_t}\sum_{j=1}^{m}\mathbf{1}\left[f_j(x_i) \neq y_{ij}\right]. \tag{6.1.3}$$

(2) Subset Accuracy (Sa): 预测的标签和真实的标签完全匹配的分数,

$$\text{Sa} = \frac{1}{l_t}\sum_{i=1}^{l_t}\mathbf{1}\left[f(x_i) = y_i\right]. \tag{6.1.4}$$

(3) F1-Example (F1e): 每个实例的 F1 值的平均, 其中 F1 值是每个实例上的准确率和召回率的调和平均数,

$$\mathrm{F1e}=\frac{1}{l_t}\sum_{i=1}^{l_t}\frac{2|\mathrm{PE}_i^+\cap\mathrm{TE}_i^+|}{|\mathrm{PE}_i^+|+|\mathrm{TE}_i^+|}. \tag{6.1.5}$$

(4) Ranking Loss (Ral): 每个实例上的反向排序对的平均分数,

$$\mathrm{Ral}=\frac{1}{l_t}\sum_{i=1}^{l_t}\frac{|\mathrm{SetR}_i|}{|\mathrm{TE}_i^+||\mathrm{TE}_i^-|}, \tag{6.1.6}$$

其中 $\mathrm{SetR}_i=\{(u,v)|f_u(x_i)\leqslant f_v(x_i),(u,v)\in\mathrm{TE}_i^+\times\mathrm{TE}_i^-\}$.

(5) Average Precision (Ap): 相关标签排名比一个特定相关标签高的平均分数,

$$\mathrm{Ap}=\frac{1}{l_t}\sum_{i=1}^{l_t}\frac{1}{|\mathrm{TE}_i^+|}\sum_{j\in\mathrm{TE}_i^+}\frac{|\mathrm{SetP}_{ij}|}{\mathrm{rank}_f(x_i,j)}, \tag{6.1.7}$$

其中 $\mathrm{rank}_f(x_i,j)$ 代表根据预测 $f(x_i)$ 的标签 j 的排序位置, 且 $f(x_i)$ 按降序排序, $\mathrm{SetP}_{ij}=\{k\in\mathrm{TE}_i^+|\mathrm{rank}_f(x_i,k)\leqslant\mathrm{rank}_f(x_i,j)\}$.

对于 Hamming Loss 和 Ranking Loss, 值越小代表性能越好, 而对于其他评价指标, 值越大代表性能越好.

6.2 多标签学习的经典算法

二元关联 (binary relevance, BR) [3] 和排序支持向量机 (ranking support vector machine, Ranking-SVM)[4] 是解决多标签分类问题的两种代表性方法, 本节将分别介绍这两种经典算法.

6.2.1 二元关联

对于包含训练集 (6.1.1) 的多标签分类问题, 一种自然的解决方案是将它分解为多个独立的二分类问题, 每个二分类问题与标签空间的每个可能的标签相对应, 这种方法称为二元关联. 确切地说, 对 $j=1,2,\cdots,m$ 执行以下操作: 针对第 j 个标签 q_j, 首先根据训练集 (6.1.1) 建立一个二元训练集

$$T_j=\{(x_1,y_{1j}),\cdots,(x_l,y_{lj})\}. \tag{6.2.1}$$

然后利用一个二分类学习算法作为基分类器得到二分类实值函数 $g_j(x)$ 以及决策函数

$$f_j(x)=\mathrm{sgn}(g_j(x)), \tag{6.2.2}$$

综合 $f_1(x),\cdots,f_m(x)$ 便可得到多标签学习的基分类器 $f(x)$.

二元关联可以使用标准 SVM 来作为基分类器. 针对第 j 个标签的二分类问题, 原始优化问题为

$$\min_{w_j} \quad \sum_{i=1}^{l} L(y_{ij}, g_j(x_i)) + \lambda_j P(w_j), \tag{6.2.3}$$

其中 $L(y_{ij}, g_j(x_i))$ 是根据真实标签 y_{ij} 衡量实值函数值$g_j(x_i)$ 造成的损失, $P(w_j)$ 是一个控制模型复杂度的正则化项, λ_j 是一个权衡参数.

对于线性模型 $g_j(x) = (w_j \cdot x), j = 1, 2, \cdots, m$, 设置 $P(w_j) = \|w_j\|_2^2$ 后, 优化问题可以写为

$$\min_{w_j} \quad \sum_{i=1}^{l} L(y_{ij}, (w_j \cdot x_i)) + \lambda_j \|w_j\|_2^2, \tag{6.2.4}$$

其等价于

$$\min_{w_1, w_2, \cdots, w_m} \quad \sum_{j=1}^{m} \sum_{i=1}^{l} L(y_{ij}, (w_j \cdot x_i)) + \sum_{j=1}^{m} \lambda_j \|w_j\|_2^2, \tag{6.2.5}$$

设 $W = (w_1, w_2, \cdots, w_m) \in R^{n \times m}, \Lambda = (\lambda_1 e, \lambda_2 e, \cdots, \lambda_m e) \in R^{n \times m}$, 其中 e 是分量全为 1 的列向量, 该问题可进一步表示为

$$\min_{W} \quad \|L(Y, XW)\|_1 + \|\Lambda \circ W\|_F^2, \tag{6.2.6}$$

其中输入矩阵为 $X = (x_1, x_2, \cdots, x_l)^{\mathrm{T}} \in R^{l \times n}$, 输出矩阵为 $Y = (y_1, y_2, \cdots, y_l)^{\mathrm{T}} \in R^{l \times m}$, $L(Y, XW) \in R^{l \times m}$ 是损失函数值组成的矩阵, 且 $L(Y, XW)_{ij} = L(y_{ij}, (w_j \cdot x_i)), i = 1, 2, \cdots, l; j = 1, 2, \cdots, m$, 记号 $\circ$ 为矩阵的阿达马积 (Hadamard product), 即若 $A = (a_{ij}), B = (b_{ij})$, 则 $(A \circ B)_{ij} = a_{ij} b_{ij}$. 如果设置每个二分类器的权重 λ_j 均为 λ, 该问题就变为

$$\min_{W} \quad \|L(Y, XW)\|_1 + \lambda \|W\|_F^2. \tag{6.2.7}$$

在多标签分类中常用的损失函数有最小二乘损失、合页损失和指数损失. 除此之外, 第 3 章中介绍的分类问题的损失函数, 例如 Ramp 损失等, 都可以应用于上述框架.

6.2.2 排序支持向量机

排序支持向量机 (Ranking-SVM) 在最大间隔原则下最小化经验 Ranking Loss 来解决多标签学习问题, 它是通过排序学习和阈值学习两个阶段来实现的. 本节

以基本的线性 Ranking-SVM [4] 为例予以说明. 对于 $j=1,2,\cdots,m$, 引进函数 $(w_j \cdot x)$, 认定其函数值体现了 x 的第 j 个标签取值为 1 的倾向程度. Ranking-SVM 排序学习阶段就是学习 $w_j, j=1,2,\cdots,m$, 即从训练集 (6.1.1) 出发, 构造优化问题

$$\min_{W} \quad \frac{1}{2}\sum_{j=1}^{m}\|w_j\|^2+\lambda\sum_{i=1}^{l}\frac{1}{|Y_i^+||Y_i^-|}\sum_{p\in Y_i^+}\sum_{q\in Y_i^-}\xi_{pq}^i, \tag{6.2.8}$$

$$\text{s.t.} \quad (w_p\cdot x_i)-(w_q\cdot x_i)\geqslant 1-\xi_{pq}^i,\ (p,q)\in Y_i^+\times Y_i^-, \tag{6.2.9}$$

$$\xi_{pq}^i\geqslant 0,\ i=1,\cdots,l, \tag{6.2.10}$$

其中, Y_i^+ (或 Y_i^-) 代表与实例 x_i 相关的 (或无关的) 标签的索引集合, λ 为控制模型复杂度的均衡参数.

求解上述优化问题得到 $w_j^*, j=1,2,\cdots,m$ 后, 便可以根据 $(w_1^*\cdot x),\cdots,(w_m^*\cdot x)$ 的大小, 对输入 x 的 m 个标签取值 1 的倾向性排序, 排在越前面的标签就越有可能取值为 1. 这就完成了排序学习.

Ranking-SVM 还需要阈值学习阶段. 基于对训练集中每个输入的各个标签学习得到的预测值组成的向量 $g_i=(g_{i1},g_{i2},\cdots,g_{im})\in R^m$, 它根据以下的规则找到每个样本对应的最优分割阈值

$$t(x_i)=\underset{t}{\operatorname{argmin}}\sum_{j=1}^{m}\left\{\mathbf{1}\left[j\in Y_i^+\right]\mathbf{1}\left[g_{ij}\leqslant t\right]+\mathbf{1}\left[j\in Y_i^-\right]\mathbf{1}\left[g_{ij}\geqslant t\right]\right\}, \tag{6.2.11}$$

然后找出阈值函数 $T(g)$. 以上基于阈值的方法 [4] 可以被形式化为一个回归问题 $T: R^l\to R$, 其中原文 [4] 使用了线性最小二乘方法.

在对每个测试实例 x 预测时, 首先计算得到 $g(x)$, 然后得到分割阈值 $t(x)=T(g)$, 最后获得多标签分类预测向量 $f(x)=\operatorname{sgn}(g(x)-t(x))$.

6.3 考虑标签相关性的代价敏感多标签学习

在多标签分类中, 标签之间可能具有相互依赖的关系, 即相关性. 而且对于不同的数据, 还可能表现出不同程度的标签相关性. 例如, 对于一幅自然场景图像, 标签 “山” 和 “树” 可能同时出现的概率比较大, 而标签 “沙漠” 和 “大海” 则很少同时出现在一张图片中. 因此, 如何有效合理地利用标签之间的相关性, 对于提高模型的泛化能力具有十分重要的意义.

尽管二元关联方法简单直观, 但它可能带来类别不均衡的问题, 而且忽略了标签之间的相关性. 为了解决这个问题, 有些人将标签之间的相关性编码到特征

表示中去, 但这样会导致其他的问题出现, 比如不一致性, 即两个标签在不同的样本上表现出不同的相关性. 常用的拉普拉斯正则等技术主要集中于正标签相关性而不能有效地探索负标签相关性. 针对该现状, 本节提出了一种新的兼顾正负标签相关性的代价敏感的多标签学习模型 (cost-sensitive multi-label learning model with positive and negative label pairwise correlations, CPNL).

6.3.1 模型构建

6.3.1.1 基本模型

我们选择的基本参考模型是二元关联模型, 即优化问题 (6.2.7), 其中损失函数 $L(Y, XW)$ 选择最小二乘合页损失函数, 优化问题为

$$\min_{W} \quad \frac{1}{2}\|(|E - Y \circ (XW)|_{+})^{2}\|_{1} + \frac{\lambda_1}{2}\|W\|_F^2, \tag{6.3.1}$$

其中, E 代表每个元素均为 1 的矩阵, λ_1 是一个控制模型复杂度的正则化参数.

6.3.1.2 代价敏感损失的加入

对 $j = 1,\ 2, \cdots,\ m$, 一个具体的标签 q_j 把样本点分成两类, 正类样本点是指该样本包含标签 q_j, 而负类样本点则是指该样本不包含标签 q_j. 由于各标签正负样本点个数的比例有所不同, 应当对正负样本赋予不同的权重. 定义代价敏感矩阵 C, 其中的元素为

$$C_{ij} = \begin{cases} \left(\dfrac{\displaystyle\sum_{p=1}^{l} \mathbf{1}\left[Y_{pj} = -1\right]}{\displaystyle\sum_{p=1}^{l} \mathbf{1}\left[Y_{pj} = 1\right]} \right)^{\beta}, & Y_{ij} = 1, \\ 1, & \text{其他}. \end{cases} \tag{6.3.2}$$

这里引入一个权重因子 $\beta \in [0, 1]$. 权重因子 β 越大意味着对于一个具体的标签 q_j, 负样本的数量越多, 正样本的数量越少, 例如它的负样本个数是正样本个数的 10 倍, 那么正样本的权重为 $10^{\beta} \in [1, 10]$, 而负样本的权重总是为 1. 引入代价敏感矩阵 C 后, 优化问题变为

$$\min_{W} \quad \frac{1}{2}\|(|E - Y \circ XW|_{+})^{2} \circ C\|_{1} + \frac{\lambda_1}{2}\|W\|_F^2. \tag{6.3.3}$$

值得注意的是, 当 $\beta = 0$ 时, 这个模型退化为传统的 BR 模型.

6.3.1.3 成对正负标签相关性的加入

考虑一对标签的正负相关性. 如果两个标签对于大多数的输入都具有一样的值 (即都等于 1 或 −1), 则这两个标签具有正标签相关性; 如果对于大多数的输入都具有相反的值, 则这两个标签具有负标签相关性. 如图 6.3.1(a) 所示, 这两个标签 y_i 和 y_j 是一致的, 即具有正标签相关性. 对于任意第 p 维 (对应于 x_p), 这两个标签很大概率上具有同样的值 (即都等于 1 或 −1), 因此这两个标签的预测值 g_i 和 g_j 应该是相似的. 又如图 6.3.1(b) 所示的负标签相关性则相反. 给定一对标签 y_i, y_j, 可以用如下两个相似度分别度量成对的正负标签相关性.

$$s_{ij} = \text{similarity}(y_i, y_j) = \frac{1}{l}\sum_{p=1}^{l} \mathbf{1}\left[y_{ip} = y_{jp}\right], \tag{6.3.4}$$

$$\bar{s}_{ij} = \text{similarity}(y_i, -y_j) = \frac{1}{l}\sum_{p=1}^{l} \mathbf{1}\left[y_{ip} = -y_{jp}\right]. \tag{6.3.5}$$

	x_1	x_2	x_3	$\cdots$	x_{n-1}	x_n
y_i	−1	1	1	$\cdots$	−1	−1
y_j	−1	1	1	$\cdots$	−1	−1

(a) 成对正标签相关性

	x_1	x_2	x_3	$\cdots$	x_{n-1}	x_n
y_i	−1	1	1	$\cdots$	−1	−1
y_j	1	−1	−1	$\cdots$	1	1

(b) 成对负标签相关性

图 6.3.1 正负标签相关性

这样, 以正标签相关性为例, 可以加入如下的正则项

$$\begin{aligned} P_{\text{pos}} &= \frac{1}{2}\sum_{i=1}^{m}\sum_{j=1}^{m} s_{ij}\|g_i - g_j\|_2^2 \\ &= \frac{1}{2}\left(\sum_{i=1}^{m}\sum_{j=1}^{m} s_{ij}(\|g_i\|_2^2 + \|g_j\|_2^2) - 2\sum_{i=1}^{m}\sum_{j=1}^{m} s_{ij}(g_i \cdot g_j)\right), \end{aligned} \tag{6.3.6}$$

引入对称的相似度矩阵 $S=(s_{ij}) \in R^{m\times m}$, 实值矩阵 $F = XW = (g_1, g_2, \cdots, g_l) \in R^{m\times l}$. 定义拉普拉斯矩阵 $\mathbf{L}_{\text{pos}} = D_{\text{pos}} - S \in R^{m\times m}$, 且 $D_{\text{pos}} \in R^{m\times m}$ 是一个以 Se 为对角元素的对角矩阵 (e 是一个每个元素均为 1 的向量). 因此, 正则项 (6.3.6) 变为

$$\begin{aligned} P_{\text{pos}} &= \text{Tr}(FD_{\text{pos}}F^{\text{T}}) - \text{Tr}(FSF^{\text{T}}) \\ &= \text{Tr}(F\mathbf{L}_{\text{pos}}F^{\text{T}}). \end{aligned} \tag{6.3.7}$$

同理, 得到负标签相关性对应的正则项为

$$P_{\text{neg}} = \text{Tr}(F\mathbf{L}_{\text{neg}}F^{\text{T}}), \tag{6.3.8}$$

其中, $\mathbf{L}_{\text{neg}} = D_{\text{neg}} + \bar{S} \in R^{m\times m}$, 且 $\bar{S} = (\bar{s}_{ij})$, $D_{\text{neg}} \in R^{m\times m}$ 是一个以 $\bar{S}\bar{e}$ 为对角元素的对角矩阵 (e 上一横是一个每个元素均为 1 的向量).

综合正则项 (6.3.7) 和 (6.3.8), 优化问题 (6.3.3) 变为

$$\begin{aligned}\min_{W}\quad & \frac{1}{2}\|(|E - Y\circ XW|_{+})^{2}\circ C\|_{1} + \frac{\lambda_1}{2}\|W\|_F^2 + \frac{\lambda_2}{2}\operatorname{Tr}(XW\mathbf{L}_{\text{pos}}(XW)^{\mathrm{T}})\\ & + \frac{\lambda_3}{2}\operatorname{Tr}(XW\mathbf{L}_{\text{neg}}(XW)^{\mathrm{T}}),\end{aligned}\tag{6.3.9}$$

其中, $C \in R^{m\times l}$, 且

$$C_{ij} = \begin{cases}\left(\dfrac{\displaystyle\sum_{p=1}^{l}\mathbf{1}[Y_{pj}=-1]}{\displaystyle\sum_{p=1}^{l}\mathbf{1}[Y_{pj}=1]}\right)^{\beta}, & Y_{ij}=1,\\ 1, & \text{其他}.\end{cases}$$

6.3.1.4　非线性模型

为解决非线性多标签分类问题, 基于通常的核技巧, 可得到

$$W = \Phi(X)^{\mathrm{T}}A,\tag{6.3.10}$$

其中, $\Phi(X) = (\Phi(x_1), \cdots, \Phi(x_l))$, $A = (\alpha_1, \cdots, \alpha_m) \in R^{l\times m}$, $\alpha_i \in R^l$, 且 $\Phi(\cdot)$ 代表特征映射函数, 对应的核函数 $K(\cdot,\cdot)$ 满足 $K(x_i, x_j) = (\Phi(x_i)\cdot\Phi(x_j))$. 将 $\|W\|_F^2$ 用 $\operatorname{Tr}(WW^{\mathrm{T}})$ 代替, 并利用核矩阵 $K = \Phi(X)\Phi(X)^{\mathrm{T}} \in R^{l\times l}$ 来完成核扩展, 可以得到如下优化问题

$$\begin{aligned}\min_{A}\quad & \frac{1}{2}\|(|E - Y\circ(KA)|_{+})^{2}\circ C\|_{1} + \frac{\lambda_1}{2}\operatorname{Tr}(A^{\mathrm{T}}KA) + \frac{\lambda_2}{2}\operatorname{Tr}(KA\mathbf{L}_{\text{pos}}(KA)^{\mathrm{T}})\\ & + \frac{\lambda_3}{2}\operatorname{Tr}(KA\mathbf{L}_{\text{neg}}(KA)^{\mathrm{T}}).\end{aligned}\tag{6.3.11}$$

求解得到 A 后, 对于一个新来的输入 x, 可得它的多标签预测实值向量

$$g = K^{\mathrm{T}}A,\tag{6.3.12}$$

其中 $K = (K(x_1, x), \cdots, K(x_l, x)) \in R^l$.

6.3.2　模型求解

问题 (6.3.9) (或问题 (6.3.11)) 可以采用加速梯度下降算法 (accelerated gradient method, AGM)[5,6] 来求解. 该算法可以达到一阶方法的最优收敛速率. 为方便起见, 将问题 (6.3.9) (或问题 (6.3.11)) 中的目标函数表示为 $\mathcal{F}(W)$. 于是问题转化为求解以下的无约束最优化问题

$$\min_{W\in\mathcal{H}} \quad \mathcal{F}(W), \tag{6.3.13}$$

其中函数 $\mathcal{F}:\mathcal{H}\to P$ 是凸的且光滑的, 并且它的梯度函数 $\nabla\mathcal{F}(\cdot)$ 满足 Lipschitz 连续.

线性模型 对于线性模型, 问题 (6.3.9) 中目标函数的梯度计算为

$$\begin{aligned}\nabla_W\mathcal{F}(W) &= X^{\mathrm{T}}(|E-Y\circ(XW)|_+\circ(-Y)\circ C)+\lambda_1 W\\&\quad+\lambda_2X^{\mathrm{T}}XW\mathbf{L}_{\mathrm{pos}}+\lambda_3X^{\mathrm{T}}XW\mathbf{L}_{\mathrm{neg}},\end{aligned} \tag{6.3.14}$$

其中梯度函数 $\nabla_W\mathcal{F}(W)$ 的 Lipschitz 常数可以由如下定理给出.

定理 6.1 关于 W 的函数 $\nabla_W\mathcal{F}(W)$ 的 Lipschitz 常数为

$$L_f=2\sqrt{\max\{C_{ij}^2\}(\|X\|_F^2)^2+\lambda_1^2+\|\lambda_2X^{\mathrm{T}}X\|_F^2\|\mathbf{L}_{\mathrm{pos}}\|_F^2+\|\lambda_3X^{\mathrm{T}}X\|_F^2\|\mathbf{L}_{\mathrm{neg}}\|_F^2}. \tag{6.3.15}$$

据此可以建立**线性 CPNL 算法**.

线性 CPNL 算法

输入: $X\in R^{l\times n}, Y\in\{-1,1\}^{n\times m}$, 参数 $\lambda_1,\lambda_2,\lambda_3$.

1. **初始化**: $t=1$, $b_t=1$; $G_t=W_0\in R^{n\times m}$ 为零矩阵;
2. 计算代价敏感矩阵 $C\in R^{l\times m}$;
3. 计算成对的正负标签相关性矩阵 $\mathbf{L}_{\mathrm{pos}},\mathbf{L}_{\mathrm{neg}}\in R^{m\times m}$;
4. 根据式 (6.3.15) 计算 L_f.
5. **执行**:
6. 通过式 (6.3.14) 计算目标函数 $\nabla_{G_t}\mathcal{F}(G_t)$ 的梯度;
7. 更新 $W_t\longleftarrow G_t-\dfrac{1}{L_f}\nabla_{G_t}\mathcal{F}(G_t)$. 若满足收敛条件, 则终止算法, 否则继续;
8. 更新 $b_{t+1}\longleftarrow\dfrac{1+\sqrt{1+4b_t^2}}{2}$;
9. 更新 $G_{t+1}\longleftarrow W_t+\dfrac{b_t-1}{b_{t+1}}(W_t-W_{t-1})$;
10. 令 $t=t+1$, 重复以上步骤.
11. **结束**
12. **输出**: $W^*=W_t\in R^{m\times l}$.

非线性模型 问题 (6.3.11) 中目标函数的梯度计算为

$$\nabla_A \mathcal{F}(A) = K^{\mathrm{T}}(|E - Y \circ (KA)|_+ \circ (-Y) \circ C) + \lambda_1 KA + \lambda_2 K^{\mathrm{T}} KA\mathbf{L}_{\mathrm{pos}} + \lambda_3 K^{\mathrm{T}} KA\mathbf{L}_{\mathrm{neg}}, \tag{6.3.16}$$

其中梯度函数 $\nabla_A \mathcal{F}(A)$ 的 Lipschitz 常数可以由如下定理给出.

定理 6.2 关于 A 的函数 $\nabla_A \mathcal{F}(A)$ 的 Lipschitz 常数可由下式计算

$$L_f = 2\sqrt{\max\{C_{ij}^2\}(\|K\|_F^2)^2 + \|\lambda_1 K\|_F^2 + \|\lambda_2 K^{\mathrm{T}} K\|_F^2 \|\mathbf{L}_{\mathrm{pos}}\|_F^2 + \|\lambda_3 K^{\mathrm{T}} K\|_F^2 \|\mathbf{L}_{\mathrm{neg}}\|_F^2}. \tag{6.3.17}$$

据此可以建立**非线性 CPNL 算法**.

非线性 CPNL 算法

输入: $X \in R^{l\times n}, Y \in \{-1,1\}^{l\times m}$, 核矩阵 $K \in R^{l\times l}$, 均衡超参数 $\lambda_1, \lambda_2, \lambda_3$.

1. **初始化**: $t = 1$, $b_t = 1$; $G_t = A_0 \in R^{l\times m}$ 为零矩阵;
2. 计算代价敏感矩阵 $C \in R^{l\times m}$;
3. 计算成对的正负标签相关性矩阵 $\mathbf{L}_{\mathrm{pos}}, \mathbf{L}_{\mathrm{neg}} \in R^{m\times m}$;
4. 根据式 (6.3.17) 计算 L_f.
5. **执行**:
6. 通过式 (6.3.16) 计算目标函数 $\nabla_{G_t}\mathcal{F}(G_t)$ 的梯度;
7. 更新 $A_t \longleftarrow G_t - \dfrac{1}{L_f}\nabla_{G_t}\mathcal{F}(G_t)$. 若满足收敛条件, 则终止算法, 否则继续;
8. 更新 $b_{t+1} \longleftarrow \dfrac{1+\sqrt{1+4b_t^2}}{2}$;
9. 更新 $G_{t+1} \longleftarrow A_t + \dfrac{b_t - 1}{b_{t+1}}(A_t - A_{t-1})$;
10. 令 $t = t+1$, 重复以上步骤.
11. **结束**
12. **输出**: $A^* = A_t \in R^{n\times l}$.

6.3.3 理论分析

收敛性分析 由于问题 (6.3.9) 目标函数的凸性, 算法将收敛到全局最优解. 加速梯度下降算法能保证 $\mathcal{F}(W) - \mathcal{F}(W^*) \leqslant O(1/k^2)$, 其中 W^* 是式 (6.3.9) 中的一个最优解. 因此, 在 $O(1/\sqrt{\varepsilon})$ 的迭代步数下, 可以获得一个 ε 误差容忍的解. 对于非线性 CPNL 算法的优化算法部分, 可以得出类似结论.

复杂度分析 对于线性 CPNL 算法而言, 在步骤 2 的代价敏感矩阵的计算复杂度为 $O(lm)$. 在步骤 3, 成对的正 (或负) 标签相关性通过构建一个稀疏的 k 近邻图来计算, 这导致计算复杂度 $O(lm^2)$. 步骤 4 的计算复杂度是 $O(ln^2+lm+m^2)$. 在每轮迭代中, 步骤 6 需要 $O(mnl+n^2l+n^2m+nm^2)$. 另外, 步骤 7 和步骤 9 同样需要 $O(nm)$. 因此, 线性 CPNL 算法的总体复杂度为 $O(mnl+n^2l+n^2m+nm^2)$.

对于非线性 CPNL 算法, 步骤 2 和步骤 3 的计算复杂度与线性 CPNL 算法中的是一样的. 步骤 4 的复杂度为 $O(l^3+lm+m^2)$. 在每轮迭代中, 步骤 6 的复杂度为 $O(l^3+l^2m+lm^2)$. 另外, 步骤 7 和步骤 9 同样需要 $O(lm)$. 因此, 非线性 CPNL 算法的复杂度为 $O(l^3+l^2m+lm^2)$.

6.4 拓 展 阅 读

6.4.1 传统多标签学习

近年来, 多标签学习得到了广泛的研究, 人们已经提出了多种方法以处理来自多个领域的多标签学习数据. 目前的多标签学习方法主要分为两类: 问题转化方法和算法自适应方法[7].

问题转化方法 将多标签学习问题转化成现有的成熟的学习问题, 例如二分类问题和多分类问题. 二元关联方法是将多标签学习问题转化为多个独立的二分类学习问题, 但它忽略了标签之间的相关性. 另外, 它还可能带来类别不均衡的问题, 尤其是当标签空间比较大以及标签密度比较低时. CC (classifier chain) 方法 [8] 同样将多标签学习转化为多个二分类学习问题, 它通过将标签之间的相关性编码到特征空间并且按照标签的链式顺序来依次建立模型. 然而标签链的顺序很难确定. 因此可以随机生成多个标签链, 通过结合集成学习 [9] 的方法得到最后的结果, 这就得到了 ECC (ensemble of classifier chains) 方法[8]. CLR (calibrated label ranking) 方法[10] 将多标签学习转化为成对的标签排序问题. LP (label powerset) 方法将标签空间的子集看作新的类别标签, 从而将多标签学习转化为多分类问题[7]. 但是, 一方面它只能预测训练集已有的标签子集而不能产生新的标签子集; 另一方面, 当多标签学习中的原有标签数目很大时, 转化后的多分类问题的类别空间会太大, 而每个类别中的样本数目会很少, 从而影响最终的性能. 为了解决以上这些问题, RAKEL (random k-labelsets) 方法 [11] 通过每次随机选择 k 个标签, 并结合集成学习 [9] 技术来得到最终的结果, 从而有效地改善 LP 方法的性能.

算法自适应方法 将现有的单标签学习方法增加自适应策略, 直接解决多标签学习问题. 比如, 多标签决策树 (multi-label decision tree, ML-DT) 方法 [12] 中的自适应决策树策略, 排序支持向量机[4] 中的自适应最大间隔策略, ML-kNN[13]

中的自适应懒惰学习策略来解决多标签学习任务.

无论是问题转化方法, 还是算法自适应方法, 恰当地利用标签之间的相关性可以有效提高多标签学习的性能 [14,15]. 根据所使用其他标签信息具体策略的不同, 这些方法主要分为以下三种类型 [16]: 链式结构 (the chaining structure) 方法 [8,17]、堆叠式结构 (the stacking structure) 方法 [18,19] 以及控制式结构 (the controlling structure) 方法 [20,21]. 链式结构方法考虑随机的标签相关性并且依据类别标签的链式结构来构造分类器 [8,17]. 考虑到标签链顺序的随机性, 可以结合使用集成学习 [9] 技术. 堆叠式结构方法考虑全阶 (full-order) 的标签相关性, 并且将一组元级 (meta-level) 的二分类模型叠加到另一组基级 (base-level) 的二分类模型 [18,19], 这可以看作使用集成学习 [9] 将两组二分类模型与标签相关性结合起来. 控制式结构方法考虑修正 (pruned) 的标签相关性, 并且基于类别标签之间的某些依赖结构来构造二分类模型, 而这种依赖结构可以由贝叶斯网络表示 [20,21].

6.4.2 深度多标签学习

现实问题中标签设置复杂性导致多标签学习很困难. 传统的多标签分类方法已经不能很好地适应数据增长的需求, 因此, 迫切需要新的多标签学习方法.

深度学习在许多多标签学习问题中表现突出. 极端多标签分类 (extreme multi-label classification, XMLC) 成为一个新的研究领域, 它关注的是具有极大量标签的多标签问题, 适用于许多具有挑战性的应用领域, 如图像或视频注释、web 页面分类、基因功能预测、语言建模等. 现有的多标签分类技术不能解决 XMLC 问题, 这是由于大量标签的计算成本过高. XML-CNN[22] 是将深度学习应用于 XMLC 的首次尝试, 其使用 CNN 和动态池来学习文本表示, 并且使用比输出层小得多的隐藏瓶颈层来提高计算效率. 但是, XML-CNN 仍然无法有效捕获每个标签的重要子文本. 为了解决这个问题, AttentionXML 提出了两个独特的功能: ① 以原始文本为输入的多标签注意力机制, 该机制允许捕获与每个标签最相关的文本部分; ② 浅而宽概率标签树, 它可以处理数百万个标签 [23]. 对于具有部分标签的多标签分类, 从经验上表明, 部分注释所有图像要比完全注释小的子集更好 [24]. 因此, Durand 等 [24] 通过利用标签比例信息代替标准的二进制交叉熵损失, 并开发了一种基于图神经网络 (graph neural network, GNN) 的方法来对类别之间的相关性进行建模. 后来, Huynh 等 [25] 使用成本函数对交叉熵损失进行了正则化, 该函数测量了标签的平滑度和数据流形上图像的特征, 并开发了一种有效的交互式学习框架, 其中相似性学习和 CNN 训练相互影响并互相促进. 在常规多标签分类中, 假定所有标签都是固定的和静态的, 但是这忽略了标签在不断变化的环境中会动态变化. 为了有效地处理这一问题, Wang 等 [26] 提出了一种基于 DNN(deep neural network) 的 DSLL (deep streaming label learning) 方法, 使用流式标签映射来探索过去的标签和历史模型中的知识以了解新的标签, 并给出了 DSLL 在 DNN 框架中的泛化误差上界. 与 DSLL 不同, Lee 等[27] 结合了用于多标签零样本学习 (multi-label zero-shot learning, ML-ZSL) 的附加知识图, 提出了语义空间中的标签传播机制, 使得能够对所学习的模型进行推理以预测新出现的标签. 除了在标签空间中遇到的问题, 关于特征空间的探讨也存在一些挑战, 例如, 某些特征可能会消失或扩大, 分布可能会发生变化. 如何运用深度学习技术来同时应对 MLC 问题的标签和特征空间中的挑战, 值得进一步研究.

除此以外, 很多基于 DNN 的多标签学习方法在不同方面做出了创新和改进. BP-MLL[28] 使用全连接神经网络, 旨在优化成对的排序损失, 并且应用于功能基因组学和文本分类中. Cakir 等[29] 使用多标签的深度神经网络来检测现实环境中的暂时重叠声音事件. 另外, 还有很多基于 CNN[30-34] 来处理多标签图像分类的方法. Zhao 等[30] 提出了一个基于排序的深度语义方法学习哈希函数, 以保持多标签图像之间的多级语义相似性. Wei 等[31] 提出一个灵活的 CNN 框架 HCP (hypotheses CNN pooling) 来解决多标签图像分类问题. Wang 等[32] 提出了一个 CNN-RNN 框架, 它采用循环神经网络 (recurrent neural network, RNN) 来显式地利用图像上的依赖关系. Li 等[33] 改善基于排序的方法来解决多标签图像分类问题, 它提出了一种新的损失函数, 并将标签决策模块融入模型中. Chen 等[34] 提出了一个循环注意力机制的强化学习 (reinforcenment learning) 框架, 它能够自动定位有关分类的注意力和信息区域, 并进一步预测所有注意力区域的标签得分.

参考文献

[1] Zhang M L, Zhou Z H. A review on multi-label learning algorithms[J]. IEEE Transactions on Knowledge and Data Engineering, 2014, 26(8): 1819-1837.

[2] Wu X Z, Zhou Z H. A unified view of multi-label performance measures[C]//Proceedings of the 34th International Conference on Machine Learning. 2017: 3780-3788.

[3] Boutell M R, Luo J B, Shen X P, et al. Learning multi-label scene classification[J]. Pattern Recognition, 2004, 37(9): 1757-1771.

[4] Elisseeff A, Weston J. A kernel method for multi-labelled classification[C]//Proceedings of the Advances in Neural Information Processing Systems. 2001: 681-687.

[5] Nesterov Y. A method of solving a convex programming problem with convergence rate $O\ (1/k^2)$[C]//Soviet Mathematics Doklady. 1983: 372-376.

[6] Beck A, Teboulle M. A fast iterative shrinkage-thresholding algorithm for linear inverse problems[J]. SIAM Journal on Imaging Sciences, 2009, 2(1): 183-202.

[7] Tsoumakas G, Katakis I. Multi-label classification: An overview[J]. International Journal of Data Warehousing and Mining, 2007, 3(3): 1-13.

[8] Read J, Pfahringer B, Holmes G, et al. Classifier chains for multi-label classification [J]. Machine Learning, 2011, 85(3): 333-359.

[9] Zhou Z. Ensemble Methods: Foundations and Algorithms[M]. Boca Raton, Florida: CRC Press, 2012.

[10] Fürnkranz J, Hüllermeier E, Loza Mencía E, et al. Multilabel classification via calibrated label ranking[J]. Machine Learning, 2008, 73(2): 133-153.

[11] Tsoumakas G, Katakis I, Vlahavas I. Random k-labelsets for multilabel classification [J]. IEEE Transactions on Knowledge and Data Engineering, 2011, 23(7): 1079-1089.

[12] Clare A, King R D. Knowledge discovery in multi-label phenotype data[C]//European Conference on Principles of Data Mining and Knowledge Discovery. Berlin, Heidelberg: Springer, 2001: 42-53.

[13] Zhang M L, Zhou Z H. ML-KNN: A lazy learning approach to multi-label learning[J]. Pattern Recognition, 2007, 40(7): 2038-2048.

[14] 刘端阳, 邱卫杰. 基于 SVM 期望间隔的多标签分类的主动学习[J]. 计算机科学, 2011, 38 (4): 230.

[15] 李思男, 李宁, 李战怀. 多标签数据挖掘技术: 研究综述[J]. 计算机科学, 2013, 40(4): 14-21.

[16] Zhang M L, Li Y K, Liu X Y, et al. Binary relevance for multi-label learning: An overview[J]. Frontiers of Computer Science, 2018, 12(2): 191-202.

[17] Cheng W, Hüllermeier E, Dembczynski K J. Bayes optimal multilabel classification via probabilistic classifier chains[C]//Proceedings of the International Conference on Machine Learning. 2010: 279-286.

[18] Godbole S, Sarawagi S. Discriminative methods for multi-labeled classification[C]// Pacific-Asia Conference on Knowledge Discovery and Data Mining. 2004: 22-30.

[19] Montañes E, Senge R, Barranquero J, et al. Dependent binary relevance models for multi-label classification[J]. Pattern Recognition, 2014, 47(3): 1494-1508.

[20] Zhang M L, Zhang K. Multi-label learning by exploiting label dependency[C]// Proceedings of the ACM SIGKDD International Conference on Knowledge Discovery and Data Mining. 2010: 999-1008.

[21] Alessandro A, Corani G, Mauá D, et al. An ensemble of bayesian networks for multi-label classification[C]//Proceedings of the International Joint Conference on Artificial Intelligence. 2013: 1220-1225.

[22] Liu J Z, Chang W C, Wu Y X, et al. Deep learning for extreme multi-label text classification[C]//Proceedings of the International ACM SIGIR Conference on Research and Development in Information Retrieval. 2017: 115-124.

[23] You R H, Zhang Z H, Wang Z Y, et al. AttentionXML: Label tree-based attention-aware deep model for high-performance extreme multi-label text classification[J]. Proceedings of the Advances in Neural Information Processing Systems, 2019, 32.

[24] Durand T, Mehrasa N, Mori G. Learning a deep ConvNet for multi-label classification with partial labels[C]//Proceedings of the IEEE Conference on Computer Vision and Pattern Recognition. 2019: 647-657.

[25] Huynh D, Elhamifar E. Interactive multi-label CNN learning with partial labels[C]//Proceedings of the IEEE Conference on Computer Vision and Pattern Recognition. 2020: 9423-9432.

[26] Wang Z, Liu L, Tao D. Deep streaming label learning[C]//Proceedings of the International Conference on Machine Learning. 2020: 9963-9972.

[27] Lee C W, Fang W, Yeh C K, et al. Multi-label zero-shot learning with structured knowledge graphs[C]//Proceedings of the IEEE Conference on Computer Vision and Pattern Recognition. 2018: 1576-1585.

[28] Zhang M L, Zhou Z H. Multilabel neural networks with applications to functional genomics and text categorization[J]. IEEE Transactions on Knowledge and Data Engineering, 2006, 18(10): 1338-1351.

[29] Cakir E, Heittola T, Huttunen H, et al. Polyphonic sound event detection using multi label deep neural networks[C]//IEEE International Joint Conference on Neural Networks. 2015: 1-7.

[30] Zhao F, Huang Y Z, Wang L, et al. Deep semantic ranking based hashing for multi-label image retrieval[C]//Proceedings of the IEEE Conference on Computer Vision and Pattern Recognition. 2015: 1556-1564.

[31] Wei Y, Xia W, Lin M, et al. HCP: A flexible CNN framework for multi-label image classification[J]. IEEE Transactions on Pattern Analysis and Machine Intelligence, 2016, 38(9): 1901-1907.

[32] Wang J, Yang Y, Mao J H, et al. CNN-RNN: A unified framework for multi-label image classification[C]//Proceedings of the IEEE Conference on Computer Vision and Pattern Recognition. 2016: 2285-2294.

[33] Li Y C, Song Y L, Luo J B. Improving pairwise ranking for multi-label image classification[C]//Proceedings of the IEEE Conference on Computer Vision and Pattern Recognition. 2017: 3617-3625.

[34] Chen T S, Wang Z X, Li G G, et al. Recurrent attentional reinforcement learning for multi-label image recognition[C]//Proceedings of the AAAI Conference on Artificial Intelligence. 2018: 6730-6737.

第 7 章　多示例学习

多示例学习属于弱监督学习, 已成功应用到了多种学习场景, 本章首先介绍多示例学习问题, 然后介绍求解多示例分类问题的支持向量机, 并针对对称多示例学习问题构建稀疏多示例支持向量机, 最后从传统机器学习和深度学习的角度介绍近年来的一些研究进展.

7.1　多示例学习问题

多示例学习最初是从判别药物的有效性问题提出的[1]. 考虑有多种药物, 每种药物各含有多个成分. 假设药物的有效性依赖于其中各成分的有效性, 且一种药物中至少有一个成分有效, 该药物就有效; 否则无效. 现在已知若干种药物是有效的, 另外若干种药物是无效的. 试据此预测一种新药的有效性. 现在把这个问题描述成一个分类问题. 假定药物的每个成分对应一个可以用 R^n 空间中的点表示的示例, 例如图 7.1.1 中的 R^2 空间中的 Δ. 由于一种药物是由多个成分组成的, 所以认定每种药物对应一个包含多个示例的包, 即一个包是 R^n 空间中若干个点组成的集合, 例如图 7.1.1 中每个用虚线或实线圈起的部分. 与有效性联系起来, 我们把示例和包都分成正类和负类. 这里有如下假设.

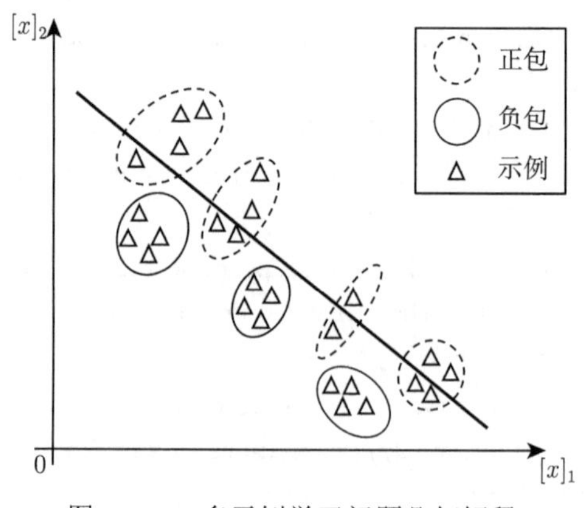

图 7.1.1　多示例学习问题几何解释

多示例学习标准假设　假设包的类别与示例的类别有如下关系: 至少包含一个正示例的包是正包; 完全由负示例组成的包是负包.

为了给出多示例学习问题的确切提法, 先引进训练集的概念. 图 7.1.1 给出了一个训练集的示意性几何描述. 用虚线和实线圈起的部分分别对应正包和负包, 因此它有 4 个正包, 它们对应 4 种有效药物; 它有 3 个负包, 它们对应 3 种无效药物. 这里每个包都含有若干示例. 所有的示例的类别都是未知的. 我们的任务是, 根据这样的训练集, 预测一个新包的正负类别, 即判定一种新药的有效性.

现在给出求解途径的粗略描述. 显然要预测一个包的类别, 只需要推断其中的示例的类别. 这样我们就可以把推断包的类别问题转化为推断示例的类别问题, 即对示例进行类别分划. 设想用直线分划, 那么图 7.1.1 中的直线应该就是一个可能的选择. 事实上, 若把位于该直线右上方的示例归入正类, 把位于左下方的示例归入负类, 则它推断的给定的包的类别是完全分划正确的. 也就是说它能把 4 个用虚线圈起的包都归入正类, 而且把 3 个用实线圈起的包都归入负类. 显然有了这样一条分划直线, 就可以预测一个新包的正负类别了.

下面先引进两个概念, 然后给出基于多示例学习假设的多示例学习问题的数学描述.

示例 (instance) 规定 n 维空间的一个点 $x \in R^n$ 代表一个示例. 每一个示例对应一个类别标签 $y \in \{1, -1\}$. $y = 1$ 代表这个示例是正示例, $y = -1$ 代表这个示例是负示例.

包 (bag) 规定有限个示例的集合 $\mathcal{X} = (x_1, \cdots, x_l)$ 代表一个包, 其中 x_j 是包 $\mathcal{X}$ 的第 j 个示例, $j = 1, \cdots, l$, l 代表包 $\mathcal{X}$ 包含的示例个数. 每个包对应一个类别标签 $\mathcal{Y} \in \{1, -1\}$, $\mathcal{Y} = 1$ 代表这个包是正包, $\mathcal{Y} = -1$ 代表这个包是负包.

多示例分类问题 给定训练集

$$T = \{(\mathcal{X}_1, \mathcal{Y}_1), \cdots, (\mathcal{X}_l, \mathcal{Y}_l)\}, \tag{7.1.1}$$

其中, 对 $i = 1, \cdots, l$, 输入 $\mathcal{X}_i$ 是空间 R^n 上有限个点组成的集合, $\mathcal{X}_i = \{x_{i1}, \cdots, x_{il_i}\}$, $x_{ij} \in R^n$, $j = 1, \cdots, l_i$, 输出 $\mathcal{Y}_i$ 是对 $\mathcal{X}_i$ 的类别标签, 即 $\mathcal{Y}_i \in \{1, -1\}$. 当 $\mathcal{Y}_i = 1$ 时, $(\mathcal{X}_i, \mathcal{Y}_i)$ 的含义是正包 $\mathcal{X}_i = \{x_{i1}, \cdots, x_{il_i}\}$ 中至少有一个示例 x_{ij} 的标签 $y_{ij} = 1$; 当 $\mathcal{Y}_i = -1$ 时, $(\mathcal{X}_i, \mathcal{Y}_i)$ 的含义是负包 $\mathcal{X}_i = \{x_{i1}, \cdots, x_{il_i}\}$ 中所有的示例 x_{ij} 的标签 $y_{ij} = -1$. 据此寻找 R^n 空间上的一个实值函数 $g(x)$, 以便用决策函数

$$f(x) = \text{sgn}(g(x)) \tag{7.1.2}$$

推断任一输入示例 x 对应的输出 y, 其中 $\text{sgn}(\cdot)$ 为符号函数.

显然, 在求解多示例分类问题得到函数 $f(x)$ 后就可以直接用来推断任意一个包 $\tilde{\mathcal{X}} = \{\tilde{x}_1, \cdots, \tilde{x}_m\}$ 的类别. 事实上, 只有该包中所有示例 $\tilde{x}_1, \cdots, \tilde{x}_m$ 都被

推断为负类时, 该包才被推断为负类; 否则被推断为正类. 因此 $\tilde{\mathcal{X}}$ 的类别标号 $\tilde{\mathcal{Y}}$ 应取为

$$\tilde{\mathcal{Y}} = \text{sgn}(\max_{i=1,\cdots,m} f(\tilde{x}_i)). \tag{7.1.3}$$

7.2 多示例支持向量机

本节介绍求解以式 (7.1.1) 为训练集的多示例分类问题的支持向量机[2,3]. 这里将训练集改写为

$$T = \{(\mathcal{X}_1, \mathcal{Y}_1), \cdots, (\mathcal{X}_p, \mathcal{Y}_p), (\mathcal{X}_{p+1}, \mathcal{Y}_{p+1}), \cdots, (\mathcal{X}_{p+q}, \mathcal{Y}_{p+q})\}, \tag{7.2.1}$$

其中 $\mathcal{Y}_1 = \cdots = \mathcal{Y}_p = 1$, $\mathcal{Y}_{p+1} = \cdots = \mathcal{Y}_{p+q} = -1$. 把所有包 $\mathcal{X}_1, \cdots, \mathcal{X}_p, \mathcal{X}_{p+1}, \cdots, \mathcal{X}_{p+q}$ 中的示例依次排列为序列

$$S = \{x_1, \cdots, x_r, x_{r+1}, \cdots, x_{r+s}\}, \tag{7.2.2}$$

其中 r 和 s 分别是正包和负包中所有示例的个数. 最后, 记上述序列中属于 $\mathcal{X}_i$ 的元素的下标组成的集合为 $I(i)$, 即

$$I(i) = \{j | x_j \in \mathcal{X}_i\}. \tag{7.2.3}$$

于是有

$$\mathcal{X}_i = \{x_j | x_j \in S, j \in I(i)\}, \quad i = 1, \cdots, p+q, \tag{7.2.4}$$

则训练集 (7.2.1) 可等价地写为

$$T = \{(\mathcal{X}_1, y_1), \cdots, (\mathcal{X}_p, y_p), (x_{r+1}, y_{r+1}), \cdots, (x_{r+s}, y_{r+s})\}, \tag{7.2.5}$$

其中 $y_1 = \mathcal{Y}_1 = \cdots = y_p = \mathcal{Y}_p = 1$, $y_{r+1} = \cdots = y_{r+s} = -1$. 据此构造原始优化问题如下.

原始问题

$$\min_{w,b,v,\xi} \quad \frac{1}{2}\|w\|^2 + C_1 \sum_{i=1}^{p} \xi_i + C_2 \sum_{i=r+1}^{r+s} \xi_i, \tag{7.2.6}$$

$$\text{s.t.} \quad \left(w \cdot \sum_{j \in I(i)} v_j^i \Phi(x_j)\right) + b \geqslant 1 - \xi_i, \ i = 1, \cdots, p, \tag{7.2.7}$$

$$(w \cdot \Phi(x_i)) + b \leqslant -1 + \xi_i, \ i = r+1, \cdots, r+s, \tag{7.2.8}$$

$$\xi_i \geqslant 0, \ i = 1, \cdots, p, r+1, \cdots, r+s, \tag{7.2.9}$$

$$v_j^i \geqslant 0,\ j \in I(i),\ i = 1, \cdots, p, \tag{7.2.10}$$

$$\sum_{j \in I(i)} v_j^i = 1,\ i = 1, \cdots, p. \tag{7.2.11}$$

问题 (7.2.6)~(7.2.11) 的求解方法为迭代求解, 包括两种更新策略.

(1) 给定 v, 更新 (w, b). 事实上, 对给定的 $v = \{v_j^i\} = \{v_j^i | j \in I(i),\ i = 1, \cdots, p\}$, 问题 (7.2.6)~(7.2.11) 与标准的 C-SVM 中的相应问题基本相同, 针对原始问题 (7.2.6)~(7.2.11), 可推导并求解如下对偶问题.

对偶问题

$$\begin{aligned}
\min_{\alpha} \quad & \frac{1}{2}\sum_{i=1}^{p}\sum_{j=1}^{p} y_i y_j \alpha_i \alpha_j K(x_i, x_j) + \frac{1}{2}\sum_{i=1}^{p}\sum_{j=r+1}^{r+s} y_i y_j \alpha_i \alpha_j \left(\sum_{k \in I(j)} v_k^j K(x_i, x_k)\right) \\
& + \frac{1}{2}\sum_{i=r+1}^{r+s}\sum_{j=1}^{p} y_i y_j \alpha_i \alpha_j \left(\sum_{k \in I(i)} v_k^i K(x_k, x_j)\right) \\
& + \frac{1}{2}\sum_{i=r+1}^{r+s}\sum_{j=r+1}^{r+s} y_i y_j \alpha_i \alpha_j \left(\sum_{k \in I(i)} v_k^i \sum_{l \in I(j)} v_l^j K(x_k, x_l)\right) \\
& - \sum_{i=1}^{p} \alpha_i - \sum_{i=r+1}^{r+s} \alpha_i,
\end{aligned} \tag{7.2.12}$$

$$\text{s.t.} \quad \sum_{i=1}^{p} y_i \alpha_i + \sum_{i=r+1}^{r+s} y_i \alpha_i = 0, \tag{7.2.13}$$

$$0 \leqslant \alpha_i \leqslant C_1,\ i = 1, \cdots, p, \tag{7.2.14}$$

$$0 \leqslant \alpha_i \leqslant C_2,\ i = r+1, \cdots, r+s. \tag{7.2.15}$$

(2) 给定 w, 更新 (v, b). 可得到关于变量 v, b, ξ 的线性规划问题如下

$$\min_{v,b,\xi} \quad C_1 \sum_{i=1}^{p} \xi_i + C_2 \sum_{i=r+1}^{r+s} \xi_i, \tag{7.2.16}$$

$$\begin{aligned}
\text{s.t.} \quad & \sum_{j=1}^{p} y_j \bar{\alpha}_j \left(\sum_{k \in I(i)} v_k^i K(x_j, x_k)\right) \\
& + \sum_{j=r+1}^{r+s} y_j \bar{\alpha}_j \left(\sum_{l \in I(j)} \tilde{v}_l^j \sum_{k \in I(i)} v_k^i K(x_l, x_k)\right) + b \geqslant 1 - \xi_i,\ i = 1, \cdots, p,
\end{aligned} \tag{7.2.17}$$

$$\sum_{j=1}^{p}\bar{\alpha}_j y_j K(x_j,x_i)+\sum_{j=r+1}^{r+s}\bar{\alpha}_j y_j\left(\sum_{k\in I(j)}\tilde{v}_l^j K(x_l,x_i)\right)+b\leqslant -1+\xi_i, \tag{7.2.18}$$

$i=r+1,\cdots,r+s,$

$$\xi_i\geqslant 0,\ i=1,\cdots,p,r+1,\cdots,r+s, \tag{7.2.19}$$

$$v_j^i\geqslant 0,\ j\in I(i),\ i=1,\cdots,p, \tag{7.2.20}$$

$$\sum_{j\in I(i)} v_j^i=1,\ i=1,\cdots,p. \tag{7.2.21}$$

据此可以建立**多示例支持向量机算法**.

多示例支持向量机算法

---

1. 给定由式 (7.2.5) 所示的训练集, 核函数 K 和惩罚参数 $C_1,C_2>0$.
2. 选取 v 的初值 $v=\{v_j^i\}=\{v_j^i|j\in I(i),\ i=1,\cdots,p\}$, 例如, 取

$$v_j^i=\frac{1}{|I(i)|},\quad j\in I(i),\quad i=1,\cdots,p, \tag{7.2.22}$$

   其中 $|I(i)|$ 表示集合 $I(i)$ 中元素的个数, 即正包 $\mathcal{X}_i$ 中示例的个数.
3. 从 $v=\{v_j^i\}$ 出发, 计算 $\bar{\alpha}$: 求解凸二次规划问题 (7.2.12)~(7.2.15), 得解 $\bar{\alpha}=(\bar{\alpha}_1,\cdots,\bar{\alpha}_p,\bar{\alpha}_{r+1},\cdots,\bar{\alpha}_{r+s})^{\mathrm{T}}$. 置 $\tilde{v}\equiv\{\tilde{v}_j^i\}=\{v_j^i\}\equiv v$.
4. 从 $\bar{\alpha},\tilde{v}$ 出发, 计算 $\bar{v}=\{\bar{v}_j^i\}$, 对已知的 $\bar{\alpha}$ 和 $\tilde{v}$, 求解线性规划问题 (7.2.16)~(7.2.21), 得到它关于 $v=\{v_j^i\}$ 的解 $\bar{v}=\{\bar{v}_j^i\}$.
5. 比较 $\bar{v}=\{\bar{v}_j^i\}$ 和 $\tilde{v}=\{\tilde{v}_j^i\}$. 当它们的差别充分小时, 构造式 (7.1.2) 决策函数, 这里 $\bar{\alpha}$ 和 $v=\{v_j^i\}$ 都采用最后更新过的相应值, 停止计算; 否则置 $v\equiv\{v_j^i\}=\{\bar{v}_j^i\}\equiv\bar{v}$, 转第 3 步.

7.3 稀疏多示例支持向量机

Durand 等[4] 提出了对称多示例学习 (symmetric multi-instance learning, SyMIL) 问题. 它基于与标准假设不同的另一个假设. 下面先说明它的假设, 然后给出问题的数学描述.

对称假设 一个包的类别是按下述方式确定的: 考虑示例的得分. 属于正类的示例得分为正值, 属于负类的示例得分为负值. 找出其中属于正类的得分最大的示例, 记其得分值为 $\rho^+>0$; 再找出其中属于负类的得分最小的示例, 记其得分值为 $\rho^-<0$. 若 $\rho^++\rho^->0$, 则该包属于正类; 否则属于负类.

对称多示例分类问题 给定训练集

$$T=\{(\mathcal{X}_1,\mathcal{Y}_1),\cdots,(\mathcal{X}_l,\mathcal{Y}_l)\}, \tag{7.3.1}$$

其中输入 $\mathcal{X}_i$ 是一个包, 即空间 R^n 上有限个点组成的集合, $\mathcal{X}_i=\{x_{i1},\cdots,x_{il_i}\}$, $x_{ij}\in R^n$, $j=1,\cdots,l_i$, 输出 $\mathcal{Y}_i$ 是对包 $\mathcal{X}_i$ 的类别标签, 即 $\mathcal{Y}_i\in\{1,-1\}$. 据此寻找 R^n 空间上的一个实值函数 $g(x)$, 用以推断任意一个包 $\mathcal{X}$ 的类别

$$f(\mathcal{X})=\operatorname{sgn}\left(\max_{x\in\mathcal{X}}g(x)+\min_{x\in\mathcal{X}}g(x)\right). \tag{7.3.2}$$

7.3.1 模型构建

考虑式 (7.3.1) 给定的训练集, 令正包的指标集为

$$I^+=\{i\mid(\mathcal{X}_i,\mathcal{Y}_i),\mathcal{Y}_i=1\}, \tag{7.3.3}$$

记正包个数为 $|I^+|=l^+$. 负包的指标集为

$$I^-=\{i\mid(\mathcal{X}_i,\mathcal{Y}_i),\mathcal{Y}_i=-1\}, \tag{7.3.4}$$

记负包个数为 $|I^-|=l^-$. 假设实值函数 $g(x)$ 为内积形式

$$g(x)=(w\cdot x), \tag{7.3.5}$$

其中向量 $w\in R^n$. 于是对于每一个包 $\mathcal{X}_i$, 都有一对潜在变量

$$h_i^+=\underset{h\in\mathcal{X}_i}{\arg\max}\,(w\cdot h), \tag{7.3.6}$$

$$h_i^-=\underset{h\in\mathcal{X}_i}{\arg\min}\,(w\cdot h). \tag{7.3.7}$$

我们希望它们是该包中最高 (最低) 分值的示例, 即如果该包同时具有正示例和负示例, 则它们对应该包中一个正作用最强的正示例和一个负作用最强的负示例.

稀疏 SyMIL 模型提出以下三条约束:

$$\forall i\in I^+,\qquad (w\cdot h_i^+)\geqslant 1, \tag{7.3.8}$$

$$\forall i\in I^-,\qquad (w\cdot h_i^-)\leqslant -1, \tag{7.3.9}$$

$$\forall i\in I=\{I^+\}\cup\{I^-\},\qquad \mathcal{Y}_i(w\cdot(h_i^++h_i^-))\geqslant 1. \tag{7.3.10}$$

(1) 约束 (7.3.8) 的含义为: 使得每个正包中至少有一个正示例.

(2) 约束 (7.3.9) 的含义为: 使得每个负包中至少有一个负示例.

(3) 约束 (7.3.10) 的含义为: 如果一个正包同时具有负示例和正示例, 找到正作用最强的正示例和负作用最强的负示例. 其约束正作用最强的正示例充分在超平面的一侧. 同理, 在负包中, 其约束负作用最强的负示例充分在超平面的另一侧.

据此, 稀疏 SyMIL 模型构造目标函数如下

$$
\begin{aligned}
\min_{w} \quad & \frac{C}{l}\left(\lambda \sum_{i \in I}\left[1-y_i\left(\max_{h \in \mathcal{X}_i}(w \cdot h)+\min_{h \in \mathcal{X}_i}(w \cdot h)\right)\right]_+\right. \\
& +\frac{l}{l^+} \sum_{i \in I^+}\left[1-\max_{h \in \mathcal{X}_i}(w \cdot h)\right]_+ \\
& \left.+\frac{l}{l^-} \sum_{i \in I^-}\left[1+\min_{h \in \mathcal{X}_i}(w \cdot h)\right]_+\right)+\sum_{j=1}^{n} p\left(w_j\right),
\end{aligned} \tag{7.3.11}
$$

其中第一项为损失函数, 记作 $L(w)$, 用 $L_i(w)$ 表示第 i 个包的损失函数, 正则项 $p(\cdot)$ 采用 MCP 函数,

$$
p\left(w_j\right)=\begin{cases}\lambda\left|w_j\right|-\dfrac{w_j^2}{2 \gamma}, & \left|w_j\right| \leqslant \gamma \lambda, \\ \dfrac{1}{2} \gamma \lambda^2, & \left|w_j\right|>\gamma \lambda .\end{cases} \tag{7.3.12}
$$

这里考虑到了 MCP 函数具有一些较好的数学性质, 用于特征选择, 得到稀疏解.

求得问题 (7.3.11) 的解 w^* 后, 便得到了要寻求的实值函数 $g(x)=(w^* \cdot x)$, 从而用决策函数

$$
f(\mathcal{X})=\operatorname{sgn}\left(\max_{x \in \mathcal{X}} g(x)+\min_{x \in \mathcal{X}} g(x)\right) \tag{7.3.13}
$$

推断包 $\mathcal{X}$ 的标签.

7.3.2 模型求解

问题 (7.3.11) 的目标函数非凸非光滑, 因此考虑采用邻近随机次梯度法求解. 为计算损失函数的次梯度和 MCP 函数的邻近算子, 将 $\partial L_i(w)$ 表示为第 i 个包的损失函数的次微分, 次梯度 $\zeta(w, \mathcal{X}_i) \in \partial L_i(w)$. 从训练数据中随机采样 $(\mathcal{X}_i, \mathcal{Y}_i)$, 每次迭代仅使用一个样本来计算

$$
\zeta(w, \mathcal{X}_i)=\begin{cases}\dfrac{C}{l}\left(D+E-\left(\dfrac{l}{l^+}+\lambda\right) h_i^+\right), & \mathcal{Y}_i=1, \\ \dfrac{C}{l}\left(F+G+\left(\dfrac{l}{l^-}+\lambda\right) h_i^-\right), & \mathcal{Y}_i=-1,\end{cases} \tag{7.3.14}
$$

其中 D,E,F,G 的计算方法如下所示, $\theta\in[0,1]$,

$$D=\begin{cases}\dfrac{l}{l^+}h_i^+, & \left(w\cdot h_i^+\right)>1,\\ \dfrac{\theta l}{l^+}h_i^+, & \left(w\cdot h_i^+\right)=1,\\ 0, & \left(w\cdot h_i^+\right)<1,\end{cases}\tag{7.3.15}$$

$$E=\begin{cases}-\lambda h_i^-, & 1-\left(w\cdot h_i^-\right)>\left(w\cdot h_i^+\right),\\ \theta\lambda\left(h_i^+-h_i^-\right), & 1-\left(w\cdot h_i^-\right)=\left(w\cdot h_i^+\right),\\ \lambda h_i^+, & 1-\left(w\cdot h_i^-\right)<\left(w\cdot h_i^+\right),\end{cases}\tag{7.3.16}$$

$$F=\begin{cases}-\dfrac{l}{l^-}h_i^-, & -\left(w\cdot h_i^-\right)>1,\\ -\dfrac{\theta l}{l^-}h_i^-, & -\left(w,h_i^-\right)=1,\\ 0, & -\left(w\cdot h_i^-\right)<1,\end{cases}\tag{7.3.17}$$

$$G=\begin{cases}-\lambda h_i^-, & 1+\left(w\cdot h_i^+\right)>\left(w\cdot h_i^-\right),\\ \theta\lambda\left(h_i^+-h_i^-\right), & 1+\left(w\cdot h_i^+\right)=\left(w\cdot h_i^-\right),\\ \lambda h_i^+, & 1+\left(w\cdot h_i^+\right)<\left(w\cdot h_i^-\right).\end{cases}\tag{7.3.18}$$

此外, 由于 MCP 函数可以写成按元素求和的形式, 这里只需讨论基本的一维邻近算子. 对于向量 w 的每个元素 w_j, 可以将一维邻近优化问题视为

$$\min_{w_j}\quad p\left(w_j\right)+\frac{1}{2\alpha}\left(s_j-w_j\right)^2,\tag{7.3.19}$$

其中 s_j 可以看作一个常数. MCP 函数邻近算子的闭式解为

$$\operatorname{prox}_{\alpha p}(s_j)=\begin{cases}s_j, & |s_j|>\gamma\lambda,\\ \operatorname{sgn}\left(s_j\right)\dfrac{|s_j|-\lambda}{1-\dfrac{1}{\gamma}}, & \lambda<|s_j|\leqslant\gamma\lambda,\\ 0, & |s_j|\leqslant\lambda.\end{cases}\tag{7.3.20}$$

据此建立**稀疏 SyMIL 算法**. 注意, $\mathcal{X}_i$ 是从 l 个包中随机抽取的包, 每次迭代中都有 $\mathcal{X}_i\sim P$, 而 k 代表第 k 次迭代.

稀疏 SyMIL 算法

输入: 学习率 $\{\beta_k\}_{k\geqslant0}$, $\{\alpha_k\}_{k\geqslant0}$, γ, λ, C, ε, 最大迭代次数 K,$w_0\in R^n$.

初始化:
1. $k=0$;

执行:
1. 随机选取样本 $(\mathcal{X}_i, \mathcal{Y}_i)$;
2. 通过式 (7.3.14) 计算 $\zeta(w_k, \mathcal{X}_i)$;
3. 更新 $w^+ \leftarrow w_k - \beta_k \zeta(w_k, \mathcal{X}_i)$;
4. 通过式 (7.3.20) 更新 $w_{k+1} \leftarrow \mathrm{prox}_{\alpha_k p}(w^+)$;
5. 令 $k=k+1$, 重复以上步骤, 直至满足收敛条件.

输出: $w^* = w_{k+1}$.

7.4 拓展阅读

本节介绍常见的多示例学习算法、深度多示例学习以及多示例学习和其他学习范式的结合.

7.4.1 常见算法

多示例学习属于弱监督学习, 已经有了很多算法, 并成功应用到了多种学习场景, 参看综述 [5-7]. 在 Amores[6] 提出的分类框架中, 按照对多示例数据处理的特征空间水平, 多示例学习算法被分为示例空间 (instance-space) 水平、包空间 (bag-space) 水平以及嵌入空间 (embedded-space) 水平三类. 下面分别予以介绍.

7.4.1.1 基于示例空间水平的算法

在这类算法中, 假设具有区别度的信息存在于示例之间, 包的每个示例会被单独地分类, 然后根据示例的分类结果组成对整个包的分类结果. 其核心思想是: 首先, 训练一个示例水平的分类器, 使之能够区分来自正负包中的示例. 然后, 对于一个新来的包, 用训练好的示例水平的分类器对该包中的每个示例进行判断. 最后, 集成该包所有示例的判断值而得到对该包的判断值.

Dietterich 等 [1] 提出了 APR (axis-parallel hyper-rectangle) 算法, 通过构建一个平行于坐标轴的矩形, 使得该矩形尽可能地包含来自正包的示例, 不包含来自负包的示例, 而落入这个矩形区域的示例被看作正示例. APR 算法具有一定的局限性, 该算法假设所有的正示例仅仅来自同一个特征空间区域. 后来, Maron 等 [8] 提出多样化密度 (diverse density, DD) 的度量指标来处理多示例学习问题. 如果一个特征空间区域包含来自很多不同正包的示例且包含很少来自负包的示例, 则该区域的多样化密度值很高. 接着, Zhang 等 [9] 在多样化密度的基础上, 提出了 EM-DD (expectation maximazation with diverse density) 算法, 假设正示例数据是来自特征空间中紧密的类簇 (compact cluster), 通过 EM 算法去寻找多样化密度函数的最大值, 当数据中的相关特征越多的时候, 基于多样化密度的算法的表现就会降低. Andrews 等[2] 提出了 MI-SVM 算法, 将示例的标签视为不可观察的整数变量, 受包的标签约束. 寻找一个判别函数可以在示例空间最大化不同类别示例之间的间隔.

7.4.1.2 基于包空间水平的算法

在这类算法中, 包被视为一个整体来处理, 特定的距离度量方式会被应用在包与包之间的相似度或差异度的度量, 进一步构建基于包水平的特征表示. 相较于基于示例空间水平的算法, 该类算法能够考虑更多的信息. 其基本思想是: 首先定义一个度量包之间距离的函数, 然后把该距离函数嵌入标准的基于距离的分类器中.

基于 k 近邻的基本思想, Wang 等[10] 提出多示例学习算法 Bayesian-kNN 和 Citation-kNN, 通过最小化 Hausdorff 距离来计算两个包之间的距离. 前者不仅考虑 k 近邻包的标签信息, 而且考虑 k 近邻包的先验概率. 后者借用了科学文献中的 "引用" 的概念, 不仅考虑 k 近邻包的标签信息, 还考虑将该包视为近邻包时的包标签信息. 这两个算法需要计算包之间的距离矩阵, 存储开销和计算时间成本比较大. Gärtner 等[11] 提出 MI-Kernel(kernel-based multiple-instance learning) 方法, 把正包里面的所有示例视作正示例, 把每个包里的示例进行规则化求和, 然后用求和的结果代表对应的包. Leistner 等[12] 把随机森林 (random forest) 拓展到多示例学习问题, 提出了 MIForest (multiple-instance learning with randomized trees). 该算法可以继承随机森林所具有的准确度高, 速度快, 易并行, 能够处理多类别数据的优点. Viola 等[13] 提出了一个多示例集成学习框架 MIL-Boost, 一个包被标记为正包的可能性大小是通过对其包含的所有示例的可能为正的概率值取平均. 这类方法的共同特点是, 假设一个包中含有足够高比例的正示例, 且包的类别信息能够由示例层面的信息所表达. Zhou 等[14] 提出 miGraph 和 MIGraph 算法, 考虑了包之间的示例的对应关系, 即不同包之间具有相似信息的示例所具有的重要性, 通过图核 (graph kernel) 把包映射为基于示例的无向图, 从而充分利用包之间的信息.

7.4.1.3 基于嵌入空间水平的算法

基于嵌入空间水平的多示例算法和基于包空间水平的多示例算法基本思想是一样的, 都是抽取有关包的全局的信息. 不同的是, 在基于包空间水平的多示例算法中, 信息抽取的方式是隐形的, 比如, 定义一个距离映射函数或者核函数. 而基于嵌入空间水平的算法是显式的, 通过定义一个映射函数, 将整个包映射为一个单独的特征向量. 这类算法的基本框架是: 每个包都会被映射为一个单一的特征向量, 用以描述和该包相关的整体信息. 这样, 原始的包空间被映射为一个向量化的嵌入空间. 在这个空间中学习分类器, 就把原始的多示例问题转化为一个标准的有监督学习问题.

Dong 等[15] 提出了一种简单有效的多示例学习算法 Simple MI. 它首先计算每个包里面示例在各个特征维度的平均值, 然后用得到的平均特征向量表示对应的包. Chen 等[16] 基于多样化密度 (diversified density, DD) 函数, 提出了 DD-SVM, 通过多样性密度函数进行示例选择, 将训练集中多样性密度局部最大的示例作为原型, 然后基于示例原型集对包进行映射, 接着将所有包的特征向量代入标准 SVM 进行训练. Chen 等[17] 将多示例学习问题转化为一个标准的监督学习问题, 提出了 MILES(multiple-instance learning via embedded instance selection) 算法. 该算法不需要将示例标签的相关假设强加给包标签, 通过度量示例间的相似性将每个包映射到特征空间. 然后训练一个 l_1 正则的 SVM, 可以去除大量冗余或不相关的特征. Li 等[18] 继承了 MILES 算法的基本思想, 提出 MILD(multiple-instance learning via disambiguation) 算法, 基于一种类条件概率模型进行示例选择, 将每个正训练包中分类能力最强的示例作为原型, 然后基于这些示例原型对包进行映射, 从而得到每个包的特征向量. Fu 等[19] 提出了 MILIS(multiple instance learning with instance selection) 算法, 通过在训练集的每个包中选择一个示例原型, 然后使用一种迭代优化机制反复更新示例原型以及训练一个线性 SVM 分类器, 直到算法收敛.

7.4.2　深度多示例学习算法

深度多示例学习是近年来机器学习和计算机视觉领域的一个重要研究课题, 已得到广泛的应用, 如图像分类或检索、基因表达、人脸检测和医学成像等[20-25].

多示例神经网络　Ramon 等[26] 首次用神经网络模型解决多示例问题, 提出了多示例神经网络 (MINN). MINN 计算每个示例概率, 然后使用对数求和指数函数 (log_sum_exp) 对示例的类别概率进行汇总, 从而计算整个包的类别概率, 并通过反向传播对网络进行训练. Zhang 和 Zhou[27] 提出的多示例网络通过直接获取包中示例分类概率的最大值来计算包的概率. 随后, Zhang 和 Zhou[28] 通过使用多样化密度和主成分分析 (PCA) 进行特征选择. 他们证明了集成方法可以与多示例神经网络结合来改善模型的性能[29]. 此外他们还将径向基函数 (radial basis function, RBF) 与神经网络相结合, 提出 RBF-MIP (radial basis function for multi-instance problems) 用于解决多示例学习问题[30]. Wang 等[21] 提出了 mi-Net 和 MI-Net 多示例神经网络, 其中 mi-Net 属于基于示例空间水平模型, MI-Net 属于基于嵌入空间水平模型. 在 mi-Net 中, 网络的每一层都有示例的分类器, 可以同时获得训练阶段和测试阶段包中示例的预测结果, 这在某些应用中是一个吸引人的特性. 与 mi-Net 不同, MI-Net 没有针对示例的分类器, 通过使用神经网络中的最大或平均池化层聚合相关示例表示来建立一个固定长度的向量作为包表征, 然后通过训练学习包级别的分类器. 与 mi-Net 相比, MI-Net 对包分类精度更高. Wang 等[31] 提出包相似性网络 (bag similarity network, BSN), 该网络强调对包之间的关系进行建模. 与以前的方法相比, 它可以更有效地学习包的表征.

多示例神经网络已经在计算机视觉领域中得到了研究. Wu 等[32] 提出 DMIL 把图像识别问题转换为一个多示例学习问题, 并将每个图像的对象候选集 (object proposals) 和文本注释集 (text annotations) 都视为多示例数据集. 在弱监督语义分割问题中, 没有像素级的标注信息, 只有图片级的标签信息和非常少量的先验信息, Pinheiro 等[33,34] 将弱监督语义分割问题转化为多示例学习问题: 假设每个训练图像具有至少一个对应于图像类别标签的像素, 因而弱监督语义分割任务可以看作预测属于对象类别的像素. 多示例学习通过弱化所需的监督信息, 可以减少语义分割等任务中代价高昂的标注需求. Pathak 等[35] 提出 MIL-FCN (fully convolutional multi-class multiple instance learning), 网络训练可以接受任意大小的输入, 不需要对对象候选集预处理, 并构造了一个像素级的多示例损失函数.

多示例池化层 多示例神经网络中的一个重要组成部分是多示例池化层 (multi-instance pooling layer, MIPL), 它将示例概率分布向量或示例特征向量聚合为一个关于包的概率向量或包特征向量. 多示例池化运算通常使用均值池化 (mean-pooling) 或最大池化 (max-pooling) 操作来学习包表征, 其中最大池化是多示例网络中被广泛使用的一种池化操作, 使用 max 函数来融合示例级输出[32,33,35-39]. 多示例池化函数还包括: Noisy-OR[13], log-sum-exp (LSE)[26], generalized mean (GM)[40] 等. 这些函数是预定义好的, 不具有自适应性. Kraus 等[41] 提出了一种包含全局自适应参数的多示例池化运算 Noisy-AND, 该方法对异常值具有鲁棒性. Zhou[42] 也引入一个可学习的池化函数, 该函数可以进行动态调整, 自适应地融合 CNN 的输出. Ilse 等[43] 结合注意力机制, 提出了一个完全可训练的更灵活的池化函数. Yan 等[44] 提出了 DP-MINN(dynamic pooling for multi-Instance neural network), 设计了一种自适应的多示例动态池化 (dynamic pooling) 函数, 可以对关键示例进行选择和对包中示例之间的上下文信息进行建模.

多示例注意力机制 作为深度学习中一种重要的技术, 注意力机制同样在多示例学习中有着广泛的应用. Ilse 等[43] 将注意力机制嵌入神经网络中以学习示例权重并对包进行分类. 该方法通过引入辅助层来学习示例权重, 然后利用另一个全连接层来预测包的类别. 但是, 注意力机制经常为示例分配较大的权重, 如果示例的标签与包的标签不同, 则会降低网络包分类结果. Shi 等[45] 提出了一种新型注意力机制, 该机制将注意力机制与损失函数联系在一起, 可以同时学习示例的权重, 并对示例和包进行分类.

7.4.3 与其他学习范式结合

7.4.3.1 多示例多标签学习

结合多标签学习 [46], Zhou 等 [47] 提出了多示例多标签学习 (multi-instance multi-label learning, MIML), 它的特点是一个对象既含有多个示例, 又含有多个类别标签, 如图 7.4.1 所示.

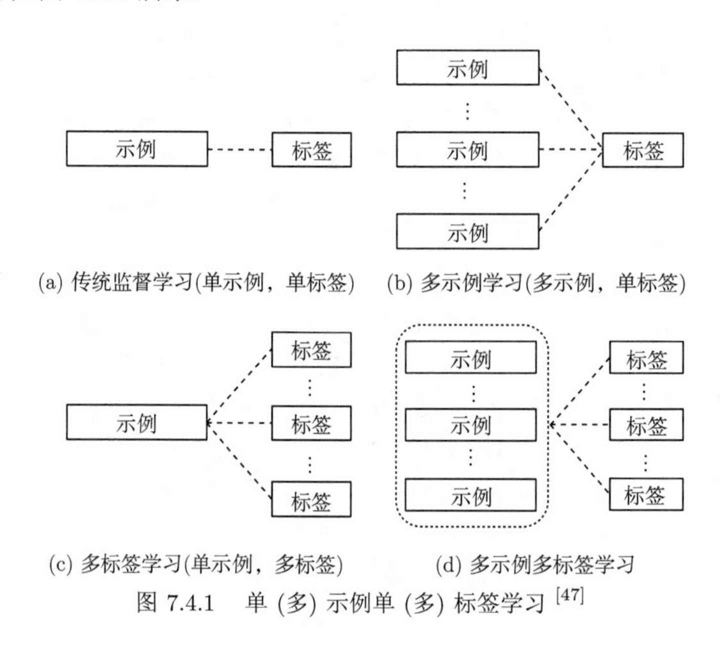

图 7.4.1 单 (多) 示例单 (多) 标签学习 [47]

多示例多标签学习已经广泛地应用于各种任务, 包括图像分类[48,49]、文本分类[50]、基因和蛋白质功能预测[51,52]、关系抽取[53] 和视频理解[54] 等. Zhou 等 [48] 提出的 MIMLSVM (multi-instance multi-label support vector machine) 和 MIMLBoost (multi-instance multi-label Boost) 算法, 将多示例多标签学习退化为较为简单的问题. 事实上, 前者退化为单示例多标签问题, 而后者退化为多示例单标签学习. 与上述方法不同, DMIMLSVM(direct MIMLSVM) 方法[47] 直接优化原始 MIML 问题的损失函数. Briggs 等[55] 提出 RL-SIM (rank-loss support instance machine), 通过优化正则排序损失目标函数, 将示例级预测与包级预测连接起来. Huang 等[56] 提出的 MIMLfast(fast multi-instance multi-label learning) 算法, 通过优化训练集中每个包的标签相关性排序来提高模型的效率. 随后, Huang 等[57] 为了降低数据集的标注成本, 将多示例多标签学习与主动学习结合, 提出了 MIML-AL(multi-instance multi-label active learning) 算法, 该算法可以利用关键示例信息, 同时优化示例和标签的排名. 大多数的 MIML 研究都假设示例是预先给定的, 或者由一些手动设计的示例生成器生成, 这种方式不适合大规模数据. Feng 和 Zhou[38] 提出 DeepMIML(deep multi-instance multi-label learning), 不再需要另外的示例生成器, 网络本身可以完成示例的生成并进行后续学习任务.

7.4.3.2 多视角多示例多标签学习

大多数多示例多标签算法集中于单视角数据, 其中包的示例由一组特征表示. 然而, 在实际应用中, 多示例多标签中的对象通常可以通过不同的视角来表示 [58,59]. 如图 7.4.2 所示, 包含不同示例的包用多个异构特征视角表示. 由于包之间和示例之间存在多种类型的关系, 从多视角包中学习 MIML 任务更具挑战性, 该问题称为多视角多示例多标签学习 (multi-view multi-instance multi-label learning, M3L)[38,60].

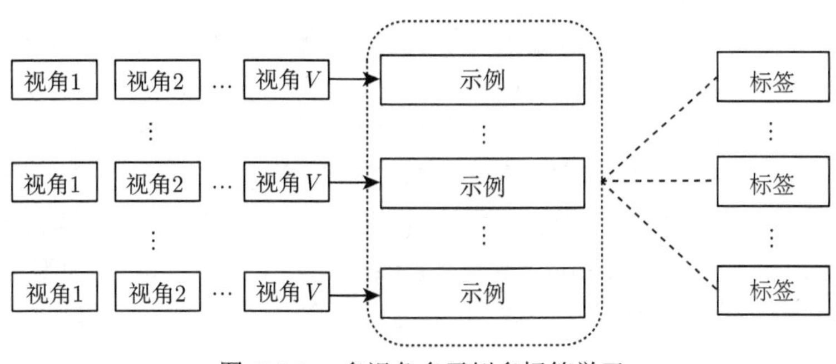

图 7.4.2 多视角多示例多标签学习

Nguyen 等 [61] 提出了一种称为 M3LDA(multi-modal multi-instance multi-label Latent Dirichlet Allocation) 的方法, 其利用 latent dirichlet 分布从视觉视角探索视觉标签主题, 从文本视角探索文本标签主题, 然后强制两个视角的预测标签保持一致. 之后, Nguyen 等 [58] 介绍了另一种 M3L (multi-modal multi-instance multi-label learning) 方法, 称为 MIMLmix (multi-instance multi-label mixture), 利用层次贝叶斯网络和变分推理来融合多个视角. MIMLmix 可以处理某些视角中缺少的示例. Yang 等 [62] 介绍了 M3DN (multi-modal multi-instance multi-label deep network) 方法, 其分别为每个视角应用一个深度网络, 并要求来自不同视角的基于包的预测在同一个包内保持一致. 一些方法还利用了包之间的关系 [63]、示例之间的关系 [64]、标签之间的相关性 [62,65] 以及示例和标签之间的关系 [58,66] 在示例级别学习包的标签. 基于子空间学习的方法旨在假设输入视角是从潜在子空间生成的, 从而获得多个视角共享的潜在子空间 [67,68]. 基于潜在子空间的解决方案可以缓解 "维数灾难" 的问题. 文献 [69] 提出了 M3Lcmf(multi-view multi-instance multi-label learning based on collaborative matrix factorization) 方法, 其利用异构网络捕获

M3L 中不同类型的关系, 并协作分解网络的关系数据矩阵, 以探索包、示例和标签之间的内在关系.

7.4.3.3 多示例迁移学习

迁移学习是机器学习的一个重要分支. 其主要目标是在相似但不相同的领域中的任务和分布之间传递知识 [70,71]. 很多迁移学习方法都是针对传统的单示例学习问题而设计的. 然而, 在许多实际应用中, 例如药物设计、图像检索、文本分类等应用中, 往往需要处理多示例问题, 多示例迁移学习 (multi-instance transfer learning, MITL) 正是在此背景下产生的. Zhang 等 [70] 将多示例问题与迁移学习结合, 提出了 MITL. Wang 等 [72] 设计了一个基于数据依赖的混合模型的统一学习框架 AKT-MIL(adaptive knowledge transfer for multiple instance learning), 可以自适应地将来自源域的知识与目标域中构建的弱分类器相结合. 该方法对于目标域含有少量训练样本的情况下, 具有更好的效果. 文献 [73] 中的工作还提出通过在源任务分类器中添加自适应项, 构建多示例字典及其相应的分类器以适应目标任务. 大多数多示例学习方法都假设训练集中的每个包都有确切的标签. 然而, 在人工标注的过程中, 存在着包的标签不明确的问题, 这种带有不明确标签的问题往往称为弱标签问题. 文献 [74] 针对源任务和目标任务都包含弱标签的问题, 构造了 TMIL(transfer learning-based multiple instance learning) 模型, 该模型可以将知识从源任务迁移到目标任务, 并提出了一个迭代框架进行求解.

参考文献

[1] Dietterich T G, Lathrop R H, Lozano-Pérez T. Solving the multiple instance problem with axis-parallel rectangles[J]. Artificial Intelligence, 1997, 89(1/2): 31-71.

[2] Andrews S, Tsochantaridis I, Hofmann T. Support vector machines for multiple-instance learning[C]//Proceedings of the Advances in Neural Information Processing Systems. 2002: 561-568.

[3] Mangasarian O L, Wild E W. Multiple instance classification via successive linear programming[J]. Journal of Optimization Theory & Applications, 2008, 137(3): 555-568.

[4] Durand T, Thome N, Cord M. SyMIL: Minmax latent SVM for weakly labeled data [J]. IEEE Transactions on Neural Networks and Learning Systems, 2018, 29(12): 6099-6112.

[5] Zhou Z H. Multi-instance learning: A survey[J]. Department of Computer Science & Technology, Nanjing University, Tech. Rep, 2004.

[6] Amores J. Multiple instance classification: Review, taxonomy and comparative study [J]. Artificial Intelligence, 2013, 201: 81-105.

[7] 田英杰, 胥栋宽, 张春华. 多示例学习问题研究进展综述[J]. 运筹学学报, 2018, 22(2): 1-17.

[8] Maron O, Lozano-Pérez T. A framework for multiple-instance learning[C]// Proceedings of the 10th Advances in Neural Information Processing Systems. 1998: 570-576.

[9] Zhang Q, Goldman S A. EM-DD: An improved multiple-instance learning technique [C]//Proceedings of the 14th Advances in Neural Information Processing Systems. 2001: 1073-1080.

[10] Wang J, Zucker J D. Solving multiple-instance problem: A lazy learning approach[C]// Proceedings of the International Conference on Machine Learning. 2000: 1119-1126.

[11] Gärtner T, Flach P A, Kowalczyk A, et al. Multi-instance kernels[C]//Proceedings of the Nineteenth International Conference on Machine Learning. 2002: 179-186.

[12] Leistner C, Saffari A, Bischof H. Miforests: Multiple-instance learning with randomized trees[C]//Proceedings of the European Conference on Computer Vision. 2010: 29-42.

[13] Viola P, Platt J C, Zhang C. Multiple instance boosting for object detection[C]// Proceedings of the Advances in Neural Information Processing Systems. 2005: 1417-1424.

[14] Zhou Z H, Sun Y Y, Li Y F. Multi-instance learning by treating instances as non-IID samples[C]//Proceedings of the 26th International Conference on Machine Learning. 2009: 1249-1256.

[15] Dong L. A comparison of multi-instance learning algorithms[D]. The University of Waikato, 2006.

[16] Chen Y, Wang J Z. Image categorization by learning and reasoning with regions[J]. Journal of Machine Learning Research, 2004, 5: 913-939.

[17] Chen Y X, Bi J B, Wang J Z. MILES: Multiple-instance learning via embedded instance selection[J]. IEEE Transactions on Pattern Analysis and Machine Intelligence, 2006, 28(12): 1931-1947.

[18] Li W J, Yeung D Y. MILD: Multiple-instance learning via disambiguation[J]. IEEE Transactions on Knowledge and Data Engineering, 2010, 22(1): 76-89.

[19] Fu Z Y, Robles-Kelly A, Zhou J. MILIS: Multiple instance learning with instance selection[J]. IEEE Transactions on Pattern Analysis and Machine Intelligence, 2011, 33(5): 958-977.

[20] Wei X S, Zhou Z H. An empirical study on image bag generators for multi-instance learning[J]. Machine Learning, 2016, 105(2): 155-198.

[21] Wang X G, Yan Y L, Tang P, et al. Revisiting multiple instance neural networks[J]. Pattern Recognition, 2018, 74: 15-24.

[22] Hou L, Samaras D, Kurc T M, et al. Patch-based convolutional neural network for whole slide tissue image classification[C]//Proceedings of the IEEE Conference on Computer Vision and Pattern Recognition. 2016: 2424-2433.

[23] Shi X S, Xing F Y, Xu K D, et al. Supervised graph hashing for histopathology image retrieval and classification[J]. Medical Image Analysis, 2017, 42: 117-128.

[24] Shi X S, Sapkota M, Xing F Y, et al. Pairwise based deep ranking hashing for histopathology image classification and retrieval[J]. Pattern Recognition, 2018, 81: 14-22.

[25] Zhu W J, Hu J, Sun G, et al. A key volume mining deep framework for action recognition[C]//Proceedings of the IEEE Conference on Computer Vision and Pattern Recognition. 2016: 1991-1999.

[26] Ramon J, de Raedt L. Multi instance neural networks[C]//Proceedings of the ICML-2000 workshop on attribute-value and relational learning. 2000: 53-60.

[27] Zhou Z H, Zhang M L. Neural networks for multi-instance learning[C]//Proceedings of the International Conference on Intelligent Information Technology, Beijing, China. 2002: 455-459.

[28] Zhang M L, Zhou Z H. Improve multi-instance neural networks through feature selection[J]. Neural Processing Letters, 2004, 19(1): 1-10.

[29] Zhang M L, Zhou Z H. Ensembles of multi-instance neural networks[C]//International Conference on Intelligent Information Processing. 2004: 471-474.

[30] Zhang M L, Zhou Z H. Adapting RBF neural networks to multi-instance learning[J]. Neural Processing Letters, 2006, 23(1): 1-26.

[31] Wang X G, Yan Y L, Tang P, et al. Bag similarity network for deep multi-instance learning[J]. Information Sciences, 2019, 504: 578-588.

[32] Wu J J, Yu Y N, Huang C, et al. Deep multiple instance learning for image classification and auto-annotation[C]//Proceedings of the IEEE Conference on Computer Vision and Pattern Recognition. 2015: 3460-3469.

[33] Pinheiro P O, Collobert R. From image-level to pixel-level labeling with convolutional networks[C]//Proceedings of the IEEE Conference on Computer Vision and Pattern Recognition. 2015a: 1713-1721.

[34] Pinheiro P O, Collobert R. Weakly supervised semantic segmentation with convolutional networks[C]//Proceedings of the IEEE Conference on Computer Vision and Pattern Recognition: number 5. 2015: 6.

[35] Pathak D, Shelhamer E, Long J, et al. Fully convolutional multi-class multiple instance learning[C]//Bengio Y, LeCun Y. Proceedings of the International Conference on Learning Representations, Workshop Track Proceedings. 2015.

[36] Fang H, Gupta S, Iandola F, et al. From captions to visual concepts and back[C]// Proceedings of the IEEE Conference on Computer Vision and Pattern Recognition. 2015: 1473-1482.

[37] Oquab M, Bottou L, Laptev I, et al. Weakly supervised object recognition with convolutional neural networks[C]//Proceedings of the Advances in Neural Information Processing Systems. 2014: 1545-5963.

[38] Feng J, Zhou Z H. Deep MIML network[C]//Proceedings of the Thirty-First AAAI Conference on Artificial Intelligence: volume 31. 2017: 1884-1890.

[39] Zhu W T, Lou Q, Vang Y S, et al. Deep multi-instance networks with sparse label assignment for whole mammogram classification[C]//International Conference on Medical Image Computing and Computer Assisted Intervention. 2017: 603-611.

[40] Xu Y, Mo T, Feng Q W, et al. Deep learning of feature representation with multiple instance learning for medical image analysis[C]//Proceedings of the IEEE International Conference on Acoustics, Speech and Signal Processing. 2014: 1626-1630.

[41] Kraus O Z, Ba J L, Frey B J. Classifying and segmenting microscopy images with deep multiple instance learning[J]. Bioinformatics, 2016, 32(12): i52-i59.

[42] Zhou Y Z, Sun X Y, Liu D, et al. Adaptive pooling in multi-instance learning for web video annotation[C]//Proceedings of the IEEE International Conference on Computer Vision Workshops. 2017: 318-327.

[43] Ilse M, Tomczak J, Welling M. Attention-based deep multiple instance learning[C]// Proceedings of the International Conference on Machine Learning. 2018: 2127-2136.

[44] Yan Y L, Wang X G, Guo X J, et al. Deep multi-instance learning with dynamic pooling[C]//Asian Conference on Machine Learning. 2018: 662-677.

[45] Shi X S, Xing F Y, Xie Y P, et al. Loss-based attention for deep multiple instance learning[C]//Proceedings of the AAAI Conference on Artificial Intelligence: volume 34. 2020: 5742-5749.

[46] Zhang M L, Zhou Z H. A review on multi-label learning algorithms[J]. IEEE Transactions on Knowledge and Data Engineering, 2014, 26(8): 1819-1837.

[47] Zhou Z H, Zhang M L, Huang S J, et al. Multi-instance multi-label learning[J]. Artificial Intelligence, 2012, 176(1): 2291-2320.

[48] Zhang Z L, Zhang M L. Multi-instance multi-label learning with application to scene classification[C]//Proceedings of the Advances in Neural Information Processing Systems. 2006: 1609-1616.

[49] Feng S H, Xu D. Transductive multi-instance multi-label learning algorithm with application to automatic image annotation[J]. Expert Systems with Applications, 2010, 37(1): 661-670.

[50] Zhang M L, Zhou Z H. M3MIML: A maximum margin method for multi-instance multi-label learning[C]//Proceedings of the IEEE International Conference on Data Mining. 2008: 688-697.

[51] Li Y X, Ji S W, Kumar S, et al. Drosophila gene expression pattern annotation through multi-instance multi-label learning[J]. IEEE Transactions on Computational Biology and Bioinformatics, 2011, 9(1): 98-112.

[52] Wu J S, Huang S J, Zhou Z H. Genome-wide protein function prediction through multi-instance multi-label learning[J]. IEEE Transactions on Computational Biology and Bioinformatics, 2014, 11(5): 891-902.

[53] Surdeanu M, Tibshirani J, Nallapati R, et al. Multi-instance multi-label learning for relation extraction[C]//Proceedings of the Joint Conference on Empirical Methods in Natural Language Processing and Computational Natural Language Learning. 2012: 455-465.

[54] Xu X S, Xue X Y, Zhou Z H. Ensemble multi-instance multi-label learning approach for video annotation task[C]//Proceedings of the 19th ACM International Conference on Multimedia. 2011: 1153-1156.

[55] Briggs F, Fern X Z, Raich R. Rank-loss support instance machines for MIML instance annotation[C]//Proceedings of the 18th ACM SIGKDD International Conference on Knowledge Discovery and Data Mining. 2012: 534-542.

[56] Huang S J, Gao W, Zhou Z H. Fast multi-instance multi-label learning[C]// Proceedings of the AAAI Conference on Artificial Intelligence. 2014: 1868-1874.

[57] Huang S J, Gao N N, Chen S C. Multi-instance multi-label active learning[C]// Proceedings of the International Joint Conference on Artificial Intelligence. 2017: 1886-1892.

[58] Nguyen C T, Wang X, Liu J, et al. Labeling complicated objects: Multi-view multi-instance multi-label learning[C]//Proceedings of the AAAI Conference on Artificial Intelligence: volume 28, 2014: 2013-2019.

[59] Shao W X, Zhang J W, He L F, et al. Multi-source multi-view clustering via discrepancy penalty[C]//Proceedings of International Joint Conference on Neural Networks. IEEE, 2016: 2714-2721.

[60] Zhu Y, Ting K M, Zhou Z H. Discover multiple novel labels in multi-instance multi-label learning[C]//Proceedings of the AAAI Conference on Artificial Intelligence: volume 31. 2017.

[61] Nguyen C T, Zhan D C, Zhou Z H. Multi-modal image annotation with multi-instance multi-label LDA[C]//Proceedings of the Twenty-Third International Joint Conference on Artificial Intelligence. 2013: 1558-1564.

[62] Yang Y, Wu Y F, Zhan D C, et al. Complex object classification: A multi-modal multi-instance multi-label deep network with optimal transport[C]//Proceedings of the 24th ACM SIGKDD International Conference on Knowledge Discovery Data Mining. 2018: 2594-2603.

[63] Zhou Z H, Zhang M L, Huang S J, et al. MIML: A framework for learning with ambiguous objects[J]. CORR abs/0808.3231, 2008, 112.

[64] Li B, Yuan C F, Xiong W H, et al. Multi-view multi-instance learning based on joint sparse representation and multi-view dictionary learning[J]. IEEE Transactions on Pattern Analysis and Machine Intelligence, 2017, 39(12): 2554-2560.

[65] Huang S J, Gao W, Zhou Z H. Fast multi-instance multi-label learning[J]. IEEE Transactions on Pattern Analysis and Machine Intelligence, 2018, 41(11): 2614-2627.

[66] Zhang M L, Wang Z J. MIMLRBF: RBF neural networks for multi-instance multi-label learning[J]. Neurocomputing, 2009, 72(16/17/18): 3951-3956.

[67] He J, Du C Y, Zhuang F Z, et al. Online bayesian max-margin subspace multi-view learning[C]//Proceedings of the Twenty-Fifth International Joint Conference on Artificial Intelligence. 2016: 1555-1561.

[68] Tan Q Y, Yu G X, Domeniconi C, et al. Incomplete multi-view weak-label learning [C]//Proceedings of the 27th International Joint Conference on Artificial Intelligence. 2018: 2703-2709.

[69] Xing Y Y, Yu G X, Domeniconi C, et al. Multi-view multi-instance multi-label learning based on collaborative matrix factorization[C]//Proceedings of the AAAI Conference on Artificial Intelligence: volume 33. 2019: 5508-5515.

[70] Zhang D, Si L. Multiple instance transfer learning[C]//Proceedings of the IEEE International Conference on Data Mining Workshops. 2009: 406-411.

[71] Pan S J, Yang Q. A survey on transfer learning[J]. IEEE Transactions on Knowledge and Data Engineering, 2010, 22(10): 1345-1359.

[72] Wang Q F, Ruan L Y, Si L. Adaptive knowledge transfer for multiple instance learning in image classification[C]//Proceedings of the Twenty-Eighth AAAI Conference on Artificial Intelligence: volume 28. 2014: 1334-1340.

[73] Wang K, Liu J Y, González D. Domain transfer multi-instance dictionary learning[J]. Neural Computing and Applications, 2017, 28(1): 983-992.

[74] Xiao Y S, Liang F, Liu B. A transfer learning-based multi-instance learning method with weak labels[J]. IEEE Transactions on Cybernetics, 2022, 52(1): 287-300.

第 8 章 多任务学习

本章首先介绍多任务学习的基本概念和经典算法, 同时给出一个多任务特征选择模型和相应的理论分析, 然后从传统多任务学习、深度多任务学习以及多任务与其他学习范式结合这三个方面对多任务学习算法进行较为系统的介绍.

8.1 多任务学习问题

对于现实生活中的一个含有多项任务的复杂问题, 传统的处理方式往往把它分解为多个独立的单项任务子问题, 然后通过单任务学习 (single task learning, STL) 模型求解, 如图 8.1.1 所示. 然而, 该方式会忽略不同任务间的相关性, 从而削弱模型性能. 由此便诞生了多任务学习 (multi-task learning, MTL)[1]. 多任务学习的特点是在训练过程中借助多个任务之间的内在关联来优化每个子任务的学习方法, 如图 8.1.2 所示. 多任务学习的早期研究可追溯到 1993 年[2], 在随后的几十年中取得了突破性进展, 并被广泛应用于网页搜索排序[3]、语音合成[4]、基因预测[5] 等领域.

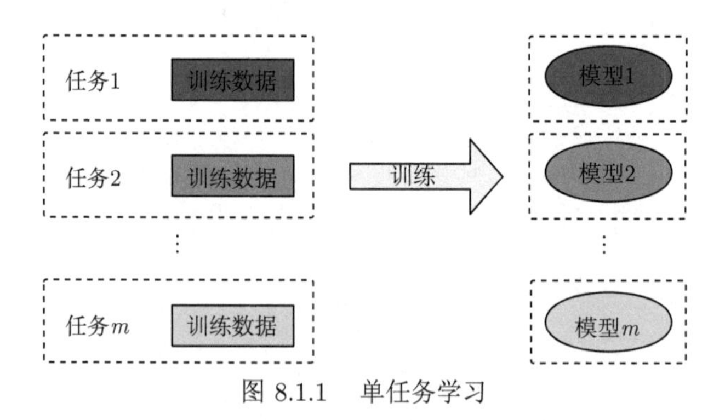

图 8.1.1 单任务学习

作为多任务学习问题的一个例子, 下面给出多任务分类问题的定义如下.

多任务分类问题 设对应 M 项任务有 M 个训练集 $\{T_m\}_{m=1}^M$, 其中第 m 个任务训练集 T_m 为

$$T_m = \{(x_{m1}, y_{m1}), \cdots, (x_{ml_m}, y_{ml_m})\} \in (\mathcal{X} \times \mathcal{Y})^{l_m}, \tag{8.1.1}$$

其中 (x_{mi}, y_{mi}) 为第 m 个任务的第 i 个训练样本, $x_{mi} \in R^n$ 代表输入, $y_{mi} \in \mathcal{Y} = \{1, -1\}$ 代表输出. 试根据训练集寻找 R^n 空间上的 m 维实值向量函数 $g(x) = (g_1(x), g_2(x), \cdots, g_m(x))$, 以便用下列方式推断任一样本点输入 x 对应的类别标签输出

$$y = f(x) = \text{sgn}(g(x)), \tag{8.1.2}$$

其中 sgn( ) 为符号函数

$$\text{sgn}(a) = \begin{cases} 1, & a \geqslant 0, \\ -1, & a < 0. \end{cases} \tag{8.1.3}$$

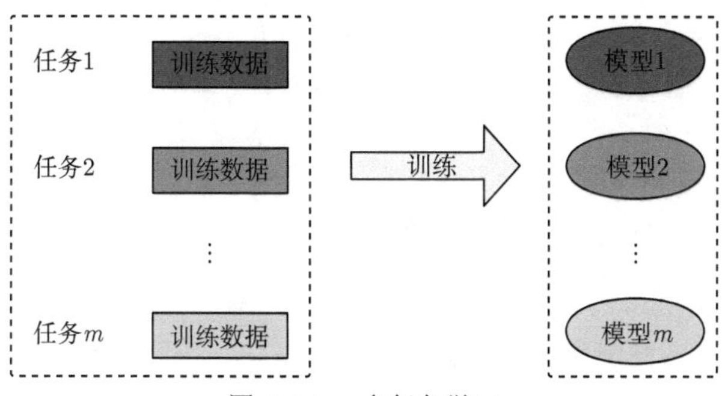

图 8.1.2 多任务学习

8.2 多任务支持向量机

考虑包含训练集 (8.1.1) 的多任务分类问题, 多任务支持向量机[6] 的决策函数形如式 (8.1.2), 设 $g(x) = (g_1(x), g_2(x), \cdots, g_m(x))$, 其中 m 对应第 m 个任务, $g_m(x) = (w_m \cdot \Phi(x)), w_m = w_0 + v_m$, 构造原始优化问题如下.

原始问题

$$\min_{w_0, v_m, \xi_{mj}} \quad \sum_{m=1}^{M} \sum_{j=1}^{l_m} \xi_{mj} + \frac{\lambda_1}{M} \sum_{m=1}^{M} \|v_m\|^2 + \lambda_2 \|w_0\|^2, \tag{8.2.1}$$

$$\text{s.t.} \quad y_{mj}((w_0 + v_m) \cdot \Phi(x_{mj})) \geqslant 1 - \xi_{mj}, \tag{8.2.2}$$

$$\xi_{mj} \geqslant 0, \ j = 1, 2, \cdots, l_m, \ m = 1, 2, \cdots, M, \tag{8.2.3}$$

其中 λ_1, λ_2 为惩罚参数. ξ_{mj} 为度量每个 $w_m = w_0 + v_m$ 对训练点预测所产生的误差的松弛变量. 该模型的正则化约束是对平均权重向量 w_0 施加的, 通过控制 v_m 来控制任务参数分布的差异程度. 当固定 λ_2 的取值, λ_1/λ_2 趋于无穷大时, 原

始问题 (8.2.1) ~ (8.2.3) 可简化为一个单任务学习的优化问题. 当固定 λ_1 的取值, λ_1/λ_2 趋于无穷小时, 原始问题 (8.2.1) ~ (8.2.3) 可简化为 M 个独立的单任务学习的优化问题.

针对原始问题 (8.2.1) ~ (8.2.3), 引入拉格朗日乘子 $\alpha_m = (\alpha_{m1}, \cdots, \alpha_{ml_m})^{\mathrm{T}}$, $m = 1, 2, \cdots, M$, 可推导出对偶问题.

对偶问题

$$\min_{\{\alpha_m\}_{m=1}^M} \quad \frac{1}{2}\sum_{m=1}^{M}\sum_{i=1}^{l_m}\sum_{s=1}^{M}\sum_{j=1}^{l_s}\alpha_{mi}y_{mi}\alpha_{sj}y_{sj}K_{ms}(x_{mi}, x_{sj}) - \sum_{m=1}^{M}\sum_{j=1}^{l_m}\alpha_{mj}, \tag{8.2.4}$$

$$\text{s.t.} \quad 0 \leqslant \alpha_{mj} \leqslant C, \tag{8.2.5}$$

$$i, j = 1, 2, \cdots, l_m,\ m = 1, 2, \cdots, M, \tag{8.2.6}$$

其中核函数 $K_{ms}(x, z) = \left(\frac{1}{\mu} + \delta_{ms}\right)(x \cdot z)$, $\forall s, m = 1, \cdots, M$; $C = \frac{M}{2\lambda_1}$, $\mu = \frac{M\lambda_2}{\lambda_1}$ 用于衡量多个任务之间的相关性.

令 $\alpha_m^* = (\alpha_{m1}^*, \cdots, \alpha_{ml_m}^*)^{\mathrm{T}}, m = 1, 2, \cdots, M$ 为对偶问题 (8.2.4) ~ (8.2.6) 的解, 则多任务支持向量机的决策函数中的 g_m

$$g_m^*(x) = \sum_{m=1}^{M}\sum_{j=1}^{l_m}\alpha_m^* K_{mj}(x_{mj}, x). \tag{8.2.7}$$

据此可以建立**多任务支持向量机算法**.

多任务支持向量机算法

---

1. 给定训练集 $T_m = \{(x_{m1}, y_{m1}), \cdots, (x_{ml_m}, y_{ml_m})\} \in (\mathcal{X} \times \mathcal{Y})^{l_m}$, 其中 $x_{mi} \in R^n$ 和 $y_{mi} \in \{1, -1\}$, 核函数 K_{ms}, 参数 $C > 0$ $(m, s = 1, 2, \cdots, M)$;
2. 构建并求解凸二次规划问题 (8.2.4)~(8.2.6), 得解 $\alpha_m^*, m = 1, \cdots, M$;
3. 输出决策函数 (8.1.2).

8.3　多任务特征选择

特征选择是多任务学习中的研究方向之一, 其研究的问题是根据训练集进行特征选择. 现有的方法大多旨在寻找任务共有的特征子空间, 却忽视了任务专有的特征信息. 本节提出一个可以同时挖掘任务共有特征和任务专有特征的模型.

8.3.1 模型构建

考虑同时学习 M 个任务, 经典的多任务特征选择 (multi-task feature selection, MTFS) 模型 [7] 可以通过向权重向量 w_m 施加 ℓ_{l-2} 正则项来进行特征选择, 并结合损失函数得到最终的学习模型. 根据式 (8.1.1) 给定的训练集, 构造优化问题

$$\min_{\{w_m\}_{m=1}^M} \sum_{m=1}^{M} L_{X_m,Y_m}(w_m)+\alpha(\|w_m\|_1-\|w_m\|_2), \tag{8.3.1}$$

其中 L_{X_m,Y_m} 代表第 m 个任务的损失, w_m 是针对第 m 个任务的权重向量. 显然, 上式并没有考虑不同任务之间的关系. 为了利用任务间的关系, 需要在由所有权重向量组成的权重矩阵上施加新的正则项.

文献 [8] 提出了改进的多任务特征选择 (improved multi-task feature selection, IMTFS) 模型

$$\min_{W\in R^{n\times M}} \sum_{m=1}^{M} L_{X_m,Y_m}(w_m)+\alpha\|W\|_{2,1}-\beta\|W\|_F, \tag{8.3.2}$$

其中 $W=(w_1,\cdots,w_M)$ 是针对所有任务的权重矩阵, $\alpha>0$ 和 $\beta>0$ 是惩罚参数. $\|W\|_{2,1}$ 实现组稀疏性并提取所有任务的共有特征, $\|W\|_F$ 学习任务专有的特征. 具体地, 考虑应用平方损失函数, 可得如下优化问题

$$\min_{W\in R^{n\times M}} \sum_{m=1}^{M} \|Y_m-X_m w_m\|_2^2+\alpha\|W\|_{2,1}-\beta\|W\|_F. \tag{8.3.3}$$

当 $\beta=0$ 时, 该模型退化为 MTFS 模型 [7].

8.3.2 模型求解

8.3.2.1 问题的近似

把原始问题 (8.3.3) 转化为一系列近似线性的凸问题. 寻求第 k 次迭代解 W_{k+1} 的优化问题是

$$\min_{W} \sum_{m=1}^{M} \|Y_m-X_m w_m\|_2^2+\alpha\|W\|_{2,1}-\beta(W\cdot S^k), \tag{8.3.4}$$

其中

$$S^k=\begin{cases}\dfrac{W^k}{\|W^k\|_F}, & W^k\neq 0,\\ 0, & W^k=0,\end{cases} \tag{8.3.5}$$

这里 W^k 是第 k 次迭代求得的解.

问题 (8.3.3) 转化为近似凸问题求解的流程算法.

问题 (8.3.3) 转化为近似凸问题求解的流程算法

输入: 数据集 $\{(X_m, Y_m)\}_{m=1}^M$; 参数 α, $\beta > 0$.

初始化:

1. $k = 0$, W^0.

执行:

1. $W^{k+1} = \arg\min\limits_{W} \sum\limits_{m=1}^{M} \|Y_m - X_m w_m\|_2^2 + \alpha\|W\|_{2,1} - \beta(W \cdot S^k)$;

2. 令 $k = k + 1$, 重复以上步骤, 直至满足停止准则.

输出: 权重矩阵 W.

8.3.2.2 近似问题求解

利用 ADMM 来求解问题 (8.3.4). 引入辅助变量 $P = W$ 和 $Q_m = Y_m - X_m w_m$ $(m = 1, \cdots, M)$, 将问题 (8.3.4) 重新表述为

$$\min_{W,P,\{Q_m\}_{m=1}^M} \quad \sum_{m=1}^{M} \|Q_m\|_2^2 + \alpha \|P\|_{2,1} - \beta(W \cdot S^k), \tag{8.3.6}$$

$$\text{s.t.} \quad Q_m = Y_m - X_m w_m, \ m = 1, \cdots, M, \tag{8.3.7}$$

$$P = W. \tag{8.3.8}$$

引入拉格朗日乘子 Σ 和 Λ_m, $m = 1, \cdots, M$, 可得增广拉格朗日函数

$$\begin{aligned}
&\mathcal{L}(W, P, \{Q_m\}_{m=1}^M, \Sigma, \{\Lambda_m\}_{m=1}^M) \\
=& \sum_{m=1}^{M} \|Q_m\|_2^2 + \alpha \|P\|_{2,1} - \beta(W \cdot S^k) \\
&+ \sum_{m=1}^{M} (\Lambda_m \cdot (Y_m - X_m w_m - Q_m)) + (\Sigma \cdot (W - P)) \\
&+ \frac{\rho}{2}\left(\|W - P\|_F^2 + \sum_{m=1}^{M} \|Y_m - X_m w_m - Q_m\|_2^2\right),
\end{aligned} \tag{8.3.9}$$

其中 $\rho > 0$ 是惩罚参数. 下面关于变量 W, P 和 $\{Q_m\}_{m=1}^M$ 交替求解.

更新 $\boldsymbol{W}$ 固定变量 P 和 $\{Q_m\}_{m=1}^M$, 求解关于 W 的子问题

$$\begin{aligned}\min_W \sum_{m=1}^M \Bigg(& -\beta(w_m \cdot s_m^k) + (\sigma_m \cdot w_m - p_m) + \frac{\rho}{2}\|w_m - p_m\|_2^2 \\ & + (\Lambda_m \cdot (Y_m - X_m w_m - Q_m)) + \frac{\rho}{2}\|Y_m - X_m w_m - Q_m\|_2^2 \Bigg),\end{aligned} \tag{8.3.10}$$

其中 w_m, s_m^k, p_m 和 σ_m 分别是矩阵 W, S_m^k, P 和 Σ 的第 m 列, 则最优解

$$w_m^* = \frac{1}{\rho}\left(X_m^{\mathrm{T}} X_m + I_n\right)^{-1}\left(\beta s_m^k - \sigma_m + \rho p_m + X_m^{\mathrm{T}}(\Lambda_m + \rho Y_m - \rho Q_m)\right), \tag{8.3.11}$$

其中 I_n 是一个 $n \times n$ 的单位矩阵.

更新 $\boldsymbol{P}$ 固定变量 W 和 $\{Q_m\}_{m=1}^M$, 求解关于 P 的子问题

$$\min_P \quad \alpha\|P\|_{2,1} + (\Sigma \cdot (W - P)) + \frac{\rho}{2}\|W - P\|_F^2. \tag{8.3.12}$$

其等价于

$$\min_P \quad \frac{1}{2}\left\|P - \left(W + \frac{\Sigma}{\rho}\right)\right\|_F^2 + \frac{\alpha}{\rho}\|P\|_{2,1}. \tag{8.3.13}$$

将问题 (8.3.13) 分解为 n 个独立的子问题

$$\min_{p^i} \quad \sum_{i=1}^n \left(\frac{1}{2}\left\|p^i - \left(w^i + \frac{\sigma^i}{\rho}\right)\right\|_2^2 + \frac{\alpha}{\rho}\|p^i\|_2\right), \tag{8.3.14}$$

其中 p^i, w^i 和 σ^i 分别是矩阵 P, W, Σ 的第 i 行, 可得闭式解

$$p^i = \left(1 - \frac{\alpha}{\rho\left\|w^i + \dfrac{\sigma^i}{\rho}\right\|_2}\right)_+ \left(w^i + \frac{\sigma^i}{\rho}\right), \tag{8.3.15}$$

其中 $i = 1, \cdots, n$.

更新 $\{\boldsymbol{Q_m}\}_{\boldsymbol{m=1}}^{\boldsymbol{M}}$ 固定变量 W 和 P, 对 $m = 1, 2, \cdots, M$, 求解关于 Q_m 的子问题

$$\min_{Q_m} \quad \|Q_m\|_2^2 + (\Lambda_m \cdot (Y_m - X_m w_m - Q_m)) + \frac{\rho}{2}\|Y_m - X_m w_m - Q_m\|_2^2. \tag{8.3.16}$$

类似于 P 的更新, 可得闭式解

$$Q_m = \left(1 - \frac{1}{\rho\|u_m\|_2}\right)_+ u_m, \tag{8.3.17}$$

其中 $u_m = Y_m - X_m w_m + \Lambda_m/\rho$.

据此可以建立**求解问题 (8.3.4) 的 ADMM 算法**.

求解问题 (8.3.4) 的 ADMM 算法

输入: 数据集 $\{(X_m, Y_m)\}_{m=1}^M$, 参数 $\alpha,\ \beta > 0, \rho > 0$.

初始化:

$k = 0,\ W^0,\ P^0,\ \Sigma^0 = 0$ 和 $Q_m^0, \Lambda_m^0 = 0,\ m = 1,\ 2, \cdots,\ M$.

执行:

1. 固定 P^k 和 $\{Q_m^k\}_{m=1}^M$, 通过式 (8.3.11) 来求解 W^{k+1};
2. 固定 W^{k+1} 和 $\{Q_m^k\}_{m=1}^M$, 通过式 (8.3.15) 来求解 P^{k+1};
3. 固定 W^{k+1} 和 P^{k+1}, 通过式 (8.3.17) 来求解 $\{Q_m^{k+1}\}_{m=1}^M$;
4. 更新 $\Sigma^{k+1} = \Sigma^k + \rho(W^{k+1} - P^{k+1})$;
5. 更新 $\Lambda_m^{k+1} = \Lambda_m^k + \rho(Y_m - X_m w_m^{k+1} - Q_m^{k+1}),\ m = 1,\ 2, \cdots,\ M$;
6. 令 $k = k + 1$, 重复以上步骤, 直至满足收敛准则.

输出: 权重矩阵 W.

8.3.3 理论分析

本节对前述算法的收敛性和时间复杂度进行分析.

定理 8.1 假定由该算法生成的序列为 $\{W^1, \cdots, W^k, \cdots\}$, 则有如下的收敛性质成立.

(1) 当 $k \to \infty$ 时, $\left\|w_m^{k+1} - w_m^k\right\|_2 \to 0$, 对于 $\forall m \in 1, \cdots, M$.

(2) 序列 $\{W^k\}_{k=0}^\infty$ 的任何非零极限点都是问题 (8.3.3) 的驻点.

时间复杂度分析 求解问题 (8.3.4) 的 ADMM 中每一次迭代的计算复杂度为 $O(Mn^3)$. 假定求解问题 (8.3.3) 算法需要迭代 N_1 次, 求解问题 (8.3.4) 的 ADMM 需要迭代 N_2 次, 整个求解过程的计算复杂度为 $O(N_1 N_2 M n^3)$.

8.4 拓展阅读

本节将从传统多任务学习、深度多任务学习以及多任务学习与其他学习范式的结合这三个方面进行较为系统的介绍.

8.4.1 传统多任务学习

传统多任务学习的研究主要集中在对多个相关任务进行结构化建模, 并通过对多个任务进行联合训练来处理任务之间的共同信息, 最终获得更好的泛化性能表现. 传统的多任务学习算法主要包括四种学习方法: 模型参数共享、公共特征共享、多任务聚类和多任务子空间方法, 这些方法注重任务层面的整体结构的共享, 适用于处理数据集相似度大的多项任务.

模型参数共享 模型参数共享构建一个公共核心模型来描述多个任务之间的公共特征集合 [6,9,10]. 为了促使每个任务模型都尽可能靠近这个公共核心模型, 该类算法设计了诸多的任务约束. Evgeniou 等 [6] 设计了多任务支持向量机, 该模型假定存在一个通用的多任务模型, 通过权衡每个任务到此通用模型的中心偏离度和模型参数平均值, 使得总体损失函数达到最优.

公共特征共享 公共特征共享使用正则项对任务中的公共特征进行筛选, 并使用公共特征构建任务之间的相关性 [11,12]. Nie 等 [12] 对模型参数施加 $\ell_{2,1}$ 范数正则化约束, 既可以防止过拟合又能满足通过稀疏矩阵挑选共享特征的要求.

多任务聚类 聚类模型的主要思想是假设任务之间形成多个聚类簇, 允许在一定数量的任务之间共享聚类子结构, 并且只在组内学习共享结构. 多任务聚类首先在任务之间引进几个特征的共享空间, 随后搜寻几个类的中心模型 [13-15]. 在学习过程中任务之间需要遵循其他任务的约束.

多任务子空间 多任务子空间方法尝试将任务关系嵌入到低维子空间进行讨论, 在保留各个任务的特有信息的同时, 考虑将其保存在低维的向量空间中, 可以将其看成是一种隐式共享特征的方法 [16,17].

8.4.2 深度多任务学习

借助深度神经网络特征表示的优势, 多个任务之间的内在关系也具备了更强的表达能力. 深度多任务学习可以被划分为硬参数共享和软参数共享两大技术体系, 同时网络模型搜索和权重损失设计也是深度多任务学习的研究热点.

硬参数共享 硬参数共享通常是将低层级隐藏层看作共享层, 在共享层学习到的特征可以作为多个任务的共同特征; 而高层级隐藏层作为特定层, 可以有针对性地学习具有明确任务特性的特征, 其具体网络结构如图 8.4.1(a) 所示. 硬参数共享的好处在于它可以降低过拟合的风险. 当进行多任务学习时, 模型前几层学习到的特征用于所有任务, 因而对于单个任务就不会过拟合. 多任务学习可以减少参数量缩短计算时间, 因而被广泛应用于计算机视觉领域. 计算机视觉领域中使用的多任务架构遵循一个简单的设计原则: 由所有任务共享的卷积层构成全局特征提取器, 随后是每个任务的单独输出分支. 文献 [18-22] 所采用的网络框架都来源于硬参数共享机制的变体. Zhang 等 [18] 首次使用了共享局部网络结构的概念, 其通过联合学习头部姿态估计和面部属性推理来提高人脸检测任务的性能. 文献 [19-22] 基于深度多任务网络的原始框架, 引入了特定于任务的神经网络模块, 并将其放置在现有的共享体系结构中. 这样一来, 任务特征既依赖于共享特征的参数, 又依赖于任务特定模块参数, 保证了不同任务的特性. Lu 等 [23] 提出一种自底向上的动态构建网络的算法. 该算法基于一个简单的多层神经网络, 并基于贪心算法进一步拓宽网络结构, 使得相近的任务位于同一个分支, 从而生成树状的深度结构.

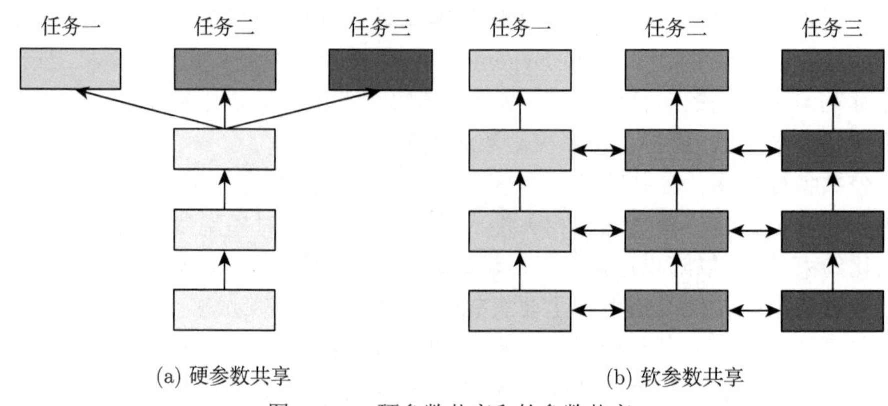

(a) 硬参数共享　　(b) 软参数共享

图 8.4.1 硬参数共享和软参数共享

软参数共享 在诸多应用场景中, 硬参数共享结构往往依赖于人为预定义的共享结构, 构建的过程中需要凭借经验来搭建多任务网络. 在一些复杂的情况下, 问题所涉及的多个任务并非紧密, 故强行合并多个所要处理的任务不合适, 因此又有研究学者提出了软参数共享的机制. 软参数共享机制假设所有的特征层存在于一个共享空间中, 随后通过特征交互来约束模型参数. 在进行软参数共享时, 每个任务都有任务特定的参数和模型, 同时模型参数之间通过一定的约束限制来构建联系, 其网络结构如图 8.4.1(b) 所示. 在文献 [24, 25] 中, 每一层网络都被划分为任务特定单元和任务共享单元的子空间, 每一层网络的输入是前一层网络中任务特定特征和任务共享特征的线性组合. 通过这种方式, 每个网络层都可以决定对上一层中特定于任务的特征和共享特征的关注程度. Vandenhende 等 [26] 利用多任务学习机制, 联合学习深度预测和语义分割任务, 自动解决多任务赋权和网络参数共享两大多任务学习的难题. 文献 [27, 28] 同样在计算机视觉任务中进行多任务学习: 首先对每个任务进行初步预测, 然后结合这些预测产生最终的输出. Strezoski 等 [29] 提出了一个灵活的任务路由层的体系结构, 允许在特征层的任务之间共享细粒度参数. 其中, 任务路由层与 Piggyback 学习架构 [30] 和稀疏共享架构 [31] 密切相关. 在自然语言处理领域中, 由于人们可以对给定的文本提出大量相关问题, 并且在现代自然语言处理技术中经常使用与任务无关的表示, 所以与多任务学习进行结合很有优势. 由于自然语言处理领域的任务更具有语义和语法上的难度, 有很多工作旨在构建良好的层次网络结构. Søgaard 等[32] 提出一个深度的双向 RNN 构建多任务学习框架, 其中不同的监督任务对应不同的网络层. 针对词性标记和命名实体识别任务的实验表明, 低层次任务应当在网络底层学习, 以使高层次任务可以更好地利用共享特征.

网络模型搜索 共享体系结构的设计促进了多任务学习在机器学习领域的推广. 但是随着任务的数量和网络规模的增长, 手动设计参数共享方案来容纳不同任务的网络变得不现实. 文献 [33,34] 引入了一种多任务体系结构搜索方法. Liang 等[33] 提出多任务神经网络结构搜索算法, 该算法使用进化策略来学习神经网络模块, 这些模块可以根据任务的不同重新排序. Gao 等[34] 提出基于梯度的多任务神经网络结构搜索方法. 该研究的搜索空间中所有架构都由一组固定架构的单任务骨干网组成, 搜索过程是在这些单任务网络的不同层之间进行特征融合操作的.

权重损失设计 深度多任务学习除了要灵活处理任务间的共享部分和任务内的特定部分, 同时需要处理多个任务的损失函数比例分配. 由于任务之间的损失函数在训练尺度上没办法做到统一, 深度多任务学习容易出现简单任务主导整个训练过程的情况. 故在构建多任务损失函数的过程中, 应考虑使用合理的权值设定使得多个损失函数在训练尺度上相对统一. 故出现了一些聚合多任务损失函数的相关研究, 这些研究主要的贡献在于计算特定任务的损失函数的权重. 文献 [35] 把多任务网络看作一个概率模型, 并通过最大化真实值输出的可能性来推导出一个加权多任务损失函数. 自此以后, 不同的加权多任务损失函数相继出现[21,36-38], 这些方法根据任务的学习速度来衡量任务的损失, 但方法略有不同. 当某一个任务的学习速度较慢时, 大多数方法都会尝试增加该任务的权重的损失, 以平衡任务之间的学习效果. Liu 等[21] 使用当前损失与以前损失的比率显式地设置任务的损失权重. Chen 等[36] 避免直接计算损失权重, 通过优化权值以使辅助损失最小化. 辅助损失是根据平均任务损失梯度和每个任务的学习速度来衡量每个任务梯度和期望任务梯度之间的差异. Zheng 等[37] 为学习速率减慢的任务分配一个损失权重. 如果任务在前一个训练步骤中损失的权重增加, 则分配一个为零的权重. 与根据任务的学习速率控制权重的想法类似, 一些方法尝试使用任务的表现性能进行任务权重的调整[39]. Guo 等[39] 使用任务中的性能指标 (如分类准确性) 来衡量任务本身, 其中任务的权重强调分类困难的数据样本, 对易于分类的数据样本则关注度较低. Chennupati 等[40] 提出计算任务损失的几何平均值作为权重分配方案. 其认为使用几何平均值可以促进所有任务的平衡训练, 这种损失函数比传统加权平均损失函数能更好地处理各种任务的学习速度差异.

8.4.3 与其他学习范式结合

8.4.3.1 多任务半监督学习

Liu 等[41] 提出了多任务半监督学习框架, 并基于该框架同时学习多个半监督的分类器. 这些分类器在软共享先验的约束下联合学习, 并使用马尔可夫随机游走从邻域中挖掘未标记样本的信息. Zhang 等[42] 将多任务半监督学习方法用于研究回归问题, 通过将高斯先验的核函数替换为依赖数据的核函数来融入无标签数据. 为了更好地利用无标签数据, 还可以主动选择对于模型学习更有价值的未标注数据来优化学习过程. Acharya 等 [43] 同时利用潜在的和有监督的共享主题来实现多任务学习, 以对文档和图像进行分类.

8.4.3.2 多任务无监督学习

Zhang 等[44] 提出了 MBC (multitask Bregman clustering) 方法将传统的聚类算法扩展至多任务框架, MBC 结合了任务内损失和任务间正则项, 并通过交替更新簇和不同任务中簇间的关系来进行求解. Zhang 等[45] 提出了 S-MKC(smart multitask kernel clustering) 模型, 一方面它可以避免交替更新可能会出现的负面影响, 另一方面它是原模型 MBC 的核扩展版本, 可以有效应对线性不可分的情形. Gu 等[46] 针对多任务聚类提出了一个核学习框架, 在保持任务内数据点的几何结构的同时, 保障任务间的数据分布尽可能相近. 在文献中, Zhang 等[47] 将多任务聚类方法转化为凸优化问题, 并利用割平面法求解.

8.4.3.3 多任务强化学习

Pinto 等[48] 将机器人推动、抓取和戳等动作看作多个相关的任务, 其使用一个共享的主干架构来共同学习这些动作的像素. 其中, 共享特征提取器由三个卷积层组成, 这些共享特征随后输入到三个特定任务分支进行接下来的任务. Zeng 等[49] 设计了多任务网络联合训练机器人推动和抓取等动作, 该网络由两个独立的全卷积网络组成, 一个用于推动, 另一个用于抓取. Wilson 等通过使用分层的贝叶斯模型, 解决一系列的马尔可夫决策过程, 并将之前学得的分布作为贝叶斯强化模型的先验来快速推断在新环境中的反应[50].

8.4.3.4 多任务多视角学习

Zhang 等[51] 提出了正则化的多任务多视角学习方法, 该算法在多视角学习的协同正则化的基础上添加了多任务学习的正则化方法和关系学习方法, 以期望不同任务的相同视角和同一任务的不同视角在预测无标签数据上达到一致. Jin 等[52] 提出了共享结构的多任务多视角学习算法, 该算法假设所有任务共享一个低维的特征空间, 并在此基础上建模求解.

参考文献

[1] Zhang Y, Yang Q. A survey on multi-task learning[J]. IEEE Transactions on Knowledge & Data Engineering, 2022, 34(12): 5586-5609

[2] Caruana R. Multitask learning: A knowledge-based source of inductive bias[C]// Proceedings of the Tenth International Conference on Machine Learning. 1993: 41-48.

[3] Chapelle O, Shivaswamy P, Vadrevu S, et al. Multi-task learning for boosting with application to web search ranking[C]//Proceedings of the 16th ACM SIGKDD International Conference on Knowledge Discovery and Data Mining. 2010: 1189-1198.

[4] Wu Z, Valentini-Botinhao C, Watts O, et al. Deep neural networks employing multi-task learning and stacked bottleneck features for speech synthesis[C]//Proceedings of the IEEE International Conference on Acoustics, Speech and Signal Processing. 2015: 4460-4464.

[5] He D, Kuhn D, Parida L. Novel applications of multitask learning and multiple output regression to multiple genetic trait prediction[J]. Bioinformatics, 2016, 32(12): i37-i43.

[6] Evgeniou T, Pontil M. Regularized multi-task learning[C]//Proceedings of the Tenth ACM SIGKDD International Conference on Knowledge Discovery and Data Mining. 2004: 109-117.

[7] Obozinski G, Taskar B, Jordan M. Multi-task feature selection[J]. Statistics Department, UC Berkeley, Tech. Rep. 2006, 2(2.2): 2.

[8] Zhang J S, Miao J Y, Zhao K, et al. Multi-task feature selection with sparse regularization to extract common and task-specific features[J]. Neurocomputing, 2019, 340: 76-89.

[9] Kato T, Kashima H, Sugiyama M, et al. Multi-task learning via conic programming [C]//Proceedings of the Advances in Neural Information Processing Systems. 2007: 737-744.

[10] Evgeniou T, Micchelli C A, Pontil M. Learning multiple tasks with kernel methods[J]. Journal of Machine Learning Research, 2005, 6: 615-637.

[11] Turlach B A, Venables W N, Wright S J. Simultaneous variable selection[J]. Technometrics, 2005, 47(3): 349-363.

[12] Nie F P, Huang H, Cai X, et al. Efficient and robust feature selection via joint $\ell_{2,1}$-norms minimization[C]//Proceedings of the Advances in Neural Information Processing Systems. 2010: 1813-1821.

[13] Ding C, He X F. K-means clustering via principal component analysis[C]//Proceedings of the International Conference on Machine Learning. 2004: 225-232.

[14] Kang Z L, Grauman K, Sha F. Learning with whom to share in multi-task feature learning[C]//Proceedings of the 28th International Conference on Machine Learning. 2011: 521-528.

[15] Crammer K, Mansour Y. Learning multiple tasks using shared hypotheses[C]//Proceedings of the 25th Advances in Neural Information Processing Systems. 2012: 1475-1483.

[16] Ji S W, Ye J P. An accelerated gradient method for trace norm minimization[C]//Proceedings of the 26th International Conference on Machine Learning. 2009: 457-464.

[17] Pong T K, Tseng P, Ji S W, et al. Trace norm regularization: Reformulations, algorithms, and multi-task learning[J]. SIAM Journal on Optimization, 2010, 20(6): 3465-3489.

[18] Zhang Z P, Luo P, Loy C C, et al. Facial landmark detection by deep multi-task learning [C]//Proceedings of the European Conference on Computer Vision. 2014: 94-108.

[19] Dai J F, He K M, Sun J. Instance-aware semantic segmentation via multi-task network cascades[C]//Proceedings of the IEEE Conference on Computer Vision and Pattern Recognition. 2016: 3150-3158.

[20] Zhao X Y, Li H X, Shen X H, et al. A modulation module for multi-task learning with applications in image retrieval[C]//Proceedings of the European Conference on Computer Vision. 2018: 401-416.

[21] Liu S K, Johns E, Davison A J. End-to-end multi-task learning with attention[C]//Proceedings of the IEEE Conference on Computer Vision and Pattern Recognition. 2019: 1871-1880.

[22] Ma J Q, Zhao Z, Yi X Y, et al. Modeling task relationships in multi-task learning with multi-gate mixture-of-experts[C]//Proceedings of the 24th ACM SIGKDD International Conference on Knowledge Discovery and Data Mining. 2018: 1930-1939.

[23] Lu Y X, Kumar A, Zhai S F, et al. Fully-adaptive feature sharing in multi-task networks with applications in person attribute classification[C]//Proceedings of the IEEE Conference on Computer Vision and Pattern Recognition. 2017: 5334-5343.

[24] Ruder S, Bingel J, Augenstein I, et al. Latent multi-task architecture learning[C]//Proceedings of the AAAI Conference on Artificial Intelligence: volume 33. 2019: 4822-4829.

[25] Gao Y, Ma J Y, Zhao M B, et al. NDDR-CNN: Layerwise feature fusing in multi-task CNNs by neural discriminative dimensionality reduction[C]//Proceedings of the IEEE Conference on Computer Vision and Pattern Recognition. 2019: 3205-3214.

[26] Vandenhende S, Georgoulis S, Van Gool L. MTI-net: Multi-scale task interaction networks for multi-task learning[C]//Proceedings of the European Conference on Computer Vision. 2020: 527-543.

[27] Xu D, Ouyang W L, Wang X G, et al. PAD-net: Multi-tasks guided prediction-and-distillation network for simultaneous depth estimation and scene parsing[C]//Proceedings of the IEEE Conference on Computer Vision and Pattern Recognition. 2018: 675-684.

[28] Zhang Z Y, Cui Z, Xu C Y, et al. Pattern-affinitive propagation across depth, surface normal and semantic segmentation[C]//Proceedings of the IEEE Conference on Computer Vision and Pattern Recognition. 2019: 4106-4115.

[29] Strezoski G, Noord N v, Worring M. Many task learning with task routing[C]//Proceedings of the IEEE International Conference on Computer Vision. 2019: 1375-1384.

[30] Mallya A, Davis D, Lazebnik S. Piggyback: Adapting a single network to multiple tasks by learning to mask weights[C]//Proceedings of the European Conference on Computer Vision. 2018: 67-82.

[31] Sun T X, Shao Y F, Li X N, et al. Learning sparse sharing architectures for multiple tasks[C]//Proceedings of the AAAI Conference on Artificial Intelligence: volume 34. 2020: 8936-8943.

[32] Søgaard A, Goldberg Y. Deep multi-task learning with low level tasks supervised at lower layers[C]//Proceedings of the Annual Meeting of the Association for Computational Linguistics: volume 2. 2016: 231-235.

[33] Liang J, Meyerson E, Miikkulainen R. Evolutionary architecture search for deep multitask networks[C]//Proceedings of the Genetic and Evolutionary Computation Conference. 2018: 466-473.

[34] Gao Y, Bai H P, Jie Z Q, et al. MTL-NAS: Task-agnostic neural architecture search towards general-purpose multi-task learning[C]//Proceedings of the IEEE Conference on Computer Vision and Pattern Recognition. 2020: 11543-11552.

[35] Kendall A, Gal Y, Cipolla R. Multi-task learning using uncertainty to weigh losses for scene geometry and semantics[C]//Proceedings of the IEEE Conference on Computer Vision and Pattern Recognition. 2018: 7482-7491.

[36] Chen Z, Badrinarayanan V, Lee C Y, et al. GradNorm: Gradient normalization for adaptive loss balancing in deep multitask networks[C]//Proceedings of the International Conference on Machine Learning. 2018: 794-803.

[37] Zheng F, Deng C, Sun X, et al. Pyramidal person re-identification via multi-loss dynamic training[C]//Proceedings of the IEEE Conference on Computer Vision and Pattern Recognition. 2019: 8514-8522.

[38] Liu S C, Liang Y Y, Gitter A. Loss-balanced task weighting to reduce negative transfer in multi-task learning[C]//Proceedings of the AAAI Conference on Artificial Intelligence: volume 33. 2019: 9977-9978.

[39] Guo M, Haque A, Huang D A, et al. Dynamic task prioritization for multitask learning [C]//Proceedings of the European Conference on Computer Vision. 2018: 270-287.

[40] Chennupati S, Sistu G, Yogamani S, et al. MultiNet++: Multi-stream feature aggregation and geometric loss strategy for multi-task learning[C]//Proceedings of the IEEE Conference on Computer Vision and Pattern Recognition. 2019: 1200-1210.

[41] Liu Q H, Liao X J, Carin L. Semi-supervised multitask learning[C]//Proceedings of the Advances in Neural Information Processing Systems. 2008: 937-944.

[42] Zhang Y, Yeung D Y. Semi-supervised multi-task regression[C]//Proceedings of the Joint European Conference on Machine Learning and Knowledge Discovery in Databases. 2009: 617-631.

[43] Acharya A, Mooney R J, Ghosh J. Active multitask learning using both latent and supervised shared topics[C]//Proceedings of the SIAM International Conference on Data Mining. 2014: 190-198.

[44] Zhang J W, Zhang C S. Multitask Bregman clustering[J]. Neurocomputing, 2011, 74 (10): 1720-1734.

[45] Zhang X C, Zhang X T, Liu H. Smart multitask Bregman clustering and multitask kernel clustering[J]. ACM Transactions on Knowledge Discovery from Data, 2015, 10 (1): 1-29.

[46] Gu Q Q, Li Z H, Han J W. Learning a kernel for multi-task clustering[C]//Proceedings of the AAAI Conference on Artificial Intelligence. 2011: 368-373.

[47] Zhang X L. Convex discriminative multitask clustering[J]. IEEE Transactions on Pattern Analysis and Machine Intelligence, 2015, 37(1): 28-40.

[48] Pinto L, Gupta A. Learning to push by grasping: Using multiple tasks for effective learning[C]//Proceedings of the IEEE International Conference on Robotics and Automation. 2017: 2161-2168.

[49] Zeng A, Song S R, Welker S, et al. Learning synergies between pushing and grasping with self-supervised deep reinforcement learning[C]//Proceedings of the IEEE International Conference on Intelligent Robots and Systems. 2018: 4238-4245.

[50] Wilson A, Fern A, Ray S, et al. Multi-task reinforcement learning: A hierarchical bayesian approach[C]//Proceedings of the 24th International Conference on Machine Learning. 2007: 1015-1022.

[51] Zhang J T, Huan J. Inductive multi-task learning with multiple view data[C]// Proceedings of the 18th ACM SIGKDD International Conference on Knowledge Discovery and Data Mining. 2012: 543-551.

[52] Jin X, Zhuang F Z, Wang S H, et al. Shared structure learning for multiple tasks with multiple views[C]//Proceedings of the Joint European Conference on Machine Learning and Knowledge Discovery in Databases. 2013: 353-368.

第 9 章　度 量 学 习

距离度量是构建损失函数的关键, 度量学习 (metric learning) 就是学习一个适合当前机器学习问题的距离度量. 本章首先给出度量学习的定义, 再介绍全局度量学习和局部度量学习, 然后介绍基于特征分解的度量学习, 最后从传统机器学习和深度学习的角度总结近年来的研究进展.

9.1　度量学习问题

9.1.1　距离

众所周知, R^n 空间中的距离度量函数 d 满足如下条件 [1].

非负性　对任意的 $x, y \in R^n$ 有 $d(x, y) \geqslant 0$;

一致性　对任意的 $x, y \in R^n$ 有 $d(x, y) = 0$, 当且仅当 $x = y$;

对称性　对任意的 $x, y \in R^n$ 有 $d(x, y) = d(y, x)$;

三角不等式　对任意的 $x, y, z \in R^n$ 有 $d(x, y) + d(y, z) \geqslant d(x, z)$.

显然 R^n 空间中两个向量之间的距离可以用来衡量两个向量之间的差异, 也可以衡量它们之间的相似度. 距离越近, 相似度越高; 反之, 距离越远, 相似度越低. 在度量学习中常见的距离度量包括下面几种.

欧氏距离 (Euclidean distance)

$$d(x, y) = \sqrt{(x - y)^{\mathrm{T}}(x - y)}. \tag{9.1.1}$$

马氏距离 (Mahalanobis distance)

$$d(x, y) = \sqrt{(x - y)^{\mathrm{T}}\Sigma^{-1}(x - y)}, \tag{9.1.2}$$

其中 Σ 是样本的协方差矩阵.

广义马氏距离 (generalized Mahalanobis distance)

$$d_M(x, y) = \sqrt{(x - y)^{\mathrm{T}}M(x - y)}, \tag{9.1.3}$$

其中 M 是半正定矩阵.

欧氏距离即 l_2 距离, 是最常见的距离计算方式; 马氏距离则考虑到向量不同分量之间的相关关系, 利用样本的协方差矩阵信息进行计算; 广义马氏距离通过半正定矩阵 M 的选择来确定具体的度量方式, 保证光滑性质的同时更加灵活.

9.1.2 度量学习问题

在求解机器学习问题时, 度量学习可以看作其中的一个中间步骤. 事实上, 我们总是从一些已知数据出发, 而这些数据大都是以 R^n 空间向量形式出现的. 这时就需要考虑这些向量之间的距离. 诚然, 直接使用当前常见的 R^n 空间中的某种距离的度量是一个自然而且可行的途径. 但是常常还有一种更有效的途径, 就是改用另一种新的方式来度量它们之间的距离. 度量学习就是寻找这种更有效的方式. 换句话说, 度量学习的目标是寻找一种新的度量向量之间的距离的方式, 在机器学习问题中使用这种方式会使得求解过程更加简洁, 结果更加准确.

度量学习寻找新的度量距离方式的具体做法是, 首先在原有 R^n 空间的基础上, 设定一个维数不超过 n 的欧氏空间作为特征空间; 其次建立从 R^n 空间到特征空间的映射, 把原来 R^n 空间里的向量映射到特征空间中去; 最后用特征空间中某种常用的距离度量, 作为新的度量, 用以替代原来 R^n 空间里的距离度量.

度量学习包括无监督度量学习和监督度量学习. 典型的无监督度量学习的训练集的形式是

$$T = \{x_1, \cdots, x_l\},$$

其中 $x_i \in R^n$. 经典的主成分分析就属于无监督度量学习, 对此不再详细讨论.

现在转向本章所关注的监督度量学习. 事实上, 我们关注的主要是下面一个具体的监督度量学习问题.

监督度量学习问题 对于分类问题, 给定训练集

$$T = \{(x_1, y_1), \cdots, (x_l, y_l)\} \in (R^n \times \mathcal{Y})^l, \tag{9.1.4}$$

其中 $x_i \in R^n$ 是输入, $y_i \in \mathcal{Y} = \{1, 2, \cdots, c\}$ 是输出, $i = 1, \cdots, l$. 根据训练集寻找一个从原始空间到特征空间 R^p 的映射 $\phi : x \to \phi(x)$, 用特征空间中的欧氏距离

$$d_\phi^2(x_i, x_j) = \|\phi(x_i) - \phi(x_j)\|^2 \tag{9.1.5}$$

作为新的距离度量, 以替代原来 R^n 空间的距离度量, 使得分类问题的求解过程更加简洁, 结果更加准确.

考虑包含训练集 (9.1.4) 的分类问题. 定义相似集 (similar set) $S = \{(x_i, x_j) | y_i = y_j\}$ 和相异集 (dissimilar set) $D = \{(x_i, x_j) | y_i \neq y_j\}$. 为寻找合适的映射 ϕ, 构建如下两个优化问题

$$\min_{\phi} \quad \sum_{(x_i, x_j) \in S} d_\phi^2(x_i, x_j) \tag{9.1.6}$$

和

$$\max_{\phi} \quad \sum_{(x_i, x_j) \in D} d_\phi^2(x_i, x_j), \tag{9.1.7}$$

即在新的度量空间中, 标签相同的样本尽可能靠近, 标签不同的样本尽可能远离. 度量学习的几何解释如图 9.1.1 所示. 左图和右图分别表示原始空间和特征空间的样本分布, 每种形状代表一个类别.

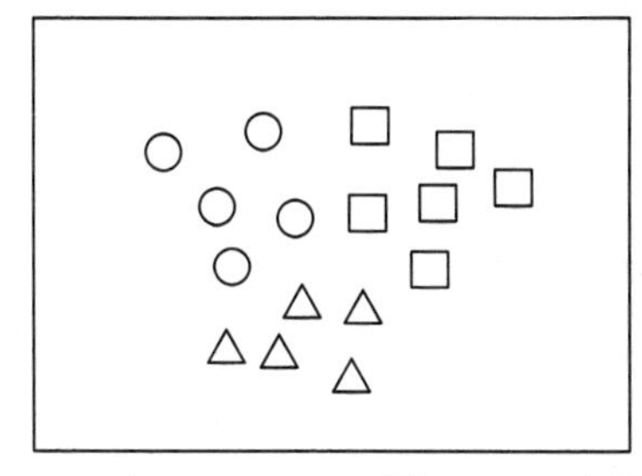
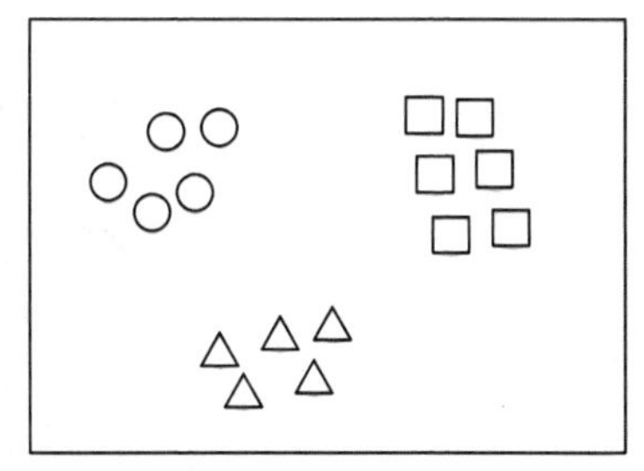

图 9.1.1 度量学习的几何解释

特别地, 本章重点考虑线性监督度量学习 (后简称为线性度量学习). 即限定 $\phi(x)$ 是线性映射 $\phi(x) = Lx$, 其中 $L \in R^{p\times n}$. 这里还限定特征空间的距离为欧氏距离. 于是有

$$d_{\phi}^2(x_i, x_j) = ||\phi(x_i) - \phi(x_j)||^2 = (x_i - x_j)L^{\mathrm{T}}L(x_i - x_j). \tag{9.1.8}$$

引进半正定矩阵 $M = L^{\mathrm{T}}L$, 上式可以改写为广义马氏距离 (9.1.3) 的形式

$$d_M^2(x_i, x_j) = (x_i - x_j)M(x_i - x_j). \tag{9.1.9}$$

这样问题 (9.1.6) 和问题 (9.1.7) 转化为对 M 的优化问题

$$\min_M \sum_{(x_i,x_j)\in S} (x_i - x_j)^{\mathrm{T}}M(x_i - x_j) \tag{9.1.10}$$

和

$$\max_M \sum_{(x_i,x_j)\in D} (x_i - x_j)^{\mathrm{T}}M(x_i - x_j). \tag{9.1.11}$$

9.2 全局与局部度量学习

根据所考虑样本的范围, 度量学习算法可以分为全局度量学习和局部度量学习, 本节分别给出两种情况下的经典算法.

9.2.1 全局度量学习

全局度量学习旨在最小化所有同类样本点的距离之和. 文献 [2] 提出的带附加信息度量学习 (metric learning with side information, MLSI) 是全局度量学习的经典算法, 其核心思想是保持异类点距离之和大于 1 的前提下, 最小化同类点距离之和. 考虑包含训练集 (9.1.4) 的分类问题并借助广义马氏距离 (9.1.3), MLSI 构造原始优化问题如下.

原始问题

$$\min_{M} \quad \sum_{(x_i,x_j)\in S} d_M^2(x_i,x_j), \tag{9.2.1}$$

$$\text{s.t.} \quad \sum_{(x_i,x_j)\in D} d_M(x_i,x_j) \geqslant 1, \tag{9.2.2}$$

$$M \succcurlyeq 0, \tag{9.2.3}$$

其中 M 是要学习的度量矩阵. 为了方便求解, 问题 (9.2.1)~(9.2.3) 可进一步改写为

$$\max_{M} \quad \sum_{(x_i,x_j)\in D} d_M(x_i,x_j), \tag{9.2.4}$$

$$\text{s.t.} \quad \sum_{(x_i,x_j)\in S} d_M^2(x_i,x_j) \leqslant 1, \tag{9.2.5}$$

$$M \succcurlyeq 0, \tag{9.2.6}$$

不难证明, 问题 (9.2.4)~(9.2.6) 的解和问题 (9.2.1)~(9.2.3) 的解相差常数倍. 针对问题 (9.2.4)~(9.2.6), 可利用迭代投影方法进行求解[3].

9.2.2 局部度量学习

全局度量学习考虑所有样本的距离信息, 弱化了局部范围的邻近样本信息的重要性. 局部度量学习, 如大间隔最近邻 (large margin nearest neighbor, LMNN) 算法针对这一缺点进行了改进[4]. LMNN 算法利用局部的近邻点构建损失函数, 对每个样本 x, 其将与 x 相似的近邻点拉近, 相异的近邻点推远. 考虑包含训练集 (9.1.4) 的分类问题, LMNN 构造原始优化问题如下.

原始问题

$$\min_{M,\xi_{ijl}} \quad \sum_{(x_i,x_j)\in S} \eta_{ij} d_M^2(x_i,x_j) + C \sum_{\substack{(x_i,x_j)\in S \\ (x_i,x_l)\in D}} \eta_{ij}\xi_{ijl}, \tag{9.2.7}$$

$$\text{s.t.} \quad d_M^2(x_i,x_l) - d_M^2(x_i,x_j) \geqslant 1 - \xi_{ijl}, \tag{9.2.8}$$

$$\xi_{ijl} \geqslant 0, \tag{9.2.9}$$

$$M \succcurlyeq 0, \tag{9.2.10}$$

其中 M 是要学习的度量矩阵, C 是权衡系数, η_{ij} 用于衡量 x_j 是否为 x_i 邻域内的点, 若 $\eta_{ij}=1$ 表示 x_j 是 x_i 的近邻点, ξ_{ijl} 是软间隔损失变量. 最小化目标函数中第一项意味着最小化局部类内距离, 最小化第二项意味着最大化类间距离与类内距离的局部差异. 优化 (9.2.7)~(9.2.10) 作为半定规划 (semidefinite programming, SDP) 问题可直接进行求解 [5].

9.3 基于特征分解的度量学习

鉴于全局度量学习与局部度量学习各有优势, 本节提出了基于特征分解的全局算法和局部算法.

9.3.1 全局算法

MLSI 算法仅使得同类点距离之和大于固定阈值, 而弱化了异类点距离和同类点距离的关系. 基于特征向量的全局度量学习 (global metric learning with eigenvectors, MLEV-G) 算法旨在寻找类间距离与类内距离的最优平衡 [6], 使类间距离尽量拉大的同时, 使类内距离尽量缩小. 通过最大化类间距离与类内距离的差值, MLEV-G 构造原始优化问题如下.

原始问题

$$\min_{M} \quad \sum_{(x_i,x_j)\in S} d_M^2(x_i,x_j)-\lambda\sum_{(x_i,x_j)\in D} d_M^2(x_i,x_j), \tag{9.3.1}$$

$$\text{s.t.} \quad M\succcurlyeq 0, \tag{9.3.2}$$

其中 M 是要学习的度量矩阵, λ 是权衡系数. 令 $M=L^{\mathrm T}L$, 并记 $L=(w_1,\cdots,w_p)^{\mathrm T}$, 其中 $w_i\in R^n$, $p\leqslant n$, 问题 (9.3.1) 和 (9.3.2) 可进一步改写为对 $w=(w_1,\cdots,w_k,\cdots,w_p)$ 的优化问题

$$\min_{w} \quad \sum_{k=1}^{p} w_k^{\mathrm T}(Q-\lambda B)w_k, \tag{9.3.3}$$

$$\text{s.t.} \quad w_k^{\mathrm T}w_k=1,\ k=1,\cdots,p, \tag{9.3.4}$$

其中

$$Q=\sum_{(x_i,x_j)\in S}(x_i-x_j)(x_i-x_j)^{\mathrm T}, \tag{9.3.5}$$

$$B=\sum_{(x_i,x_j)\in D}(x_i-x_j)(x_i-x_j)^{\mathrm T}. \tag{9.3.6}$$

针对原始问题 (9.3.3) 和 (9.3.4), 引入拉格朗日乘子 $\alpha=(\alpha_1,\alpha_2,\cdots,\alpha_p)^{\mathrm{T}}$, 可推导出对偶问题.

对偶问题

$$\max_{w,\alpha}\quad \sum_{k=1}^{p}\alpha_k, \tag{9.3.7}$$

$$\text{s.t.}\quad (Q-\lambda B)w_k=\alpha_k w_k, \tag{9.3.8}$$

$$w_k^{\mathrm{T}}w_k=1,\ k=1,\cdots,p. \tag{9.3.9}$$

显然, 若 $\alpha_1,\cdots,\alpha_k,\cdots,\alpha_p$ 为矩阵 $Q-\lambda B$ 的 p 个最大特征值, w_k 是 α_k 对应的单位特征向量, $k=1,\cdots,p$, 则它们构成问题 (9.3.7)~(9.3.9) 的最优解. 据此可以建立 **MLEV-G 算法**.

MLEV-G 算法

1. 给定训练集 $T=\{(x_1,y_1),\cdots,(x_l,y_l)\}\in(R^n\times\mathcal{Y})^l$, 权衡系数 λ, 相似集 S, 相异集 D, 度量矩阵的秩 p, 其中 $x_i\in R^n, y_i\in\mathcal{Y}=\{1,2,\cdots,c\}, i=1,\cdots,l$;
2. 根据式 (9.3.5) 和 (9.3.6) 计算矩阵 Q 和 B;
3. 根据 Q 和 B 构造问题 (9.3.7)~(9.3.9), 求解 $Q-\lambda B$ 的 p 个最大特征值 α_i 及其对应的单位特征向量 w_i;
4. 输出线性变换 $L=(w_1,\cdots,w_p)^{\mathrm{T}}$.

9.3.2　局部算法

借鉴 LMNN 算法的思想, 基于特征向量的局部度量学习 (local metric learning with eigenvectors, MLEV-L) 算法旨在每一个局部区域寻找类间距离与类内距离的最优平衡[6]. 首先根据样本 x_l 和标签 y_l 定义相似邻域和相异邻域如下.

相似邻域　$S_l^k=\{x|y=y_l$ 且是 x_l 的 k 个最近邻$\}$.

相异邻域　$D_l^k=\{x|y\neq y_l$ 且是 x_l 的 $k-1$ 个最近邻$\}$.

如图 9.3.1 所示, 左图和右图分别表示原始空间和特征空间的样本分布, 每个形状代表一个类别. 对于每个样本点 x_l, MLEV-L 算法学习距离度量, 使 S_l^k 中的点尽量靠近 x_l, D_l^k 中的点尽量远离 x_l.

考虑包含训练集 (9.1.4) 的分类问题, MLEV-L 构造原始优化问题如下.

原始问题

$$\min_{M}\quad \sum_{x_l}\left(\sum_{x_i\in S_l^k}d_M^2(x_l,x_i)-\eta\sum_{x_j\in D_l^k}d_M^2(x_l,x_j)\right), \tag{9.3.10}$$

$$\text{s.t.}\quad M\succcurlyeq 0, \tag{9.3.11}$$

其中 M 是要学习的度量矩阵, η 是权衡系数. 令 $M = L^{\mathrm{T}}L$, 并记 $L = (w_1, \cdots, w_p)^{\mathrm{T}}$, 其中 $w_i \in R^n$, $p \leqslant n$, 问题 (9.3.10) 和 (9.3.11) 可进一步改写为对 $w = (w_1, \cdots, w_k, \cdots, w_p)$ 的优化问题

$$\min_{w} \quad \sum_{k=1}^{p} w_k^{\mathrm{T}}(H - \eta G)w_k, \tag{9.3.12}$$

$$\text{s.t.} \quad w_k^{\mathrm{T}} w_k = 1, \ k = 1, \cdots, p, \tag{9.3.13}$$

其中

$$H = \sum_{x_l} \sum_{x_i \in S_l^k} (x_l - x_i)(x_l - x_i)^{\mathrm{T}}, \tag{9.3.14}$$

$$G = \sum_{x_l} \sum_{x_j \in D_l^k} (x_l - x_j)(x_l - x_j)^{\mathrm{T}}. \tag{9.3.15}$$

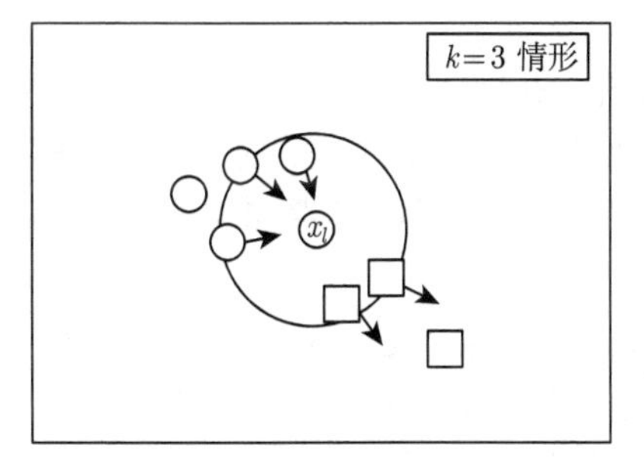

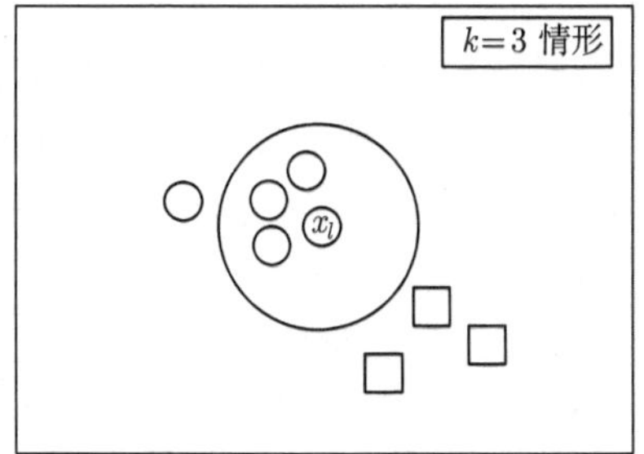

图 9.3.1 MLEV-L 几何解释

针对原始问题 (9.3.12) 和 (9.3.13), 引入拉格朗日乘子 $\beta = (\beta_1, \beta_2, \cdots, \beta_p)^{\mathrm{T}}$, 可推导出对偶问题.

对偶问题

$$\max_{w,\beta} \quad \sum_{k=1}^{p} \beta_k, \tag{9.3.16}$$

$$\text{s.t.} \quad (H - \eta G)w_k = \beta_k w_k, \tag{9.3.17}$$

$$w_k^{\mathrm{T}} w_k = 1, \ k = 1, \cdots, p. \tag{9.3.18}$$

同样使用特征值方法求解对偶问题. 值得注意的是, MLEV-L 算法在欧氏距离下寻找 $2k-1$ 个近邻, 但是在每次求解过程中, 每个点的近邻会发生变化, 因此需要迭代地学习线性映射 L 直至收敛. 据此可以建立 **MLEV-L 算法**.

MLEV-L 算法

输入: 训练集 $T = \{(x_1, y_1), \cdots, (x_l, y_l)\} \in (R^n \times \mathcal{Y})^l$, 权衡系数 η, 相似邻域 S_l^k, 相异邻域 D_l^k, 度量矩阵的秩 p, 循环次数 m, 其中 $x_i \in R^n, y_i \in \mathcal{Y} = \{1, 2, \cdots, c\}, i = 1, \cdots, l$.

执行:

1. For $t = 1, \cdots, m$
2. 　根据 (9.3.14) 和 (9.3.15) 计算 H^t 和 G^t, 并构造问题 (9.3.16)～(9.3.18);
3. 　求解 $H^t - \eta G^t$ 的 p 个最大特征值 β_i^t 及其对应的单位特征向量 w_i^t;
4. 　通过组合特征向量得到 $L^t = (w_1^t, w_2^t, \cdots, w_p^t)^{\mathrm{T}}$;
5. 　在新的度量下重新计算 S_l^k 和 D_l^k;

输出: L^m

9.3.3 比较与分析

本节在优化问题、优化方法及计算复杂度方面比较算法 MLEV-G, MLEV-L 和 MLSI, LMNN 的差异.

优化问题　在算法 MLSI 和 LMNN 中, 目标函数是最小化类内距离, 而类间距离作为约束出现, 因此忽略了类间距离与类内距离的关系. 而算法 MLEV-G 和 MLEV-L 直接最大化类内距离与类间距离的差值, 以此来考虑类间距离和类内距离的相关性.

优化方法　算法 MLSI 和 LMNN 通过求解半正定规划得到相应优化问题的解. 而算法 MLEV-G 和 MLEV-L 利用特征值分解方法得到线性映射 $L \in R^{p \times n}$. 特别地, 当 $p < n$ 时, 算法可以进行有监督降维.

计算复杂度　算法 MLEV-G 和 MLEV-L 的计算复杂度分别为 $O(l^2n^2) + O(n^3)$ 和 $O(ml^2n^2) + O(mln^3)$, 其中 l 代表样本数量, n 代表特征维数, m 代表 MLEV-L 中的迭代次数. 相比之下, 算法 MLSI 和 LMNN 求解半正定问题的复杂度很大.

9.4 拓 展 阅 读

本节将基于文献 [7] 的结构划分讨论传统度量学习和深度度量学习的相关算法.

9.4.1 传统度量学习

9.4.1.1 线性度量的改进

基于概率的框架, 许多研究对线性度量进行了改进. Goldberger 等[8] 依据样本之间的距离, 以假设的概率分布选择最近邻. 但由于使用留一法进行最优化, 计算复杂度较高. 信息论度量学习 (information theoretic metric learning, ITML) 使用信息论的知识, 利用目标度量和预定义度量建立两个多元高斯分布, 通过最小化两个高斯分布的相对熵来学习目标度量矩阵 [9].

另外, 一些度量学习利用提升算法框架, 以简化半正定矩阵为目标构造优化问题. 在这一框架下, 目标矩阵作为强学习器, 而将分解得到的子矩阵看作弱学习器. 具体地, 通过将半正定矩阵分解成若干个秩为 1 且迹为 1 的半正定矩阵的凸组合实现这一目标. BoostMetric 构建指数损失函数, 将度量矩阵的迹作为正则项, 再利用特征分解的方法得到基础度量矩阵 [10]. 而 MetricBoost 使用相对距离损失构建概率分布, 通过最大化异类距离大于同类距离的概率来实现目标矩阵最优化 [11].

由于线性度量学习框架具有可解释性, 还有很多研究保留了简单的线性框架, 仅对约束和损失进行改进. 基于特征值优化的度量学习 (distance metric learning with eigenvalue optimization, DML-eig) 针对 MLSI 难以求解的缺点进行改进 [12]. DML-eig 通过最大化异类样本距离的最小值构造优化目标, 同时约束类内距离上界, 继而利用特征值方法进行快速求解. 基于对类内距离上界约束的同时对类间距离下界约束, 文献 [13] 和文献 [14] 使用不同的损失函数构造不同的优化问题. 从另一方面考虑, 对类内和类间距离进行约束, 若采用不合理的阈值会影响学习效果. 为此, 线性规划稀疏度量学习 (sparse metrics learning via linear programming, SMLP) 构建类内和类间相对距离的约束, 学习稀疏程度最高的度量矩阵, 减少了度量矩阵的复杂性和计算内存 [15].

9.4.1.2 与其他范式结合

机器学习中的很多范式与度量学习密切相关. 从度量学习的视角看, SVM 致力于将异类点分开, 而忽略了将同类点聚集起来, 因此, 加入最小化类内距离的目标可以提升传统 SVM 的分类性能. Do 和 Kalousis 结合 LMNN 的思想, 提出 ε-SVM[16], 其包含最大化类间距离与最小化类内距离两个目标, 比标准 SVM 精确度更高. 基于最小二乘的思想, Li 和 Tian[17] 提出了基于度量学习的改进最小二乘支持向量机 (metric learning-based least square support vector machine, ML-LSSVM). ML-LSSVM 通过最大化类间距离, 解决了 LSSVM 算法所得决策超平面对离群点敏感的问题. 另外, 传统度量学习算法学习单个全局度量矩阵, 难以充分反映不同类别之间的距离关系, Li 和 Zhang 等 [18] 提出多度量分类机 (multi-metrics classification machine, MMCM), 将度量学习和 TWSVM 结合, 学习多个度量矩阵, 每个度量对应分类问题中的一个类别, 从而有效提取类别相关的特征信息.

在多标签学习中, 每个样本都包含多个标签信息, 标签之间的关系复杂, 任务难度较高. Sun 和 Zhang 等[19] 构建了结构度量空间来关联特征空间和标签空间. 在多视角学习中, 每个样本都包含多个视角的信息, 不同视角的信息具有一致性和互补性. Hu 和 Lu 等[20] 利用多视角信息构造损失函数, 提出大边界多度量学习 (large margin multi-metric learning, LM^{3}L) 算法, 并将该算法应用在人脸识别任务中. 文献 [21] 将度量学习与协同训练算法相结合, 有效地利用了信息间的互补关系, 提升了度量学习的精确度和速度. 在多示例学习中, 每个样本以包的形式存在, 每个包里含若干个示例. 样本的监督信息以包为单位将标签信息耦合在一起, 使得分类任务更加困难. 度量学习可以有效降低多示例学习的难度. Li 和 Xu 等[22] 通过构建包与包之间的度量函数进行度量学习, 以减少包与包在新的特征空间中的冗余信息. 在多任务学习中, 多个任务同时学习, 共同影响模型的优化. 依据多任务学习的想法, 度量学习构造针对不同任务的度量空间并进行整合, 为度量矩阵的学习提供更多信息. 文献 [23] 对不同任务学习不同的度量矩阵, 并利用正则项抑制过拟合, 取得了优于单任务学习的效果. 迁移学习旨在利用源域的数据训练模型, 并将训练好的模型应用于目标域的数据. 文献 [24] 将层次 k 均值聚类和 ITML 结合, 提出迁移度量学习的框架. 跨领域度量学习 (cross-domain metric learning, CDML) 算法将领域自适应和度量学习结合, 通过最小化源域和目标域在度量空间的距离, 实现了迁移度量学习[25]. 在线学习 (online learning) 利用实时数据更新模型, 达到数据高效利用的目的. Shalev-Shwartz 等[26] 将度量学习和在线学习框架相结合. 算法接收成对样本, 利用伪度量计算两者相似度, 然后在接收样本形成的半正定锥和半空间约束下, 通过连续投影更新伪度量. 另外, 文献 [27-29] 在损失函数和算法方面改进了在线度量学习.

9.4.2 深度度量学习

线性度量学习虽然可以与核方法结合实现非线性度量学习[30,31], 但预先规定的核函数难以满足模型对精确度的需求. 而深度度量学习 (deep metric learning, DML) 可拟合更多的非线性映射, 提供更多可选择的度量函数. 下面从两个方面对深度度量学习的改进进行介绍.

9.4.2.1 损失函数

深度度量学习中最常见的损失函数是基于排序的损失函数. 和传统度量学习一样, 基于排序的损失函数旨在最大化类间距离的同时最小化类内距离. 文献 [32] 最早使用对比损失作为损失函数. Wu 和 Schroff 等考虑正负样本的相关性, 将对比损失改进为三元组损失函数, 应用在图像检索和图像聚类上, 并取得了良好的效果[33,34]. Yu 等[35] 进一步改进三元组损失, 加入针对三元组样本选择的正则项改进模型. 除了三元组损失, 还有学者提出四元组损失及 n 元组损失[36-38].

不同于改进输入损失函数的样本元组维数, Song 等[39] 构造了提升结构损失函数, 以更为充分地利用正负样本之间的相关性. 另外, Liu 等和 Deng 等通过改进 Softmax 损失, 将训练参数变换为角度 θ 以构建度量空间, 在人脸识别任务中取得了良好的学习效果[40,41]. 此外, 有研究人员提出了基于代表元的代理损失函数[42]. 这类损失函数不基于样本对, 能够实现在加速模型收敛速度的同时不减少模型的精度. 更进一步, Qian 等[43] 提出 soft triple loss, 使用多个代表元样本表征类别以更好地拟合类别特征.

9.4.2.2 网络架构

除此之外, 还有一些工作直接对网络架构进行改进. Sanakoyeu 等[44] 先将样本空间和特征空间进行划分, 分解成数个子问题进行参数学习, 再将收敛的不同分类器进行拼接融合. 通过这种分而治之策略, 提升了模型的收敛速度和精度. 鉴于集成学习在分类任务的优异表现, 有研究工作将其与深度度量学习结合. Opitz 等[45] 使用多个特征提取器对样本进行模型训练, 并且依据当前批次样本分类精度调整下一批次样本的概率分布, 最终通过拼接的方式集成特征提取器. 类似地, Xuan 等[46] 构造一族神经网络以拟合不同的度量映射实现模型的集成, 相较于其他方法提供了更大的假设空间. Roth 等将深度度量学习和特征挖掘结合, 将图片的额外信息 (如同一物体不同视角信息) 输入模型, 提供了更丰富的语义信息, 使模型更具鲁棒性[47]. 另外, Milbich 等[48] 将度量学习和自监督学习结合, 通过不同的自监督任务提升模型的稳定性.

在机器学习的数据集中, 存在大量 “易分类样本”, 这些样本对于模型的收敛几乎不产生影响. 为了充分利用数据信息, Zheng 等[49] 提出了难度相关的深度度量学习 (hardness-aware deep metric learning, HDML). HDML 动态地对样本分类困难程度进行评估, 据此生成分类难度适中的新样本以实现数据增广, 再利用度量学习方法训练特征提取器, 取得了良好的结果. 类似地, Duan 等[50] 提出的深度对抗度量学习 (deep adversarial metric learning, DAML) 框架使用生成对抗网络, 将输入的易分类样本增广为困难样本, 再使用深度度量学习方法训练模型. 鉴于注意力机制在自然语言处理 (natural language processing, NLP) 中的突出表现, Kim 等[51] 提出基于注意力机制的深度度量学习 (attention-based ensemble for deep metric learning, ABE) 算法. 相较于以卷积神经网络作为特征提取器的方法, ABE 充分利用序列数据的相关性. 此外, 文献 [52] 总结了在解决少样本学习问题时的深度度量学习方法, 这些方法有效地提升了深度度量学习的精度并拓宽了其应用范围.

参考文献

[1] Royden H L. Real Analysis[M]. 3rd ed. New York: Macmillan, 1988.

[2] Xing E P, Ng A Y, Jordan M I, et al. Distance metric learning with application to clustering with side-information[C]//Proceedings of the 15th Advances in Neural Information Processing Systems. 2002: 505-512.

[3] Rockafellar R T. Convex Analysis[M]. Princeton: Princeton University Press, 2015.

[4] Weinberger K Q, Saul L K. Distance metric learning for large margin nearest neighbor classification[J]. Journal of Machine Learning Research, 2009, 10(9): 207-244.

[5] Boyd S, Vandenberghe L. Convex Optimization[M]. Cambridge: Cambridge University Press, 2004.

[6] Li D W, Tian Y J. Global and local metric learning via eigenvectors[J]. Knowledge-Based Systems, 2017, 116: 152-162.

[7] Roth K, Milbich T, Sinha S, et al. Revisiting training strategies and generalization performance in deep metric learning[C]//Proceedings of the 37th International Conference on Machine Learning. 2020: 8242-8252.

[8] Goldberger J, Roweis S, Hinton G, et al. Neighbourhood components analysis[C]// Proceedings of the 17th Advances in Neural Information Processing Systems. 2004: 513-520.

[9] Davis J V, Kulis B, Jain P, et al. Information-theoretic metric learning[C]//Proceedings of the 24th International Conference on Machine Learning. 2007: 209-216.

[10] Shen C H, Kim J, Wang L, et al. Positive semidefinite metric learning using boosting-like algorithms[J]. Journal of Machine Learning Research, 2012, 13(35): 1007-1036.

[11] Bi J, Wu D, Lu L, et al. AdaBoost on low-rank PSD matrices for metric learning[C]// Proceedings of the IEEE Conference on Computer Vision and Pattern Recognition. 2011: 2617-2624.

[12] Ying Y, Li P. Distance metric learning with eigenvalue optimization[J]. Journal of Machine Learning Research, 2012, 13(1): 1-26.

[13] Jain P, Kulis B, Davis J V, et al. Metric and kernel learning using a linear transformation[J]. Journal of Machine Learning Research, 2012, 13(17): 519-547.

[14] Mignon A, Jurie F. PCCA: A new approach for distance learning from sparse pairwise constraints[C]//Proceedings of the IEEE Conference on Computer Vision and Pattern Recognition. 2012: 2666-2672.

[15] Rosales R, Fung G. Learning sparse metrics via linear programming[C]//Proceedings of the ACM SIGKDD International Conference on Knowledge Discovery and Data Mining. 2006: 367-373.

[16] Do H, Kalousis A, Wang J, et al. A metric learning perspective of SVM: On the relation of LMNN and SVM[C]//Proceedings of the International Conference on Artificial Intelligence and Statistics. 2012: 308-317.

[17] Li D W, Tian Y J. Improved least squares support vector machine based on metric learning[J]. Neural Computing and Applications, 2018, 30(7): 2205-2215.

[18] Li D W, Zhang W, Xu D K, et al. Multi-metrics classification machine[J]. Procedia Computer Science, 2016, 91: 556-565.

[19] Sun Y P, Zhang M L. Compositional metric learning for multi-label classification[J]. Frontiers of Computer Science, 2021, 15(5): 1-12.

[20] Hu J L, Lu J W, Yuan J S, et al. Large margin multi-metric learning for face and kinship verification in the wild[C]//Proceedings of the Asian Conference on Computer Vision. 2014: 252-267.

[21] Hsieh C K, Yang L Q, Cui Y, et al. Collaborative metric learning[C]//Proceedings of the 26th International Conference on World Wide Web. 2017: 193-201.

[22] Li D W, Xu D K, Tang J J, et al. Metric learning for multi-instance classification with collapsed bags[C]//Proceedings of the International Joint Conference on Neural Networks. 2017: 372-379.

[23] Ma L Y, Yang X K, Tao D C. Person re-identification over camera networks using multi-task distance metric learning[J]. IEEE Transactions on Image Processing, 2014, 23(8): 3656-3670.

[24] 蒋林利, 吴建生. 层次 K-均值聚类结合改进 ITML 的迁移度量学习方法[J]. 计算机应用研究, 2017, 34(12): 3552-3555, 3572.

[25] Wang H, Wang W, Zhang C, et al. Cross-domain metric learning based on information theory[C]//Proceedings of the AAAI Conference on Artificial Intelligence. 2014: 2099-2105.

[26] Shalev-Shwartz S, Singer Y, Ng A Y. Online and batch learning of pseudo-metrics [C]//Proceedings of the International Conference on Machine Learning. 2004: 94.

[27] Jain P, Kulis B, Dhillon I S, et al. Online metric learning and fast similarity search [C]//Proceedings of the Advances in Neural Information Processing Systems. 2008: 761-768.

[28] Gao X Y, Hoi S C H, Zhang Y D, et al. SOML: sparse online metric learning with application to image retrieval[C]//Proceedings of the AAAI Conference on Artificial Intelligence. 2014: 1206-1212.

[29] Kunapuli G, Shavlik J. Mirror descent for metric learning: A unified approach[C]// Proceedings of the European Conference on Machine Learning. 2012: 859-874.

[30] Weinberger K Q, Tesauro G. Metric learning for kernel regression[C]//Proceedings of the International Conference on Artificial Intelligence and Statistics. 2007: 612-619.

[31] Wang J, Do H, Woznica A, et al. Metric learning with multiple kernels[C]//Proceedings of the Advances in Neural Information Processing Systems. 2011: 1170-1178.

[32] Hadsell R, Chopra S, LeCun Y. Dimensionality reduction by learning an invariant mapping[C]//Proceedings of the IEEE Conference on Computer Vision and Pattern Recognition. 2006: 1735-1742.

[33] Wu C Y, Manmatha R, Smola A J, et al. Sampling matters in deep embedding learning[C]//Proceedings of the IEEE International Conference on Computer Vision. 2017: 2840-2848.

[34] Schroff F, Kalenichenko D, Philbin J. FaceNet: A unified embedding for face recognition and clustering[C]//Proceedings of the IEEE Conference on Computer Vision and Pattern Recognition. 2015: 815-823.

[35] Yu B S, Liu T L, Gong M M, et al. Correcting the triplet selection bias for triplet loss [C]//Proceedings of the European Conference on Computer Vision. 2018: 71-87.

[36] Chen W H, Chen X T, Zhang J G, et al. Beyond triplet loss: A deep quadruplet network for person re-identification[C]//Proceedings of the IEEE Conference on Computer Vision and Pattern Recognition. 2017: 403-412.

[37] Sohn K. Improved deep metric learning with multi-class N-pair loss objective[C]// Proceedings of the Advances in Neural Information Processing Systems. 2016: 1857-1865.

[38] Wang X S, Hua Y, Kodirov E, et al. Ranked list loss for deep metric learning[C]// Proceedings of the IEEE Conference on Computer Vision and Pattern Recognition. 2019: 5207-5216.

[39] Song H O, Xiang Y, Jegelka S, et al. Deep metric learning via lifted structured feature embedding[C]//Proceedings of the IEEE Conference on Computer Vision and Pattern Recognition. 2016: 4004-4012.

[40] Liu W Y, Wen Y D, Yu Z D, et al. SphereFace: Deep hypersphere embedding for face recognition[C]//Proceedings of the IEEE Conference on Computer Vision and Pattern Recognition. 2017: 212-220.

[41] Deng J K, Guo J, Xue N N, et al. ArcFace: Additive angular margin loss for deep face recognition[C]//Proceedings of the IEEE Conference on Computer Vision and Pattern Recognition. 2019: 4690-4699.

[42] Movshovitz-Attias Y, Toshev A, Leung T K, et al. No fuss distance metric learning using proxies[C]//Proceedings of the IEEE International Conference on Computer Vision. 2017: 360-368.

[43] Qian Q, Shang L, Sun B G, et al. SoftTriple loss: Deep metric learning without triplet sampling[C]//Proceedings of the IEEE International Conference on Computer Vision. 2019: 6450-6458.

[44] Sanakoyeu A, Tschernezki V, Büchler U, et al. Divide and conquer the embedding space for metric learning[C]//Proceedings of the IEEE Conference on Computer Vision and Pattern Recognition. 2019: 471-480.

[45] Opitz M, Waltner G, Possegger H, et al. Deep metric learning with BIER: Boosting independent embeddings robustly[J]. IEEE Transactions on Pattern Analysis and Machine Intelligence, 2018, 42(2): 276-290.

[46] Xuan H, Souvenir R, Pless R. Deep randomized ensembles for metric learning[C]// Proceedings of the European Conference on Computer Vision. 2018: 723-734.

[47] Roth K, Brattoli B, Ommer B. MIC: Mining interclass characteristics for improved metric learning[C]//Proceedings of the IEEE International Conference on Computer Vision. 2019: 8000-8009.

[48] Milbich T, Roth K, Bharadhwaj H, et al. DIVA: Diverse visual feature aggregation for deep metric learning[C]//Proceedings of the European Conference on Computer Vision. 2020: 590-607.

[49] Zheng W Z, Chen Z D, Lu J W, et al. Hardness-aware deep metric learning[C]// Proceedings of the IEEE Conference on Computer Vision and Pattern Recognition. 2019: 72-81.

[50] Duan Y Q, Zheng W Z, Lin X D, et al. Deep adversarial metric learning[C]// Proceedings of the IEEE Conference on Computer Vision and Pattern Recognition. 2018: 2780-2789.

[51] Kim W, Goyal B, Chawla K, et al. Attention-based ensemble for deep metric learning [C]//Proceedings of the European Conference on Computer Vision. 2018: 736-751.

[52] 李新叶, 龙慎鹏, 朱婧. 基于深度神经网络的少样本学习综述[J]. 计算机应用研究, 2020, 37(8): 2241-2247.

索　引

B

包 (bag), 147

不定核支持向量机 (indefinite kernel SVM), 34

C

层归一化 (layer normalization), 104

重构误差 (reconstruction error), 72

D

大规模稀疏逆协方差矩阵估计 (large sparse inverse covariance matrix estimation), 92

大规模稀疏协方差矩阵估计 (large sparse covariance matrix estimation), 91

大间隔分布学习机 (large margin distribution machine), 16

度量学习 (metric learning), 181

对比损失函数 (contrastive loss function), 76

对称多示例分类问题 (symmetric multi-instance classification problem), 151

对偶理论 (dual theory), 1

对偶问题 (dual problem), 2

对数双曲余弦损失函数 (log-cosh loss function), 69

对数损失函数 (logarithmic loss function), 64

多标签分类问题 (multi-label classification problem), 131

多标签学习 (multi-label learning), 131

多分类交叉熵损失函数 (softmax cross entropy loss function), 66

多分类问题 (multi-class classification problem), 1

多分类支持向量机 (multi-class support vector machine), 19

多核学习 (multiple kernel learning), 119

多模态表征学习 (multi-modal representation), 124

多模态联合学习 (multi-modal co-learning), 124

多模态融合学习 (multi-modal fusion learning), 124

多任务半监督学习 (multi-task semi-supervised learning), 176

多任务多视角学习 (multi-task multi-view learning), 176

多任务分类问题 (multi-task classification problem), 166

多任务聚类 (multi-task clustering), 173

多任务强化学习 (multi-task reinforcement learning), 176

多任务无监督学习 (multi-task unsupervised learning), 176

多任务学习 (multi-task learning), 166

多任务支持向量机 (multi-task support vector machine), 167

多任务子空间 (multi-task subspace), 173

多示例池化层 (multi-instance pooling layer), 157

多示例多标签学习 (multi-instance multi-label learning), 158

多示例分类问题 (multi-instance classification problem), 147

多示例迁移学习 (multi-instance transfer learning), 160

多示例神经网络 (multi-instance neural network), 156

多示例学习 (multi-instance learning), 146

多示例注意力机制 (multi-instance attention mechanism), 157

多视角多示例多标签学习 (multi-view multi-instance multi-label learning), 159

多视角两分类问题 (multi-view binary classification problem), 110

多视角学习 (multi-view learning), 17, 109
多视角学习原则 (multi-view learning principle), 111

E

二分类交叉熵损失函数 (sigmoid cross entropy loss function), 65
二分类问题 (binary classification problem), 1
二元关联 (binary relevance), 133

F

方差缩减算法 (variance reduction algorithm), 41
非平行超平面支持向量机 (nonparallel support vector machine), 10
非齐次多项式核函数 (inhomogeneous polynomial kernel function), 3
非凸松弛正则项 (non-convex relaxation regularizer), 97
非凸正则项 (non-convex regularizer), 90
非线性分划 (non-linear separation), 3
非逐元素正则项 (non-elements-wise regularizer), 93
分划超平面 (separating hyperplane), 4
分类问题 (classification problem), 1
分位数损失函数 (quantile loss function), 69
负包 (negative bag), 147
负方差 (negative variance), 73
负类点 (negative point), 4

G

感知机损失函数 (perceptron loss function), 60
高阶算法 (higher-order algorithm), 47
工作集 (working set), 26
公共特征共享 (common feature sharing), 173
共轭梯度 (conjugate gradient) 算法, 37
广义交并比损失函数 (generalized IoU loss function), 75
广义马氏距离 (generalized Mahalanobis distance), 181
广义特征值支持向量机 (generalized eigenvalue proximal support vector machine), 6

H

合页损失函数 (hinge loss function), 2
核函数 (kernel function), 3
回归问题 (regression problem), 67

J

基于特权信息的学习范式 (learning using privileged information), 17
基于知识的支持向量机 (knowledge-based support vector machine), 16
加权交叉熵损失函数 (weighted cross entropy loss function), 79
加速算法 (accelerated algorithm), 43
间隔错误训练点 (margin error training point), 15
监督度量学习问题 (supervised metric learning), 182
降维 (dimensionality reduction), 71
交并比损失函数 (IoU loss function), 75
交替方向乘子算法 (alternating direction method of multipliers), 27
焦点 Tversky 损失函数 (focal Tversky loss function), 80
焦点损失函数 (focal loss function), 74
结构风险最小化 (structural risk minimization), 15
截断 Pinball 损失函数 (truncated Pinball loss function), 64
截断牛顿共轭梯度算法 (truncated Newton conjugate gradient algorithm), 37
经验风险 (empirical risk), 2
径向基核函数 (radial basis kernel function), 3
局部度量学习 (local metric learning), 184
矩阵补全 (matrix completion), 95
矩阵低秩正则 (low-rank matrix based regularization), 96
矩阵稀疏正则 (sparse matrix-based regularization), 91
距离误差 (distance error), 72

聚类 (clustering), 71
决策函数 (decision function), 1
绝对值损失函数 (absolute loss function), 69
均方根传播 (root-mean-square prop) 算法, 46

K

可调合页损失函数 (rescaled hinge loss function), 63

L

邻近算法 (proximity algorithm), 50
鲁棒主成分分析 (robust PCA), 96

M

马氏距离 (Mahalanobis distance), 181
模糊支持向量机 (fuzzy support vector machine), 17
模型参数共享 (model parameter sharing), 173
目标检测 (object detection), 73

N

内积 (inner product), 3

O

欧氏距离 (euclidean distance), 181

P

排序支持向量机 (Ranking-SVM), 134
批量归一化 (batch normalization), 103
平方损失函数 (square loss function), 5
平方误差 (square error), 72
平衡交叉熵损失函数 (balanced cross entropy loss function), 80
平滑 l_1 损失函数 (smooth l_1 loss function), 75
平滑 Ramp 损失函数 (smooth Ramp loss function), 62

Q

齐次多项式核函数 (homogeneous polynomial kernel function), 3
全局度量学习 (global metric learning), 183
权重损失设计 (loss function design), 175
确定型优化算法 (deterministic optimization algorithm), 26

R

人脸识别 (face recognition), 76
软参数共享 (soft parameter sharing), 174
软间隔损失函数 (soft margin loss function), 2

S

三元组损失函数 (triplet loss function), 77
深度度量学习 (deep metric learning), 190
深度多标签学习 (deep multi-label learning), 142
示例 (instance), 146
输出 (output), 1
输入 (input), 1
数据增强 (data augmentation), 100
双循环递归 (two-loop recursive) 算法, 48
双子支持向量机 (twin support vector machine), 6
随机递归梯度算法 (stochastic recursive gradient algorithm), 42
随机方差缩减梯度 (stochastic variance reduce gradient) 算法, 42
随机拟牛顿 (stochastic quasi-Newton) 算法, 48
随机平均梯度 (stochastic average gradient) 算法, 41
随机梯度下降 (stochastic gradient descent) 算法, 40
随机投影梯度 (random stochastic projection gradient) 算法, 50
随机型优化算法 (stochastic optimization algorithm), 39
损失函数 (loss function), 15, 58

T

特权信息 (privileged information), 17, 113
特征空间增强技术 (feature space augmentation), 101
特征选择 (feature selection), 85
梯度下降 (gradient descent) 算法, 39
投影算子 (projection operator), 87
凸二次规划 (convex quadratic programming),

5
凸函数差分算法 (DC algorithms), 34
凸松弛正则项 (convex relaxation regularizer), 97
图像分割 (image segmentation), 78

W

网络模型搜索 (network architecture search), 175
维数灾难 (dimensional disaster), 3

X

稀疏信号分离 (sparse signal separation), 86
稀疏性 (sparsity), 3
稀疏主成分分析 (sparse PCA), 85
线性分划 (linear separation), 3
线性核函数 (linear kernel function), 3
相关熵简化损失函数 (correntropy reduced loss function), 63
向量稀疏正则 (sparse vector-based regularization), 85
小批量梯度下降 (mini-batch stochastic gradient descent) 算法, 41
协同训练 (co-training), 119
序列最小最优化 (sequential minimal optimization, SMO), 14
训练点 (training point), 2
训练集 (training set), 1

Y

硬参数共享 (hard parameter sharing), 173
元学习 (meta learning), 101
原始估计次梯度 (primal estimated subgradient solver for SVM) 算法, 35
原始问题 (primal problem), 2

Z

正包 (positive bag), 147
正类点 (positive point), 4
正则技术 (regularization), 85
正则项 (regularization term), 15
正则项 (regularizer), 86
支持向量机 (support vector machine), 1
指数对数损失函数 (exp-log loss function), 80
指数损失函数 (exponential loss function), 61
中心损失函数 (center loss function), 77
中心支持向量机 (proximal support vector machine), 15
重球算法 (heavy ball algorithm), 43
逐次超松弛迭代算法 (successive overrelaxation algorithm), 31
逐元素正则项 (elements-wise regularizer), 92
子空间学习 (subspace learning), 119
自适应矩估计 (adaptive moment estimation) 算法, 47
自适应梯度算法 (adaptive gradient algorithm), 45
自适应学习率算法 (adaptive learning rate method), 45
最大间隔原则 (principal of maximum margin), 1
最小二乘损失函数 (least squares loss function), 4
最小二乘支持向量机 (least squares support vector machine), 4
坐标下降算法 (coordinate descent algorithm), 30

其他

AM-Softmax 损失函数 (AM-Softmax loss function), 78
ArcFace 损失函数 (ArcFace loss function), 78
A-Softmax 损失函数 (A-Softmax loss function), 77
Average Precision, 133
Capped l_1, 88
Crammer-Singer 多分类支持向量机 (Crammer-Singer multi-class support vector machine), 20
Curriculum Dropout, 103
Dice 损失函数 (Dice loss function), 79
Dropconnect, 102
Dropout, 101
F1-Example, 132

GMCP (generalized minimax concave penalty), 89
Hamming Loss, 132
Hessian-Free 牛顿算法 (Hessian-Free Newton method), 48
Hilbert 空间 (Hilbert space), 3
Huber 损失函数 (Huber loss function), 69
k-SVCR (support vector classification-regression machine for k-class classification purposes), 19
LASSO (least absolute shrinkage and selection operator), 86
LCNR (leaky capped l_1 norm regularizer), 89
LINEX 损失函数 (LINEX loss function), 64
MCP (minimax concave penalty), 88
Nesterov 加速梯度 (Nesterov accelerated gradient) 算法, 44
Pinball 损失函数 (Pinball loss function), 64
PU 学习 (positive-unlabled learning), 18
Ramp ε-不敏感损失函数 (Ramp ε-insensitive loss function), 62
Ramp 损失函数 (Ramp loss function), 62
Ranking Loss, 133
SCAD (smoothly clipped absolute deviation), 87
Standout, 102
Subset Accuracy, 132
Tversky 损失函数 (Tversky loss function), 79
Universum 支持向量机 (Universum support vector machine), 16
ν-支持向量机 (ν-support vector machine), 15
ε-不敏感损失函数 (ε-insensitive loss function), 11
C-支持向量机 (C-support vector machine), 1
l_1 范数 (l_1 norm), 86
l_p 范数 (l_p norm), 86
0-1 损失函数 (0-1 loss function), 58